校企合作土木与建筑工程专业系列丛书
互联网+创新型“十四五”精品教材

建筑材料

（微课版）

主　编◎李红霞
副主编◎高子鹏　徐　阳　赵迎亚
杨亚楠　邓万理

哈尔滨工程大学出版社
Harbin Engineering University Press

内 容 简 介

本书采用“内容项目化、细节任务化”的编写体系，内容贴近工程实际、适应工程需要、反映工程技术发展趋势，注重“教中学”和“学中做”的有机衔接。本书共十一个项目，主要包括建筑材料的基本知识、建筑石材、气硬性胶凝材料、水泥、混凝土、建筑砂浆、金属材料、墙体材料、建筑玻璃、合成高分子材料、木材等内容。

本书内容新颖科学，易于理解掌握，实用性强，既可作为应用型本科院校、职业院校的教材，也可作为土木工程设计、施工、管理和监理等工程技术人员的参考书。

图书在版编目（CIP）数据

建筑材料 : 微课版 / 李红霞主编. -- 哈尔滨 : 哈尔滨工程大学出版社, 2025. 1. -- ISBN 978-7-5661-4645-8

Ⅰ. TU5

中国国家版本馆 CIP 数据核字第 2025MT4862 号

建筑材料（微课版）

JIANZHU CAILIAO（WEIKE BAN）

选题策划 张林峰
责任编辑 吴振雷

出版发行 哈尔滨工程大学出版社
社　　址 哈尔滨市南岗区南通大街 145 号
邮政编码 150001
电　　话 0451-82519328
传　　真 0451-82519699
经　　销 新华书店
印　　刷 廊坊市广阳区九洲印刷厂
开　　本 787 mm×1 092 mm　1/16
印　　张 15
字　　数 384 千字
版　　次 2025 年 1 月第 1 版
印　　次 2025 年 1 月第 1 次印刷
书　　号 ISBN 978-7-5661-4645-8
定　　价 49.80 元
http://www.hrbeupress.com
E-mail:heupress@hrbeu.edu.cn

前　言

党的二十大报告指出，“坚持尊重劳动、尊重知识、尊重人才、尊重创造，实施更加积极、更加开放、更加有效的人才政策”“着力形成人才国际竞争的比较优势。加快建设国家战略人才力量”“深化人才发展体制机制改革……把各方面优秀人才集聚到党和人民事业中来”。

全球供应链仍对建筑材料的价格和可供性产生影响，行业也在不断适应各国日益严格的法规和标准，以确保建筑材料的安全性和环保性。建筑材料行业正朝着更加智能、可持续的方向发展。为了满足建筑材料专业技术人才的需求和适应学校相关专业教学的需要，我们特组织专家和一线骨干教师编写了本书。本书具有以下特点。

（1）内容全面且系统。本书从建筑材料的基础知识讲起，逐步深入到各材料专业应用技术等方面的知识。这种全面而系统的内容安排，使学生可以快速建立起对建筑材料的整体认识，并深入了解其应用细节。

（2）强调实践与应用。本书不仅仅是一本理论书籍，还包含了大量的实践和应用内容，以帮助学生理解书中知识点，提高动手解决问题的能力。

（3）图文并茂，易于理解。为了让学生更好地理解建筑材料，本书图文结合、图表结合，此方式不仅增强了可读性，也方便了学生对知识的理解和记忆。

本书由李红霞担任主编，由高子鹏（河北政法职业学院）、徐阳（河南轻工职业学院）、赵迎亚（周口职业技术学院）、杨亚楠（湖南化工职业技术学院）、邓万理（重庆市经贸中等专业学校）担任副主编。本书的相关资料和售后服务可扫封底微信二维码或登录网址 www.bjzzwh.com 下载获得。

本书在编写过程中参考了大量资料，在此向这些资料的作者表示感谢。由于编者水平有限，书中难免存在不足之处，恳请广大读者批评指正并提出宝贵意见。

编　者

2024 年 10 月

目　录

项目一

建筑材料的基本知识

项目导读

人类所有的工程建设都必须建立在对建筑材料的合理运用上。在建筑工程中，材料的用量极为庞大，材料的费用占工程总投资的 50% ~ 60%，甚至更高。因此，科学合理地选用材料，不仅可以降低工程造价，也可以明显提高工程的经济效益。本项目主要介绍建筑材料的核心知识与基本性质。

学习目标

知识目标

◇掌握建筑材料的基本概念、分类及其在建筑工程中的应用。

◇深入理解建筑材料的物理性质、基本力学性质和耐久性的核心知识与基本原理。

能力目标

◇能够根据工程需求，科学合理地选用建筑材料。

◇能够运用所学知识，对建筑材料的性能进行测试与评估，确保材料符合工程要求。

素质目标

◇培养学生严谨的科学态度，使学生注重实践中的细节，以及确保建筑材料的选用与应用符合科学原理。

◇提升学生工程伦理意识，使学生认识到合理选用建筑材料对于保障工程质量、安全及可持续发展的重要性。

思政目标

增强学生的环保意识和社会责任感，使其在工程实践中能够积极推广和应用绿色、环保的建筑材料，为实现建筑工程的可持续发展贡献力量。

任务一 建筑材料概述

任务描述

一个大型商业综合体项目团队在施工中发现，原计划使用的传统混凝土和钢材在潮湿环境下耐腐蚀性不足，强度未达标。施工团队不得不暂停工作，等待新材料。紧急召开会议后，施工团队决定更换为新型耐腐蚀钢材和高强混凝土，最终虽然项目得以继续，但导致成本超支约15%。此次事件让项目团队认识到，由于前期的材料选择和环境评估不足，导致了成本超支。通过此事件证明了科学合理的材料选择和应急管理的重要性。

任务分析

上述事件暴露了材料选择不当的严重性。项目初期对环境因素的考虑不足，使得传统材料在特定环境下性能不佳，发现问题后又缺乏有效的应急预案，导致工期延误和成本增加。未来项目必须加强前期调研，充分评估材料性能，并建立应急预案，确保在问题出现时能够迅速调整。本任务可以帮助学生了解科学合理的材料选择和有效的应急管理的重要性，应强化材料选择的前期工作和提高应变能力。

任务实施

材料是构成建筑的物质基础。所有的建筑物、桥梁、道路等都是由各种不同的材料经设计、施工建造而成。这些材料所处的环境和部位不同，所起的作用也各不相同，为此要求材料必须具备相应的基本性质。

材料的基本性质是指建筑材料普遍的性质。材料的基本性质包括材料的状态物理性质、材料的功能物理性质及材料的工程性质。材料的物理性质包括状态性质（基础物理特性、结构组成）和功能性质（声、光、热特性）。工程性质涉及力学、变形、破坏、耐久性等性能。根据建筑需求，材料需具备防水、绝热、隔声、防火、装饰等性能。由于建筑长期受风吹、雨淋、日晒、冰冻和有害介质侵蚀，材料需有良好耐久性。同时，为减少工程对环境的负面影响，实现建筑与环境和谐共存，创造健康舒适的生活环境，建筑材料需是绿色和生态的。可见，材料的应用与其所具有的性质是密切相关的。

根据材料科学的基本理论，材料的性质又是由材料的组成、结构（或构造）等因素所决定的。所以，为了确保工程项目能安全、经济、美观、经久耐用，并有利于节约资源和生态环境保护，需要掌握材料的性质，并了解它们与材料的组成、结构的关系，从而合理地选用材料。

一、建筑材料的组成

建筑材料的组成包括材料的化学组成、矿物组成和相组成，它是决定材料化学性质、物理性质、力学性质和耐久性的最基本因素。

（一）化学组成

化学组成是指构成材料的化学元素及化合物的种类与数量。金属材料的化学组成是以主要元素的含量表示，无机非金属材料以各种氧化物的含量表示，有机高分子材料采用基元（由一种或几种简单的低分子化合物重复连接而成，如聚氯乙烯由氯乙烯单体聚合而成）来表示。

当材料处于某种环境中时，材料与环境中的物质必然会按化学变化规律发生作用，这些作用是由材料的化学组成决定的。建筑中可根据材料的化学组成来选用材料，或根据工程对材料的要求调整或改变材料的化学组成。

（二）矿物组成

通常将无机非金属材料具有一定化学成分、特定的晶体结构以及物理力学性能的单质或化合物称为矿物。矿物组成是指构成材料的矿物种类和数量。材料的矿物组成是决定材料性质的主要因素。无机非金属材料常以矿物形式存在，而非元素或化合物。化学组成相同，矿物组成不同，材料性质不同。例如，二氧化硅和氧化钙原料，加水搅拌常温硬化为石灰砂浆，高温高湿硬化为灰砂砖。由于矿物组成差异，二者物理和力学性质截然不同。

（三）相组成

材料中结构相近、性质相同的均匀部分称为相。自然界中的物质可分为气相、液相、固相三种形态。同种物质在不同的温度、压力等环境条件下也常常会转变其存在的状态，一般称为相变。建筑材料中，同种化学物质由于加工工艺的不同，温度、压力等环境条件的不同，可形成不同的相，如气相转变为液相或者固相。例如，铁碳合金中就有铁素体、渗碳体和珠光体。建筑材料大多数是多相固体材料，这种由两相或两相以上的物质组成的材料称为复合材料。例如，混凝土可认为是由集料颗粒（集料相）分散在水泥浆体（基相）中所组成的两相复合材料。

复合材料的性质与构成材料的相组成和界面特性有密切关系。所谓界面是指多相材料中相与相之间的分界面。在实际材料中，界面是一个各种性能尤其是强度性能较为薄弱的区域，它的成分和结构与相内的部分是不一样的，可作为“相界面”来处理。因此，对于建筑材料，可通过改变和控制其相组成及界面特性来改善与提高材料的技术性能。

二、建筑材料的结构

材料性质不仅受组成影响，还与其结构紧密相关。结构泛指材料各部分结合方式和排列分布规律，是材料的宏观存在状态。宏观结构可通过肉眼或显微镜观察，通常按尺寸划分为宏观、细观和微观结构。

扫一扫

建筑材料的结构

（一）宏观结构

材料的宏观结构是指用肉眼或放大镜可直接观察到的结构和构造情况，其尺寸范围在 10^{-3} m 以上。材料的性质与其宏观结构有着密切的关系，材料结构可以影响材料的体积、密度、强度、导热系数等物理力学性能。材料的宏观结构不同，即使材料的组成或微观结构相同或相似，材料的性质与用途也不同。例如，玻璃和泡沫玻璃的组成相同，但宏观结构不同，其性质截然不同，玻璃用作采光材料，泡沫玻璃用作绝热材料，如图 1-1 所示。

孔是材料中较为奇特的组成部分，它的存在并不会影响材料的化学组成和矿物组成，但明显影响材料的使用性能。

图 1-1　泡沫玻璃

1. 按材料宏观孔特征划分

材料按宏观孔特征不同，分为以下宏观结构类型。

（1）致密结构。致密结构基本上是无宏观层次空隙存在的结构。建筑工程中所用材料属于致密结构的主要有金属材料、玻璃、沥青等，部分致密的石材也可认为是致密结构。这类材料强度和硬度高，吸水性小，抗冻性和抗渗性好。

（2）多孔结构。多孔结构是孔隙较为粗大且数量众多的结构。如加气混凝土砌块、泡沫混凝土、泡沫塑料及其他人造轻质多孔材料等。这类材料质量轻，保温隔热，吸声与隔声性能好。

（3）微孔结构。微孔结构是具有微细孔隙的结构。如石膏制品、蒸压灰砂砖等。

2. 按材料存在状态和构造特征划分

材料按存在状态和构造特征的不同，分为以下宏观结构类型。

（1）纤维结构。纤维结构是指由木纤维、玻璃纤维、矿物纤维等纤维状物质构成的材料结构。其特点在于主要组成部分为纤维状。如果纤维呈规则排列则具有各向异性，即平行纤维方向与垂直纤维方向的强度、导热系数等性质都具有明显的方向性；平行纤维方向的抗拉强度和导热系数均高于垂直纤维方向。木材、玻璃钢、岩棉等都属于纤维结构。

（2）层状结构。层状结构是指天然形成或采用黏结等方法将材料叠合成层状的材料结构。它既具有聚集结构黏结的特点，又具有纤维结构各向异性的特点。这类结构能够提高材料的强度、硬度、保温及装饰等性能，扩大材料使用范围。胶合板、纸面石膏板、蜂窝夹芯板、各种新型节能复合墙板等都是层状结构。

（3）散粒结构。散粒结构是指松散颗粒状的材料结构。其特点是松散的各部分不需要采用黏结或其他方式连接，而是自然堆积在一起。如用于路基的黏土、砂、石，用于绝缘材料的粉状或粒状填充料等。

（4）聚集结构。聚集结构是指散、粒状材料通过胶凝材料黏结而成的材料结构。其特点在于包含了胶凝材料和散、粒状材料两部分，胶凝材料的黏结能力对其性能有较大影响。水泥混凝土、砂浆、沥青混凝土、木纤维水泥板、蒸压灰砂砖等均可视为聚集结构。

（二）细观结构

材料的细观结构（亚微观结构）是指用光学显微镜所能观察到的结构，是介于宏观和微观之间的结构。其尺寸为 10^{-6} ～ 10^{-3} m。建筑材料的细观结构应针对具体材料分类研究。对于水泥混凝土，通常是研究水泥石的孔隙结构及界面特性等；对于金属材料，通常是研究其金相组织、晶界及晶粒尺寸等；对于木材，通常是研究木纤维、导管、髓线组织等。

材料细观结构层次上各种组织的特征、数量、分布和界面性质对材料的性能都有重要影响。例如，钢材的晶粒尺寸越小，钢材的强度越高。又如，混凝土中毛细孔的数量减少、孔径减小，将使混凝土的强度和抗渗性等提高。因此，对于建筑材料而言，从显微结构层次上研究并改善材料的性能十分重要。

（三）微观结构

材料的微观结构是指原子或分子层次的结构。对于微观结构，需借助电子显微镜、X 射线、震动光谱和光电子能谱等来分析研究该层次上的结构特征。一般认为，微观结构尺寸为 10^{-10} ～ 10^{-6} m。在微观结构层次上，固体材料可分为晶体、玻璃体、胶体等。

1. 晶体

晶体是指材料的内部质点（离子、原子、分子）呈现规则排列的、具有一定结晶形状的固体。因其各个方向的质点排列情况和数量不同，故晶体具有各向异性，如结晶完好的石英晶体各方向上的导热性能不同。然而，许多晶体材料是由大量排列不规则的晶粒组成的，因此所形成的材料在宏观上又具有各向同性，如钢材。

按晶体质点及结合键的特性，可将晶体分为原子晶体、离子晶体、分子晶体和金属晶体四种类型。不同类型的晶体所组成的材料表现出不同的性质。

（1）原子晶体。原子晶体是由中性原子构成的晶体，其原子间由共价键连接。原子之间靠数个共用电子结合，具有很大的结合能，故结合比较牢固。这种晶体的强度、硬度与熔点都比较高，密度小。石英（图 1-2）、金刚石、碳化硅等属于原子晶体。

图 1-2 石英

（2）离子晶体。离子晶体是由正、负离子所构成的晶体。离子是带电荷的，它们之间靠静电吸引力（库伦引力）所形成的离子键来结合。离子晶体一般比较稳定，其强度、硬度、熔点较高，但在溶液中会离解成离子，密度中等、不耐水。NaCl、KCl、CaO、$CaSO_4$ 等属于离子晶体。

（3）分子晶体。分子晶体是依靠范德华力进行结合的晶体。范德华力是中性的分子由于电荷的非对称分布而产生的分子极化，或是由于电子运动而发生的短暂极化所形成的一种结合力。因为范德华力较弱，故分子晶体硬度小、熔点低、密度小。大部分有机化合物均属于分子晶体。

（4）金属晶体。金属晶体是由金属阳离子排列成一定形式的晶格。如体心立方晶格、面心立方晶格和紧密六方晶格。金属晶体质点间的作用力是金属键。金属键是晶格间隙中可自由运动的电子（自由电子）与金属正离子的相互作用（库伦引力）。自由电子使金属具有良好的导热性及导电性，其强度、硬度变化大，密度大。钢材（图 1-3）、铸铁、铝合金等金属材料均属于金属晶体。金属晶体在外力作用下具有弹性变形的特点，但当外力达到一定程度时，由于某一晶面上的剪应力超过一定限度，沿该晶面将会发生相对滑动，因而会使材料产生塑性形变。低碳钢、铜、铝、金、银等有色金属都是具有较好塑性的材料。

2. 玻璃体

玻璃体是急速冷却的熔融物形成的无定形体。若缓慢冷却，内部质点有序排列形成晶体；若快速冷却，黏度急剧增加，质点无法有序排列即凝固成固体，形成玻璃体结构。玻璃体为非晶体，质点排列无序，表现出各向同性。玻璃体无固定熔点，加热时会软化。

在急冷过程中，质点间的能量以内能的形式储存起来。因而，玻璃体具有化学不稳定性，即具有潜在的化学活性，在一定条件下容易与其他物质发生化学反应。粉煤灰（图 1-4）、火山灰、粒化高炉矿渣等都含有大量玻璃体成分，这些成分赋予它们潜在的活性。

图 1-3　钢材

图 1-4　粉煤灰

3. 胶体

胶体是指以粒径为 10^{-9} ～ 10^{-7} m 的固体颗粒作为分散相（称为胶粒），分散在连续相介质中所形成的分散体系。

胶体根据其分散相和介质的相对含量不同，分为溶胶结构和凝胶结构。若胶粒较少，连续相介质性质对胶体结构的强度及变形性质影响较大，这种胶体结构称为溶胶结构。若胶粒数量较多，胶粒在表面能的作用下发生凝聚作用，或由于物理、化学作用使胶粒彼此相连，形成空间网络结构，从而使胶体结构的强度增大，变形性减小，形成固体或半固体状态，这种胶体结构称为凝胶结构。

胶体的分散相（胶粒）很小，比表面积很大。因而胶体表面能大，吸附能力很强，质点间具有很强的黏结力。凝胶结构具有固体性质，但在长期应力作用下会具有黏性液体的流动性质。这是由于胶粒表面有一层吸附膜，膜层越厚，流动性越大。如混凝土中含有大量水泥水化时形成的凝胶体，混凝土在应力作用下具有类似液体的流动性质，会产生不可恢复的塑性变形。

小贴士

与晶体及玻璃体结构相比，胶体结构强度较低、变形能力较大。

近十几年来，纳米（nanometer）结构开始成为技术人员关注的焦点。纳米是一种几何尺寸的度量单位，英文简写为 nm，$1\ nm = 10^{-9}\ m$，相当于 10 个氢原子排列起来的长度。纳米结构是指至少在一个维度上尺寸为 1 ～ 100 nm 的结构，属于微观结构范畴。纳米结构的基本结构单元有团簇、纳米微粒、人造原子等。由于纳米微粒和纳米固体有小尺寸效应、表面界面效应等基本特性，纳米微粒组成的纳米材料具有许多独特的物理和化学性能，因而其得到了迅速发展，在建筑中也得到了应用，如纳米涂料。

三、材料的构造

材料的构造是指组成物质的质点是以何种形式联结在一起的，物质内部的这种微观构造与材料的强度、硬度、弹塑性、熔点、导电性、导热性等重要性质有密切的联系。

随着材料学和工程理论与技术的不断发展，深入研究材料的组成、结构、构造和材料性能之间的关系，不仅有利于为包括建筑在内的各种工程正确选用材料，而且会加速人类自由设计生产工程所需的特殊性能新材料的进展。

任务二　建筑材料的物理性质

任务描述

在一个位于沿海地区的大型购物中心建筑项目中，施工团队发现选用的外墙涂料在经受了几个星期的海风和盐雾影响后，出现了严重的褪色和剥落。这种高耐候性涂料并未达到设计时预期的物理性能，导致建筑外观受到巨大影响，迫使项目团队不得不暂停施工，对受损区域进行修复和重新涂装。施工时间的延误以及材料更换增加了项目的成本，最终导致预算超支约 10%。

任务分析

上述事件反映了在建筑材料选择过程中，对物理性质评估的不充分。设计团队未能充分考虑海洋环境对材料性能的长期影响，导致涂料在耐候性上未能满足实际需求。在发现问题后，缺乏及时有效的应对措施，进一步加剧了成本和时间的损失。本任务可以帮助学生了解项目在材料选择时应加强对物理性质的系统评估，考虑不同环境下的表现，并建立有效的监测和应急响应机制，以确保建筑质量和施工进度。

任务实施

一、建筑材料的基本物理性质

（一）密度

材料在绝对密实状态下单位体积的质量称为密度，用 ρ 表示。其计算公式为

$$\rho=\frac{m}{V} \tag{1-1}$$

式中　ρ——密度，kg/m^3；

m——材料在干燥状态下的质量，kg；

V——干燥材料的绝对密实体积，m^3。

材料的绝对密实体积，指不包括材料孔隙在内的体积。钢材、玻璃等少数密实材料可根据外形尺寸求得体积，按式（1-1）求得密度。大多数有孔隙的材料，在测定材料的密度时，应把材料磨成细粉，干燥后用李氏瓶测定其体积。材料磨得越细，测得的密度数值就越精确。砖、石等块状材料的密度即用此法测得。在测定某些致密材料（如卵石、碎石等）的密度时，直接以颗粒状材料为试样，用排水法测定其体积，材料中部分与外部不连通的封闭的孔隙无法排除，这时所求得的密度称为视密度或近似密度，通常也称为密度。

（二）表观密度

材料在自然状态下单位体积的质量称为表观密度，用 ρ_0 表示。其计算公式为

$$\rho_0=\frac{m}{V_0} \tag{1-2}$$

式中　ρ_0——表观密度，kg/m^3；

m——材料的质量，kg；

V_0——材料在自然状态下的体积，m^3。

材料在自然状态下的体积，指包含材料内部孔隙的体积。外形规则的材料，可直接按外形尺寸计算出体积，按式（1-2）求得表观密度。外形不规则的材料可加工成规则外形后求得体积。当材料孔隙内含有水分时，其质量和体积均有所变化，故测定表观密度时，须

注明其含水情况。表观密度一般是指材料在气干状态下（长期在空气中干燥）的测定值。干表观密度指材料在烘干状态下的测定值。

（三）堆积密度

散粒或粉状材料，如砂、石子、水泥等，在自然堆积状态下单位体积的质量称为堆积密度，用 ρ'_0 表示。其计算公式为

$$\rho'_0=\frac{m}{V'_0} \tag{1-3}$$

式中　ρ'_0——材料的堆积密度，kg/m^3；

m ——材料的质量，kg；

V'_0——材料的自然（松散）堆积体积（包括材料颗粒体积和颗粒之间空隙的体积），m^3。

测定散粒材料的堆积密度时，按一定的方法将散粒材料装入一定的容器中，则堆积体积为容器的容积，如图 1-5 所示。

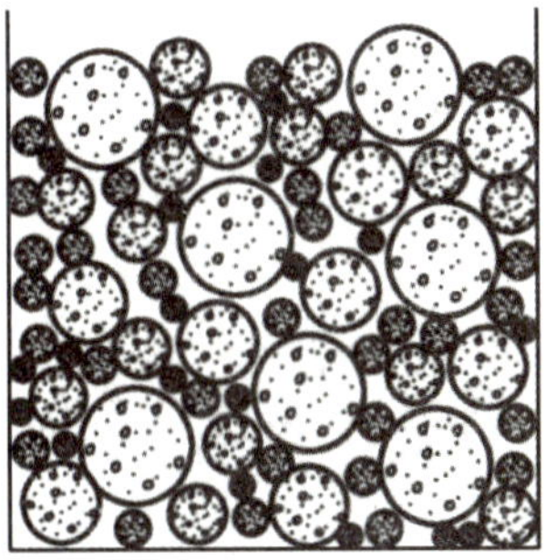

图 1-5　堆积体积测试图

由于散粒材料堆积的紧密程度不同，堆积密度可分为疏松堆积密度、振实堆积密度和紧密堆积密度。

在建筑中，材料的密度、表观密度与堆积密度，经常用来计算材料的用量、构件的自重、配料、运输、堆放、碾压参数等。

（四）孔隙率和空隙率

1. 孔隙率

在材料自然体积内孔隙体积所占的比例，称为材料的孔隙率，用 P 表示。其计算公式为

$$P=\frac{V_0-V}{V_0}\times100\%=(1-\frac{V}{V_0})\times100\%=(1-\frac{\rho_0}{\rho})\times100\% \tag{1-4}$$

式中，V、V_0、ρ、ρ_0 同前述。

孔隙率的大小直接反映了材料的致密程度。孔隙率大，材料的表观密度小、强度降低。孔隙率和孔隙特征对材料的性质均有显著影响。材料内部孔隙的构造，可分为连通的与封闭的两种。连通孔隙不仅彼此贯通且与外界相通，而封闭孔隙则不仅彼此不连通且与外界相隔绝。可用公式表示为

$$P=P_k+P_b$$

$$P_k=\frac{(m_{sat}-m)}{(V_0\rho_w)} \tag{1-5}$$

式中　P_k——材料的开口孔隙率（指能被水饱和的孔隙体积占材料自然体积的比例）；

m_{sat}——材料吸水饱和时的质量，kg；

ρ_w ——水的密度，kg/m³；

m ——材料干燥下的质量，kg；

P_b ——材料的闭口孔隙率。

孔隙按尺寸大小又分为微细孔隙（孔径在 0.01 mm 以下）、细小孔隙即毛细孔隙（孔径在 1.0 mm 以下）、粗大孔隙（孔径在 1.0 mm 以上），如图 1-6 所示。孔隙特征对材料的性能影响较大。开口孔隙、粗大孔隙水分易于渗透，渗透性最大；微细孔隙，水分及溶液易被吸入，但不易在其中流动，渗透性最小；介于二者之间的毛细孔隙，既易被水分充满，水分又易在其中渗透，对材料的抗渗性、抗冻性、抗侵蚀性均有极不利的影响。闭口孔隙，不易被水分或溶液渗入，对材料的抗渗、抗侵蚀性能影响甚微，且对抗冻性起有利作用。

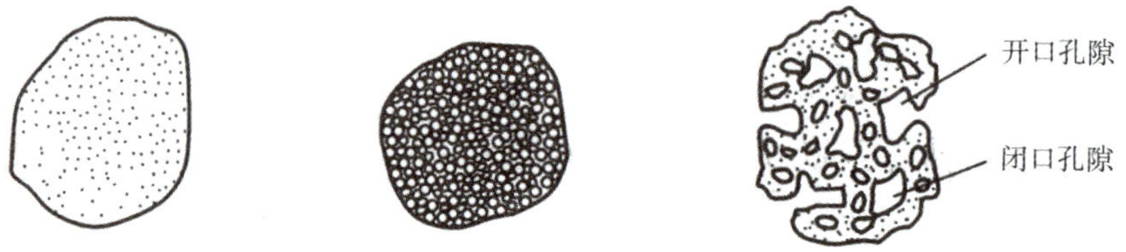

（a）微细孔隙　（b）细小孔隙　（c）粗大孔隙

图 1-6　颗粒的孔隙类型

2. 空隙率

散粒材料自然堆积体积中颗粒之间的空隙体积所占的比例称为散粒材料的空隙率。其计算公式为

$$P' = \frac{V_0' - V_0}{V_0'} = 1 - \frac{V_0}{V_0'} = (1 - \frac{\rho_0'}{\rho_0}) \times 100\% \tag{1-6}$$

式中，V_0、V'_0、ρ_0、ρ'_0 同前述。

空隙率的大小反映了散粒材料的颗粒互相填充的致密程度。空隙率可作为控制混凝土骨料级配与计算砂率的依据。

（五）材料的压实度与相对密度

1. 材料的压实度

材料的压实度是指散粒堆积材料被碾压或振压等压实的程度。散粒材料的压实度常用经压实后施工现场的干堆积密度 ρ'_0 与材料经充分压实后（在实验室振动台上按规定的振动次数振实后）的最大干堆积密度 ρ'_m 比值的百分率表示。可按下式计算

$$R_d = \frac{\rho_0'}{\rho_m'} \times 100\% \tag{1-7}$$

式中　R_d——材料的压实度，%；

ρ'_0——散粒材料在施工现场经压实后的实测干堆积密度，kg/m³；

ρ'_m——在实验室内将相同散粒堆积材料试样经充分压实后的最大干堆积密度，kg/m³。

小贴士

对重要性建筑物要求压实度为 98% ~ 100%，对一般的建筑物要求压实度为 96% ~ 98%。

2. 相对密度

相对密度是散粒材料压实程度的另一种表示方法，可按下式计算

$$D_r = \frac{P'_{max} - P'}{P'_{max} - P'_{min}} \quad (1\text{-}8)$$

式中　D_r ——散粒材料的相对密度，重要性建筑物取 0.70 ~ 0.75，一般建筑物取 0.65 ~ 0.70；

P' ——散粒材料在施工现场经压实后测定的空隙率；一般为 20% ~ 28%；

P'_{max}——散粒材料在实验室可以取得的最疏松状态时测定的空隙率；

P'_{min}——散粒材料在实验室经充分压实后，最紧密堆积时测定的空隙率。

在施工现场为了便于控制施工质量，通常将相对密度转换成对应的干堆积密度来控制。其换算公式为

$$\rho'_0 = \frac{\rho'_{01}\rho'_m}{\rho'_m(1 - D_r) + D_r\rho'_{01}} \quad (1\text{-}9)$$

式中　ρ'_{01}、ρ'_m——散粒材料最松散状态和最紧密堆积时（充分压实）的干堆积密度，kg/m^3。

材料的密度、表观密度、堆积密度、孔隙率或空隙率是认识材料、了解材料性质与应用的重要指标，所以称为材料的基本物理性质，且一定有 $\rho > \rho_0 > \rho'_0$ 的关系式存在。

二、材料与水有关的性质

建筑物中的材料在使用过程中经常直接或间接与水接触，例如，挡水坝、桥墩、基础和屋顶等部位的材料常常受到水的影响。不同固体材料的表面对水的反应各异，因此对材料性质的影响也不同。

（一）材料的亲水性与憎水性

1. 亲水性

材料能被水润湿的性质称为亲水性。具备这种性质的材料称为亲水性材料，如砖、石、木材、混凝土等。这是因为亲水性材料与水分子的亲和力大于水分子自身的内聚力。

2. 憎水性

材料不能被水润湿的性质称为憎水性。具备这种性质的材料称为憎水性材料，如石蜡、沥青、油漆、塑料等。这是因为憎水性材料与水分子的亲和力小于水分子自身的内聚力。用于防水的材料一般应是憎水性材料。

材料的亲水性与憎水性可用润湿角 θ 来说明。当材料与水接触时，在材料、水、空气三相的交点处，作沿水滴表面的切线，该切线与固体、液体接触面的夹角称为润湿角 θ。θ 越小，表明材料易被水润湿。实验证明，当润湿角 $\theta \leqslant 90°$ 时，这种材料称为亲水性材料，如图 1-7（a）所示；当润湿角 $\theta > 90°$ 时，这种材料称为憎水性材料，如图 1-7（b）所示。水滴在亲水性材料表面可以铺展得较平，且能通过材料毛细管作用自动将水吸入材料内部。水在憎水性材料表面不能铺展平，而且水分不能渗入材料的毛细管中，这种现象如图 1-8 所示。

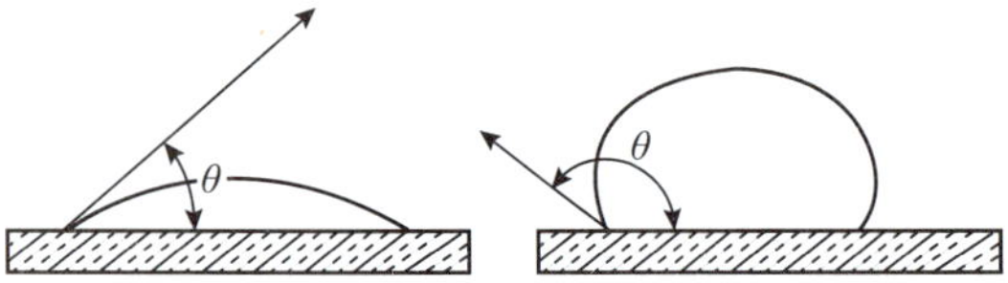

（a）亲水性材料　（b）憎水性材料

图 1-7　材料的润湿示意图

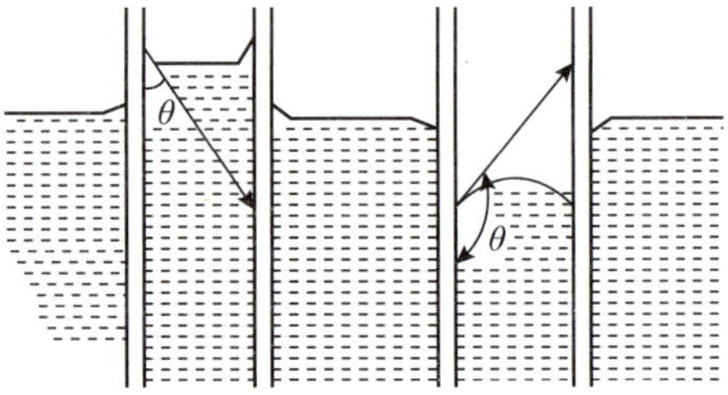

（a）亲水性毛细管　（b）憎水性毛细管

图 1-8　材料毛细管吸水性示意图

（二）材料的吸水性与吸湿性

1. 吸水性

材料浸入水中吸收水的能力称为材料的吸水性，常用质量吸水率表示。即

$$W_{质} = \frac{m_{湿} - m_{干}}{m_{干}} \times 100\% \quad (1\text{-}10)$$

式中　$W_{质}$——材料的质量吸水率，%；

$m_{干}$——材料干燥状态下的质量，g 或 kg；

$m_{湿}$——材料吸水饱和状态下的质量，g 或 kg。

材料的吸水性也可以用体积吸水率 W_v 表示，即材料吸入水的体积占材料自然状态体积的百分率，与质量吸水率的关系有 $W_v = \frac{\rho_0 W_m}{\rho_w}$。但通常吸水率均指质量吸水率。

材料吸水率的大小主要取决于材料本身的亲水性与憎水性，但与孔隙率大小和特征也有密切关系。对亲水性材料，孔隙率越大，吸水性越强，但若是封闭孔隙水分不易进入，粗大开口的孔隙，水分不易吸满和保留；只有具有密集微细连通而开口孔隙的材料，吸水率才特别大。但同一材料的吸水率常常是基本固定的值。如对于质量吸水率，密实花岗岩为 0.1% ～ 0.7%，普通混凝土为 2% ～ 3%，而木材常达 100%。

2. 吸湿性

材料在潮湿空气中吸收水分的性质称为吸湿性，吸湿性常用质量含水率来表示，即

$$W_{含} = \frac{m_{含} - m_{干}}{m_{干}} \times 100\% \quad (1\text{-}11)$$

式中　$W_{含}$——材料的含水率，%；

$m_{含}$——材料含水时的质量，g 或 kg；

$m_{干}$——材料干燥状态下的质量，g 或 kg。

在空气中，某一材料的含水多少是随环境温度和空气湿度而变化的，当较干燥的材料处在较潮湿的空气中时，便会吸收空气中的水分，而较潮湿的材料处在较干燥的空气中时，便会向空气中释放水分，前者是材料的吸湿过程，后者是材料的干燥过程。在一定的温度和湿度条件下，材料与空气湿度达到平衡时的含水率则称为平衡含水率。一般亲水性强的材料、含有开口孔隙多的材料，其平衡含水率高，它在空气中的质量变化也大。

（三）材料的耐水性

材料长期在水的作用下不破坏，且其强度也不显著降低的性质称为耐水性，材料的耐水性用软化系数表示。可按下式计算

$$K_{软}=\frac{f_{饱}}{f_{干}} \tag{1-12}$$

式中　$K_{软}$——材料的软化系数；

$f_{饱}$——材料在吸水饱和状态下的强度，MPa；

$f_{干}$——材料在干燥状态下的强度，MPa。

材料软化系数的大小表示材料在浸水饱和后强度降低的程度。材料的软化系数越小，表示材料吸水后强度下降越多，耐水性越差，所以$K_{软}$可作为选择材料的重要依据。材料的软化系数主要与组成成分在水中的溶解度和材料的孔隙有关，如黏土软化系数为 0，金属软化系数为 1。通常将软化系数大于 0.85 的材料称为耐水性材料。经常位于水中或潮湿环境中的重要结构，其材料的$K_{软}$不宜低于 0.85 ～ 0.90；受潮湿较轻或次要结构，其$K_{软}$也不宜低于 0.70 ～ 0.85。处于干燥环境的材料可以不考虑软化系数。

（四）材料的抗渗性

材料抵抗压力水渗透的性质称为抗渗性，用渗透系数 K 表示。可按下式计算

$$K=\frac{Qd}{AtH} \tag{1-13}$$

式中　K——材料的渗透系数，cm/h 或 mm/s；

Q——渗透水量，cm^3 或 mm^3；

d——材料试件的厚度，cm 或 mm；

A——透水面积，cm^2 或 mm^2；

t——渗水时间，h 或 s；

H——静水压力水头，cm 或 mm。

渗透系数越小，则表示材料的抗渗性越好。对于防潮、防水材料，如沥青、油毡、沥

青混凝土、瓦等材料，常用渗透系数表示其抗渗性。

材料的抗渗性也可用抗渗等级 W 表示，如砂浆、混凝土等材料，常用抗渗等级表示其抗渗性，抗渗等级越高，则表示材料的抗渗性能越好。

材料抗渗性的好坏与材料的亲水性和孔隙率及孔隙特征有密切关系。亲水性材料由于毛细孔作用而有利于水的渗透。绝对密实的材料或只具有封闭孔隙和极细孔隙的材料，可认为是不透水的；含有粗大孔隙和开口孔隙的材料最易渗水，因此抗渗性最差；具有细小孔隙的材料，孔隙既易被水充满，水分又易在其中渗透，其抗渗性较差。

小贴士

地下建筑物和水工建筑物所用材料因常受到水压力的作用应具有一定的抗渗性，对于防水材料则要求有较高的抗渗性或不透水性。材料抵抗其他液体渗透的性质，也属于抗渗性，如贮油罐则要求材料具有良好的不渗油性。

（五）材料的抗冻性

材料在吸水饱和状态下，能经受多次冻融作用而不破坏，且强度和质量无显著降低的性能称为材料的抗冻性。材料的抗冻性常用抗冻等级 F*n* 表示。F*n* 表示材料标准试件在按规定方法进行冻融循环后，其质量损失不超过 5% 或强度降低不超过 25% 时，所能经受的最大冻融循环次数为 *n* 次，如 F50、F100 等。抗冻等级越高，材料的抗冻性越好。

抗冻性良好的材料，对于抵抗温度变化，干湿交替等破坏作用的性能也较强，因此，抗冻性常作为鉴定材料耐久性的一个指标。对材料抗冻性的要求，视工程类别、结构部位、所处环境、使用条件及建筑物等级而定。处于温暖地区的外部建筑物，虽无冰冻作用，但为抵抗风、雨、雪、霜、日等大气的作用，对材料也提出了不低于 F50 的抗冻性要求。室内建筑物和大体积混凝土内部可不考虑抗冻性要求。

三、材料与热有关的性质

材料与热有关的性质主要包括材料的导热性、热容量、比热容、温度变形性等。

（一）材料的导热性

材料传导热量的能力称为材料的导热性，其大小以导热系数 λ 表示，导热系数在数值上等于厚度为 1 m 的材料，当材料两侧面的温差为 1 K（或℃）时，在单位时间内通过单位面积的热量。用公式表示为

$$\lambda = \frac{Q\delta}{At(T_2 - T_1)} \tag{1-14}$$

式中　A——导热系数，W/（m · K）；

Q——总传热量，J；

δ——材料厚度，m；

A——热传导面积，m^2；

t——热传导时间，h；

T_2-T_1——材料两面温度差，K 或℃。

材料的导热系数越小，则材料的绝热性就越好。建筑上通常将导热系数小于 0.23 W/（m·K）的材料称为绝热材料。影响材料导热性的因素很多，材料的导热性取决于其化学组成、结构、空隙率与孔隙特征、含水率及导热时的温度。

对于同种材料，影响导热性的主要因素有孔隙率、孔隙特征及含水率。材料的孔隙率越大，导热系数越小；但具有粗大和连通孔隙时，导热系数增大；具有微小或封闭孔隙时，导热系数减小；材料孔隙中的介质不同，导热系数相差也很大。静态空气的导热系数 λ=0.023 W/（m·K）；水的导热系数 λ=0.58 W/（m·K），约为静态空气的 25 倍；冰的导热系数 λ=2.33 W/（m·K），约为静态空气的 100 倍。所以当材料的含水率增大时，其导热性也相应增加，若材料孔隙中的水分冻结成冰，材料的导热系数将更大。因而材料受潮、受冻都将严重影响其导热性，这也是为什么工程中在对保温材料施工时应特别注意防水避潮的原因。大多数材料的导热系数还会随温度的升高而增大。

（二）材料的热容量与比热容

材料受热时吸收热量、冷却时放出热量的能力称为材料的热容量。可用下式表示

$$Q=cm(T_2-T_1) \tag{1-15}$$

式中　Q——材料吸收或放出的热量，J；

m——材料的质量，g；

T_2-T_1——材料受热或冷却前后的温差，K 或℃；

c——材料的比热容，也称热容量系数，简称比热，J/（g·K）或 J/（g·℃）。

材料比热容的物理意义是指质量为 1 g 的材料，当温度升高（或降低）1 K（或℃）时所吸收（或释放）的热量。用公式表示为

$$c=\frac{Q}{m(T_2-T_1)} \tag{1-16}$$

式中符号的意义同式（1-15）。

比热容是反映材料吸热或放热能力大小的物理量。不同材料的比热容不同，即使是同一材料，由于所处物态不同，比热容也不同。如水的比热容为 4.186 J/（g·K），结冰后比热容则为 2.093 J/（g·K）。各种材料的比热容均小于水的比热容，故水是吸热和放热最大的材料。

导热系数表示热量通过材料传递的速度，热容量或比热容表示材料存储热量能力的大小。材料的热容量，对保持建筑物内部温度稳定有很大的积极作用。导热系数小的材料，

热不易被传入或传出。因此，设计中对保温隔热的材料均需要选择比热容大（即热容量大）而导热系数小的材料。通常所说的导热系数和比热容是指材料干燥状态下的值。

（三）材料的温度变形性

材料的温度变形性是指温度升高或降低时体积变化的性质。除个别材料（4 ℃以下的水）以外，多数材料在温度升高时体积膨胀，温度下降时体积收缩。这种变化表现在单向尺度上时，则为线膨胀或线收缩，工程上常以线膨胀系数 α 来表示材料的温度变形性。线膨胀系数的物理意义是，单位长度的材料在温度变化 1 K（或℃）时，材料增加（减少）的长度。可按下式计算

$$\alpha=\frac{\Delta L}{(T_2-T_1)L} \tag{1-17}$$

式中 α——材料在常温下的平均线膨胀系数，1/K，1/℃；

ΔL——线膨胀或线收缩量，mm 或 cm；

T_2-T_1——材料升（降）温前后的温度差，K 或℃；

L——试件升（降）温前的长度，mm 或 cm。

建筑中，对材料的温度变形大多关心某一单向尺度的变化。因此研究其平均线膨胀系数具有实际工程意义。材料的线膨胀系数与材料的组成和结构有关，应满足工程对温度变形的要求。几种常见材料的导热系数、比热容及线膨胀系数见表 1-1。

表 1-1 几种常见材料的导热系数、比热容及线膨胀系数

材料名称	建筑钢材	普通混凝土	松木	普通黏土砖	花岗岩	密闭空气	泡沫混凝土	石膏板
导热系数 / [W/（m·K）]	58	1.51	0.17	0.55	3.49	0.023	0.03	0.24
比热容 / [J/（g·K）]	0.48	0.88	2.51	0.84	0.85	1	1.30	1.10
线膨胀系数 / （$\times10^{-6}$/K）	10～20	5.8～15	—	5～7	5.5～5.8	—	—	—

任务三 建筑材料的基本力学性质

任务描述

在一个重要的桥梁建设项目中，施工团队在使用新型复合材料的支撑结构时，因为对材料的基本力学性质了解不足，导致支撑梁在承载测试中出现了变形，未能通过验收。团队在最初选择材料时并没有充分考虑其抗弯强度和剪切强度，只关注其轻量化特点。

因为这一问题迫使项目暂停，重新评估材料性能，经过几周的材料检测和更换，导致项目工期延误了两个月。

任务分析

上述事件暴露了在建筑材料选择过程中，对基本力学性质评估的严重不足。施工团队未能全面了解复合材料的抗弯和剪切特性，错误地认为其质量可以抵消其在强度方面的不足。此外，缺乏有效的测试和审查机制，导致问题在施工的早期阶段未能被发现。本任务可以帮助学生了解在项目中需要加强对材料力学性能的详细研究，包括对抗拉、抗压和抗弯等性能的全面评估；同时，应建立严格的验收标准和测试流程，确保在施工前所有材料均能够满足设计要求，以保障项目质量和安全。

任务实施

材料的基本力学性质，主要是指材料在外力作用下的强度和变形性质。

一、材料的强度、比强度和理论强度

（一）材料的强度（静力强度）

材料在外力作用下抵抗破坏的能力称为材料的强度，以材料受外力破坏时单位面积上所承受的外力表示。材料在建筑物上所承受的外力，主要有拉力、压力、剪力、弯力、弯矩等。材料抵抗这些外力破坏的能力，分别称为抗拉、抗压、抗剪和抗弯强度，材料的这些强度是采用标准试件，通过试验来测定的，故称为静力强度。

1. 抗拉、抗压、抗剪强度

受力情况如图 1-9（a）、图 1-9（b）和图 1-9（c）所示，其强度公式为

$$f=\frac{P}{A} \tag{1-18}$$

式中　f——材料的抗压、抗拉、抗剪强度，MPa；

P——最大破坏荷载，N；

A——受力面积，mm^2。

2. 抗弯强度（也称抗折强度）

受力情况如图 1-9（d）所示，对矩形截面试件，试验时将试件放在两支点上，中间作用一集中荷载 P，则抗弯强度公式为

$$f_f=\frac{3Pl}{2bh^2} \tag{1-19}$$

式中　f_f——抗弯强度，MPa；

P——弯曲破坏时最大荷载，N；

b、h——试件横截面的宽及高，mm；

l——两支点间的距离，mm。

试验时将两个相等的集中荷载 $P/2$ 分别作用在试件两支点间的三分点处，则抗弯强度公式为

$$f_f = \frac{Pl}{bh^2} \tag{1-20}$$

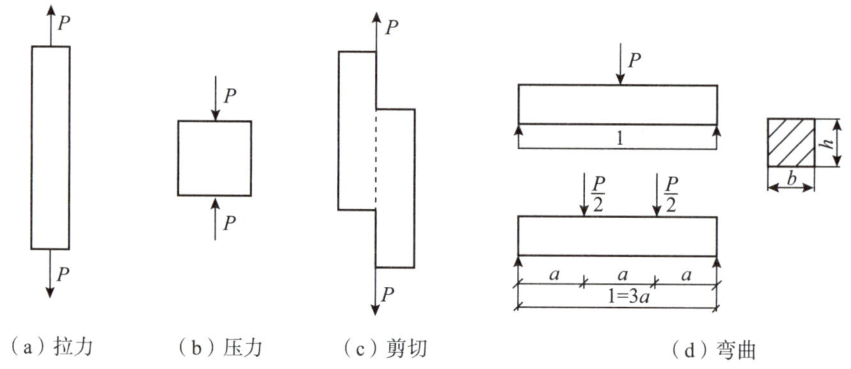

图 1-9　材料受力示意图

3. 影响材料强度的因素

材料强度大小与材料的组成、结构、构造及测定强度值的试验条件等有关。不同种类的材料具有不同的强度值，见表 1-2。

表 1-2　部分材料的静力强度　　单位：MPa

材料	花岗岩	砂岩	普通混凝土	松木（顺纹向）	普通黏土砖	建筑钢材
抗压	100 ～ 250	20 ～ 170	7.5 ～ 60	30 ～ 50	5 ～ 30	210 ～ 600
抗拉	7 ～ 25	8 ～ 40	1 ～ 3	80 ～ 120	—	210 ～ 600
抗剪	13 ～ 19	4 ～ 25	—	7.7 ～ 10	1.8 ～ 4	4 ～ 8
抗弯	10 ～ 40	—	1.5 ～ 6	60 ～ 100	1.8 ～ 4	60 ～ 110

同种材料，由于孔隙率及孔隙特征不同，材料的强度也有较大差异。随孔隙率的增加，强度呈直线下降；孔隙率低、表观密度大，材料强度就较高。大多数材料在温度升高或含水率增加时其强度均会降低。例如，钢材及沥青材料的强度都在温度升高时明显降低；含水率增大时，砖、木材及混凝土等材料的强度都将降低；小试件的抗压强度试验值高于大试件试验值，试件受压面上有凹凸不平或掉角等缺损时，将引起局部应力集中而降低强度试验值；断面相同时，短试件比长试件的强度值高；试验时的加荷速度较快时，材料变形的增长速度落后于应力增长速度，破坏时的强度值偏高，反之，强度测定值偏低；采用刚度大的试验机进行强度测试，所得的强度值也较高。

（二）材料的比强度

材料的比强度是材料的强度与其表观密度的比值，是衡量材料轻质高强性能的重要指标。优质的结构材料应具有较高的比强度，才能尽量以较小的截面尺寸满足强度要求，同时可以较大幅度减小结构体的自重。几种常用材料的比强度见表 1-3。

表 1-3　几种常用材料的比强度

材料	低碳钢	普通混凝土（抗压）	松木（顺纹抗拉）	玻璃钢	黏土砖（抗压）
表观密度（kg/m^3）	7 850	2 400	500	2 000	1 700
强度 /MPa	360	40	100	450	10
比强度	0.045	0.017	0.2	0.225	0.006

（三）材料的理论强度

材料的理论强度是指结构完整的理想固体从材料结构的理论上分析，材料所能承受的最大应力。材料在外力作用下的破坏实质上是由于拉力造成质点间结合键的断裂，或由于剪力造成质点间的滑移而破坏的，因此材料的理论强度仅取决于构成该材料的质点间的相互作用力。

根据材料断裂时，外力既要克服质点间的结合力，又需要产生新界面的表面能，可得出材料的理论抗拉强度的近似表达式为

$$f_m = \sqrt{\frac{EU}{d_0}} \tag{1-21}$$

式中　f_m——材料的理论抗拉强度；

E——材料的弹性模量；

U——材料的表面能；

d_0——材料质点间的距离。

从式（1-21）可知，提高材料的理论强度的有效途径是增大材料的弹性模量、表面能，减小原子间的距离，因此越密实的材料，理论强度越高。材料理论强度是在假定材料内部没有任何缺陷的前提下推导出来的，即外力必须克服内部质点之间的相互作用力，将质点间距离拉开足够大，才能使材料达到破坏。由于固体材料内部质点间的距离很小，通常为 1 ～ 0.1 nm 数量级，因此材料的理论强度值很大，可近似认为材料的理论强度 $f_m \approx E/10$。

实际上，各种材料都存在结构和构造缺陷，如晶格缺陷、杂质混入、孔隙及微裂缝等。这些缺陷在远低于理论强度的应力下，即可引起晶格滑移或断裂，并在裂缝尖端产生应力集中，导致裂缝不断扩大和延伸（如混凝土）。这些因素共同作用，使实际破坏应力降低，导致材料实际强度远低于理论强度值。

二、材料的弹性与塑性

材料在外力作用下，将在受力的方向上产生变形，根据变形的特点分为弹性变形和塑性变形。

（一）弹性

材料在外力作用下产生变形，当外力除去后，变形能完全恢复的性质称为弹性。这种能够完全恢复的变形称为弹性变形，具有这种性质的材料称为弹性材料。弹性材料的变形曲线如图 1-10 所示。由图 1-10 可知，弹性材料的应力－应变曲线是一条直线，加载和卸载线完全重合。这种材料的变形服从于虎克定律，其表达式为

$$\varepsilon = \frac{\sigma}{E} \tag{1-22}$$

式中 ε——材料在外力作用下产生的应变，即单位长度产生的变形；

σ——材料在外力作用下产生的应力，MPa；

E——材料的弹性模量，MPa。

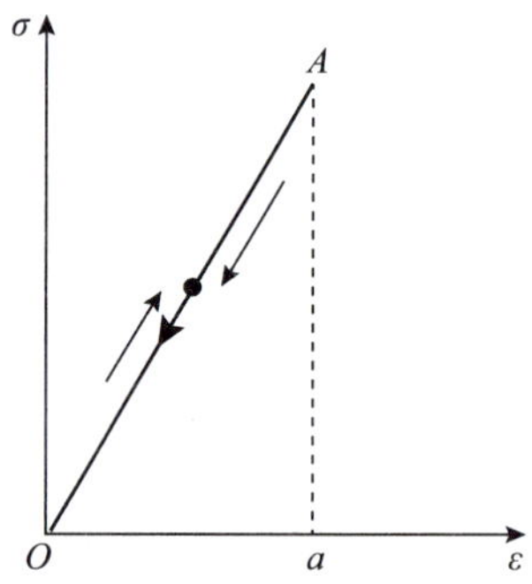

图 1-10 弹性材料的变形曲线

弹性模量 E 值在数值上等于应变为 1 时的应力值。E 值越大，表明材料越不易变形，即刚性越好。弹性模量是衡量材料抵抗变形能力大小的一个重要力学指标。

（二）塑性

材料在外力作用下产生变形，当外力除去后，仍保持变形后的形状，并不破坏的性质称为塑性。这种不可恢复的变形称为塑性变形（或永久变形）。理想的塑性材料的变形曲线如图 1-11 所示。

实际上，纯的弹性材料和纯的塑性材料都是没有的。有的材料在受力不大的情况下，表现为弹性变形，但受力超过一定限度后，则表现为塑性变形。建筑钢材就属于这种类型的材料。有的材料在受力后，弹性变形及塑性变形几乎同时产生，如果取消外力则弹性变形可以恢复，而塑性变形则不能恢复，这种类型的材料称为弹塑性材料，混凝土就属于这种类型的材料。图 1-12 为弹塑性材料的变形曲线。

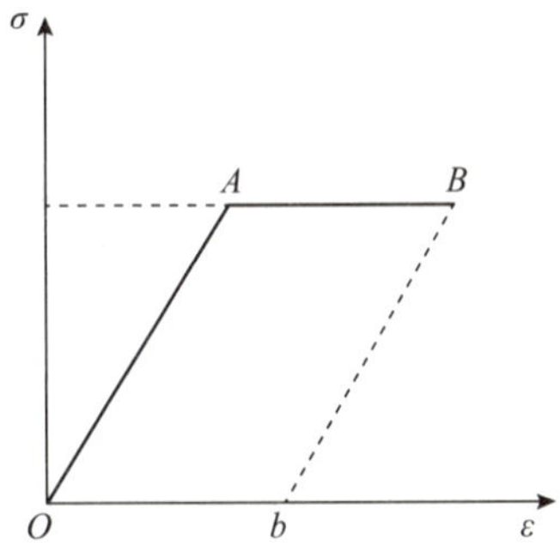

图 1-11　理想的塑性材料的变形曲线

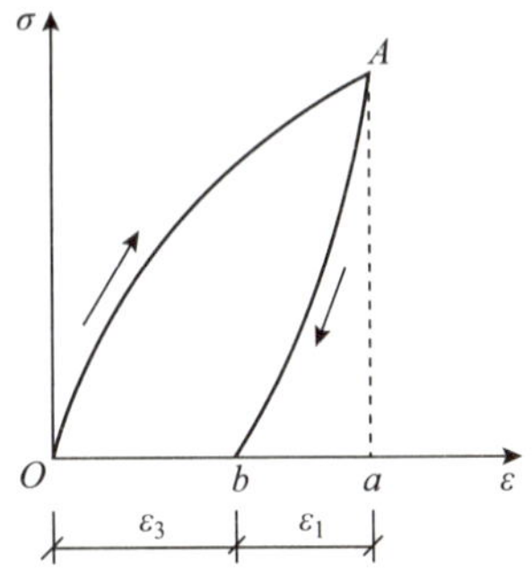

图 1-12　弹塑性材料的变形曲线

三、材料的脆性与韧性

材料在外力作用下无明显塑性变形即突然破坏的性质称为脆性，具有此性质的材料称脆性材料。脆性材料抗压强于抗拉，变形小，抗冲击差，适用于承压构件。

材料在冲击或震动荷载下能承受大变形不破坏的性质为韧性，具此性质的材料称韧性材料。韧性材料变形大，抗拉、抗压近似，如低碳钢、低合金钢。建筑中吊车梁、桥梁、路面材料需高韧性。

四、材料的硬度和耐磨性

（一）材料的硬度

硬度是材料抗穿刺能力的度量。材料的硬度反映材料的耐磨性和加工的难易程度。常用的硬度测量方法有刻划法、压入法和回弹法。刻划法用于测定天然矿物的硬度，按刻划材料的硬度递增分为十个等级，依次为滑石、石膏、方解石、萤石、磷灰石、正长石，石英、黄玉、刚玉、金刚石。压入法测定的是布氏硬度值，将硬物压入材料表面，用压力（N）除以压痕面积（mm^2）所得到的值为布氏硬度值，如图 1-13 所示。可按下式计算

$$HB = \frac{2F}{\pi D(D-\sqrt{D^2-d^2})} \tag{1-23}$$

式中　F——压力，N；

D——压球直径，mm；

d——压痕直径，mm。

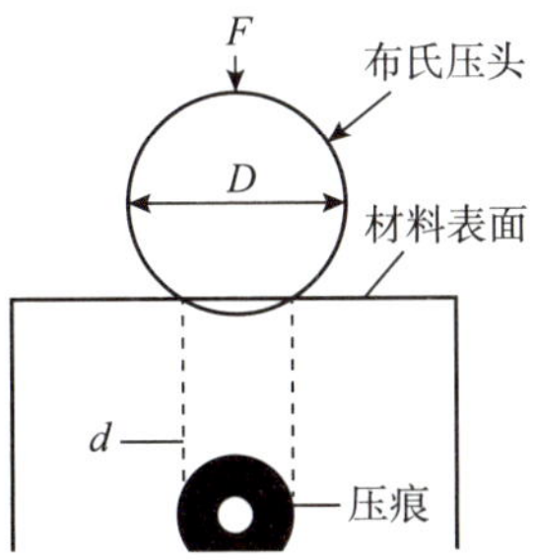

图 1-13　材料的硬度测试示意图

钢材、木材、混凝土的硬度常用压入法测定。用压入法测定材料的硬度时，如果材料过软或压力过大，就会将球全部压入，得到 $d = D$。为测定精确的硬度值，必须控制 $d = 0.25\ D \sim 0.5\ D$，并对压球直径与压力做出一些规定：测定钢材时，$F/D^2 = 30$；测定铜材时，$F/D^2 = 10$。所用钢球的 *HB* 最大为 459，碳化钨球 *HB* 最大为 600。回弹法用于测定混凝土构件表面的硬度，并以此估算混凝土的抗压强度。

（二）材料的耐磨性

材料表面抵抗磨损和磨耗的能力称为耐磨性。磨损指表面摩擦导致质量和体积减小；磨耗涉及摩擦和冲击双重作用使质量与体积减小。

建筑中楼地面、公路路面、铁路钢轨需高耐磨性；水利工程中溢流坝、闸墩、隧洞衬砌等部位需抵抗磨耗能力。

任务四　建筑材料的耐久性

任务描述

2024 年秋季，一个大型住宅小区建设项目完工并交付使用。不久后，业主开始反映建筑外墙出现了裂缝和渗水现象。经过调查发现，使用的外墙砖在安装时未经过充分的耐久性测试，导致在长期的潮湿环境中，砖体吸水后出现了膨胀和开裂。由于材料的耐久性不足，修复工作不仅耗费了大量的人力和物力，还影响了业主的正常居住，最终项目方不得不承担修复费用。

任务分析

上述事件揭示了对建筑材料耐久性评估的严重缺失。在材料采购阶段，施工团队未能进行充分的耐久性测试，尤其在考虑当地气候条件对材料性能的影响时显得尤为重要。事件发生后，维护和修复的需求不仅增加了项目的成本，还损害了开发商的声誉。本任务可以帮助学生了解应加强材料的耐久性测试，综合考虑环境因素，并制定完善的材料选择标准。此外，施工团队应对材料进行长期性能评估，以确保其能够在实际使用中保持稳定，降低后续维护和修复的风险。

任务实施

工程中所指材料的耐久性是指材料在所处环境条件下，抵抗所受破坏作用，在规定的时间内，不变质、不损坏，保持其原有性能的性质。耐久性是衡量材料乃至结构在长期使用条件下的安全性能，它应以在具体环境条件和使用条件下保持原有工作性能的期限来度量。建筑物中材料所受的破坏作用如下。

（1）物理作用。物理作用包括材料所受的温度变化、干湿交换、冻融循环作用。材料经受这些作用后，会产生膨胀、收缩、裂缝、质量损失、强度降低，久而久之就会使材料乃至建筑物发生破坏。

（2）化学作用。化学作用包括大气和环境水中的酸、碱、盐等溶液的侵蚀与日光、紫外线等对材料的作用。它会使材料逐渐发生质变、老化而破坏。

（3）机械作用。机械作用包括荷载的持续作用，交变荷载对材料引起的疲劳、冲磨、气蚀作用。

（4）生物作用。生物作用主要指菌类、昆虫等危害，导致材料发生腐朽、虫蛀（图 1-14）等而破坏。

图 1-14　虫蛀

耐久性是材料的一项综合性质，某种材料是否具有耐久性，必须针对某种环境条件来讨论。一方面，到目前为止没有一种材料能够对上述各种破坏作用都具有很强的抵抗能力；另一方面，工程所处环境常常是发生一种或几种破坏作用。为提高材料的耐久性，延长建筑物的使用寿命和减少维修费用，可根据实际情况和材料的特点采取相应的措施，如合理选用材料、减轻环境的破坏作用（如降低湿度、排除侵蚀性物质等）、提高材料本身对外界作用的抵抗力（如提高材料的密实度、采用表面覆盖层等措施），从而达到提高材料耐久性的目的。

材料的耐久性与结构的使用寿命直接相关，材料的耐久性好，就可以延长结构的使用寿命，减少维修费用。

项目小结

本项目主要介绍建筑材料的相关知识。首先介绍了建筑材料的物理性质；其次介绍了建筑材料的基本力学性质；最后介绍了建筑材料的耐久性。通过本项目的学习，读者能够学会科学合理地选用材料，从而降低工程造价，提高工程的经济效益，并为实现建筑工程的可持续发展贡献力量。

项 目 工 单

实训记录表见表 1-4，实训评价见表 1-5。

表 1-4 实训记录表

班级		姓名		日期	
实训名称	建筑材料基础知识实训				
实训目标	1. 理解建筑材料的基本概念和分类，掌握其在建筑工程中的应用； 2. 学习并掌握建筑材料的物理性质，分析其对工程安全和性能的影响； 3. 掌握建筑材料的基本力学性质和耐久性，为材料选择和工程设计提供科学依据				
实训过程记录					
实训注意事项					
实训总结					

表 1-5 实训评价

项目名称	评价内容	分值 / 分	评分
职业素养考核项目（30%）	团队合作能力	10	
	责任心与职业道德	10	
	安全意识	10	
专业能力考核项目（70%）	建筑材料分类识别能力	10	
	物理性质测试能力	10	
	力学性质测试能力	20	
	耐久性评估能力	10	
	材料选择与应用能力	20	
合计		100	
教师评语		教师签字	

课 后 练 习

一、填空题

1. 建筑材料的组成包括材料的化学组成、矿物组成和________________，它是决定材料化学性质、物理性质、力学性质和________________的最基本因素。

2. ________________自然堆积体积中颗粒之间的________________所占的比例称为空隙率。

3. 材料在外力作用下产生变形，当外力除去后，仍保持变形后的形状，并不破坏的性质称为________________。这种不可恢复的变形称为________________（或永久变形）。

4. ________________是衡量材料乃至结构在长期使用条件下的安全性能，它应以在具体环境条件和使用条件下保持原有工作性能的________________来度量。

5. 材料抵抗压力水渗透的性质称为________________，用渗透系数 K 表示，计算公式为________________。

二、简答题

1. 材料断裂时，外力既要克服质点间的结合力，又需要产生新界面的表面能，得出材料的理论抗拉强度的近似表达式为 $f_m=\sqrt{\dfrac{EU}{d_0}}$，写出式中各字母表达的含义。

2. 简述建筑物中材料所受破坏作用中的物理作用和化学作用。

3. 简述建筑材料中与水有关的性质。

项目二 建筑石材

项目导读

石材不仅是构建坚固建筑的基础，更以其独特的天然美感和多样化的形态色彩，为建筑增添了独特的韵味与风华，丰富了建筑的视觉表现力，同时也见证了人类文明的进步与发展，为人类社会创造了一个又一个建筑奇迹。本项目主要介绍建筑石材的相关知识。

学习目标

知识目标

◇深入了解天然石材与人工石材的起源、特性、分类及其在建筑中的应用范围和优势。

◇掌握石材的不同加工类型、工艺流程及其对石材性能、外观和用途的具体影响。

能力目标

◇能够根据建筑设计需求和石材特性，熟练选用合适的天然石材或人工石材，并确定最佳的加工方式。

◇具备独立评估石材质量、识别常见石材缺陷及进行基本石材维护与保养的能力。

素质目标

◇培养学生对石材美学的敏感度和鉴赏力，能够在建筑设计中创造性地运用石材。

◇强化学生可持续发展意识，关注石材资源的合理利用和环境保护。

思政目标

培养学生对石材美学的敏感度和鉴赏力，并能在建筑设计中创造性运用；同时引导学生关注绿色建材和绿色建筑趋势，为创造更美好、环保的生活环境贡献力量。

任务一　天然石材

任务描述

某城市的一座高端酒店进行翻新，选择了天然石材作为大堂地面的装饰材料。然而，在石材安装完成后不久，大堂地面就出现了开裂和不平整的问题，严重影响了酒店的形象和客户体验。经调查发现，这批天然石材在采购时未经严格筛选，部分石材存在隐裂和质地不均的问题，导致安装后无法承受大堂人流量的压力。

任务分析

上述事件暴露出天然石材采购和使用过程中的质量控制问题。由于缺乏对石材质量的严格把控，导致了石材安装后出现的开裂和不平整现象。这不仅影响了酒店的美观度和客户满意度，还增加了额外的维修成本和时间成本。本任务可以帮助学生了解在采购天然石材时，应加强对石材质量的检查，包括外观、质地、尺寸等方面；同时，要求供应商提供相关的质量检测报告和合格证明，确保所采购的石材符合使用要求；在安装过程中，也应严格按照施工规范进行操作，避免因施工不当而导致石材损坏。

任务实施

石材作为历史悠久的建筑材料，以其高强度、良好的耐磨性、耐久性和优异的装饰效果，广泛应用于现代建筑中。其资源丰富且易于获取，常用于砌筑基础、桥涵、护坡及作为混凝土拌合骨料等。

图 2-1　天然石材

建筑石材需满足一定的物理力学和化学性能，分为天然石材和人造石材。天然石材采自天然岩石，经过或未经过加工，如图 2-1 所示；人造石材则通过有机或无机胶凝材料、矿物质原料及外加剂按比例配制而成，如混凝土、人造大理石和人造花岗石等。人造石材性能、颜色、图案、形状可根据原料调整，应用广泛。

一、石材的分类

天然石材开采自天然岩石，各种造岩矿物在不同的地质条件作用下，形成不同的天然岩石类型，通常可分为岩浆岩（火成岩）、沉积岩（水成岩）和变质岩三大类。

扫一扫
石材的分类

（一）岩浆岩（火成岩）

岩浆岩是岩浆在活动过程中或地壳内部已熔融的岩浆，经过冷却凝固而成的岩石，是地壳的主要组成岩石。由于岩浆冷却条件不同，所形成的岩石具有不同的结构性质，根据岩浆冷却条件将岩浆岩分为三类：深成岩、喷出岩和火山岩。建筑中常用的花岗岩、玄武岩、辉绿岩、火山灰、浮石等都属于岩浆岩，如图 2-2 所示。

（二）沉积岩（水成岩）

沉积岩是地表的各种岩石（火成岩、变质岩或早期形成的沉积岩）在外力作用下，经风化、搬运、沉积，在地表及地下不太深的地方沉积形成的岩石，其主要特征是呈层状结构，且各层的成分、结构、颜色和厚度均不相同，还可能含有动、植物化石。沉积岩中含有丰富的矿产资源，如煤、石油、锰、铁、铝、磷、石灰石和盐岩等。沉积岩的特点是表观密度小，孔隙率和吸水率较大，强度较低，耐久性较差。建筑中常用的沉积岩有石灰岩、砂岩和碎屑石等，如图 2-3 所示。

图 2-2　岩浆岩

图 2-3　沉积岩

（三）变质岩

地壳中原有的岩石（岩浆岩、沉积岩及已经生成的变质岩），由于岩浆活动及构造运动的影响（主要是温度和压力的作用），在固体状态下发生再结晶作用，而使它们的矿物成分、结构构造以及化学成分发生部分或全部改变所形成的新岩石称为变质岩。变质后的岩浆岩其结构不如原岩石坚实，性能变差，称为正变质岩；而沉积岩变质后，结构较原岩石致密，性能更好，称为副变质岩。建筑中常用的变质岩有大理岩、石英岩和片麻岩等，如图 2-4 所示。

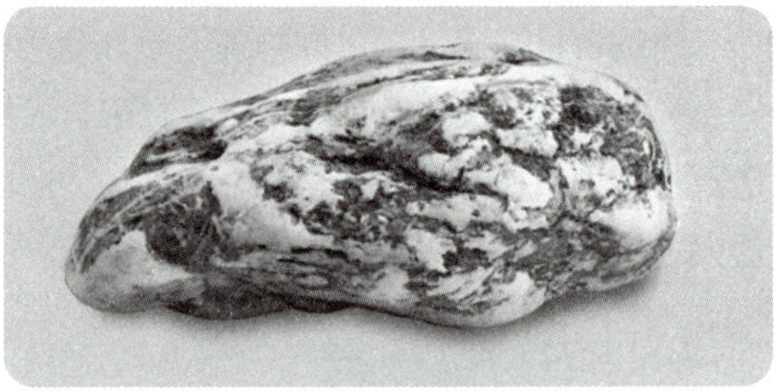

图 2-4　变质岩

二、建筑上常用的天然石材

（一）花岗岩

花岗岩是一种典型的深层侵入岩，分布广泛，其主要化学成分为 SiO_2 和 Al_2O_3，矿物成分以石英和正长石为主，其次为黑云母、角闪石、白云母和其他矿物。根据次要矿物含量不同可分为黑云母花岗岩、白云母花岗岩、二云母花岗岩等，天然花岗岩如图 2-5 所示。

1. 花岗岩砌筑石材

在土木建筑工程中，花岗岩石材常用于砌筑重要的大型建筑物基础、墩、柱，常接触水的墙体、护坡、踏步、栏杆、堤坝、桥梁、路面、街边石等部位，是建造永久性工程或纪念性建筑的良好砌筑石材，如图 2-6 所示。

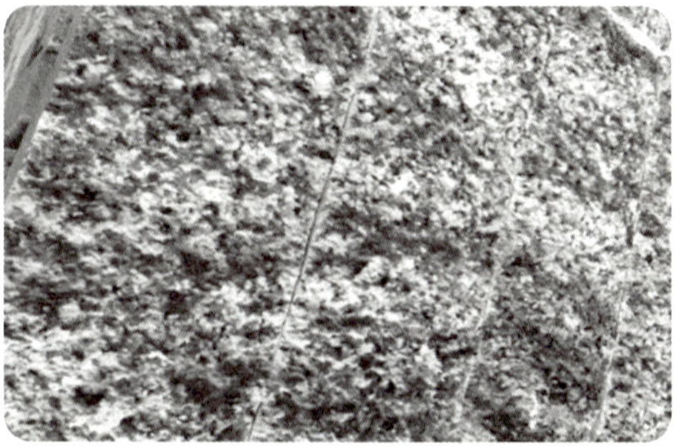

图 2-5　天然花岗岩

图 2-6　花岗岩砌筑石材

2. 花岗岩装饰石材

花岗岩装饰石材主要是指以花岗岩块料经锯片、磨光、修边等加工而成的板材。花岗石板材的品种、质地、花色繁多，根据用途和加工方法可分为以下四种。

（1）剁斧板材：表面粗糙，具有规则的条状斧纹。

（2）机刨板材：表面平整，具有相互平行的刨纹。

（3）粗磨板材：表面平整、光滑但无光泽。

（4）磨光板材：表面光亮平整，色泽鲜明，晶体纹理清晰，有镜面感。

由于花岗石板材质感丰富，具有华丽高贵的装饰效果，且质地坚硬、耐久性好，所以是室内外高级饰面材料，可用于各类高级建筑物的墙、柱、地面、楼梯、台阶等表面装饰，也可用于服务台、展示台及家具等。

小贴士

磨光花岗石板材装饰特点是华丽而庄重；粗磨花岗石板材装饰特点是凝重而粗犷。应根据不同的使用场合选择不同物理性能及表面装饰效果的花岗石。

（二）砂岩

砂岩是指粒径为 0.05 ～ 2 mm，碎屑颗粒含量超过 50% 的碎屑岩，主要成分为石英，黏土含量＜ 25%，具有砂质结构和层状构造，层理明显。按砂粒的矿物成分，可分为石英砂岩、长石砂岩和长石石英砂岩等；按砂粒粒径大小，可分为粗砂岩、中粒砂岩和细砂岩；按胶结物的成分，可分为硅质砂岩（由氧化硅胶结）、铁质砂岩、钙质砂岩（由碳酸钙胶结）

和泥质砂岩等，由于胶结成分不同其颜色也不同。

硅质砂岩的颜色浅，常呈浅灰色，质地坚硬耐久，强度高，抗风化能力强；泥质砂岩一般为黄褐色，吸水性好，易软化，强度低；铁质砂岩常呈紫红色或棕红色；钙质砂岩呈白色或灰白色，具有一定强度，但耐酸性较差，可用于一般工程。铁质砂岩和钙质砂岩的强度与抗风化能力介于硅质及泥质砂岩之间。

砂岩性能与其胶结物的性能及胶结密实程度有关，表观密度差别较大（通常为 2 200 ～ 2 700 kg/m^3），性能差别也较大。例如，强度（5 ～ 200 MPa）、孔隙率（1.6% ～ 28.3%）、吸水率（0.2% ～ 7.0%）、软化系数（0.44 ～ 0.97）等性质变化幅度较大。

致密坚硬的砂岩可作装饰石材。山东掖县产纯白砂岩，俗称白玉石，常用作雕刻装饰石材，如图 2-7 所示。

图 2-7　砂岩浮雕

（三）石灰岩

石灰岩简称灰岩，属最常用的沉积岩。其主要化学成分为 $CaCO_3$，矿物成分以结晶细小的方解石为主，常有少量白云石、黏土、菱铁矿、石膏及有机物等混入物。当黏土矿物含量达 25% ～ 50% 时则称为泥灰岩；当白云石含量达 25% ～ 50% 时则称为白云质灰岩。致密石灰岩又称青石，可用作装饰板材。

纯石灰岩为灰色、浅灰色，当含有杂质时为浅黄色、浅红色、暗红、灰黑色及黑色等。以加冷稀盐酸强烈起泡为其显著特征。按成因、物质成分和结构构造，又可分为普通灰岩、生物灰岩、碎屑灰岩和燧石灰岩等。

泥灰岩通常为隐晶质或微粒结构，加冷稀盐酸起泡，且有黄色泥质沉淀物残留。

石灰岩虽仅占地壳总量的 5%，但在地表面分布极广，达地壳表面积的 75%。石灰岩岩性均一，易于开采加工，是建筑上用途最广、用量最大的岩石。

松散土状的石灰石（如白垩）或多孔状的石灰石，常用作生产石灰和水泥的主要原料；较致密的石灰石常用于砌筑基础、墩、柱、墙体、勒脚、拱、路面、踏步、挡土墙等，其中致密者，经磨光打蜡，可代替大理石板材使用。石灰岩还是普通混凝土常用的集料和冶金工业的主要熔剂材料。

一般用于砌筑的石灰岩比较致密，表观密度较大（2 300 ～ 2 700 kg/m^3），有较高的抗压强度（20 ～ 120 MPa），但吸水率差别大（0.1% ～ 4.5%），如图 2-8 所示。

（四）大理岩

大理岩是较纯的石灰岩和白云岩在地壳内经过高温、高压作用，在区域变质作用下，由于重结晶而形成的变质岩，也有部分大理岩是在热力接触变质作用下产生的。大理岩多具有等粒变晶结构或层状结构、块状构造。大理石的化学成分为碳酸盐（如碳酸钙或碳酸镁），矿物成分为方解石或白云石，故在其表面滴加冷稀盐酸时会强烈起泡，以此可与其他浅色岩石相区别。

大理石抗风化能力差，易因空气中二氧化硫的腐蚀和雨水冲刷等因素影响，使表面层失去光泽、变色并逐渐破损，影响装饰效果，因此大理石多用于室内装饰，且在产品形式上主要是制成大理石板材，用于室内饰面，如墙面、地面、柱面、台面、栏杆、踏步等，如图 2-9 所示。

图 2-8　石灰岩

图 2-9　大理岩

三、石材的特性

（一）石材的物理性质

1. 真实密度

石材的真实密度，简称密度，是指石材在干燥和绝对密实状态下单位体积所具有的质量。

2. 相对密度

石材的相对密度，是指固体部分（不含孔隙）的重力与同体积水在 4 ℃时重力的比值，约为 2.65，有的石材可高达 3.3。

3. 表观密度

石材的表观密度是单位体积所具有的质量。致密的石材，其表观密度接近于密度，为 2 500 ～ 3 100 kg/m^3，而孔隙率较大的石材，其表观密度为 500 ～ 1 700 kg/m^3。

4. 饱和面干密度

石材的饱和面干密度是在规定的饱和面干状态下，单位毛体积的饱和面干质量。

5. 堆积密度

石材的堆积密度是粒状石材装填于容器中单位体积的质量。石材的堆积密度由于颗粒排列的松紧程度不同，分为松堆积密度、振实密度和捣实密度。

6. 重度

重度是指单位体积石材的重力，在数值上等于石材试件的总重力（含孔隙中水的重力）

与其总体积（含孔隙体积）之比。

石材孔隙中完全没有水存在时的重度，称为干重度。石材中的孔隙全部被水充满时的重度，称为饱和重度。

7. 空隙性

石材的空隙包括孔隙和裂隙。石材的空隙性是孔隙性和裂隙性的总称，可用空隙率、孔隙率、裂隙率来表示其发育程度。

石材的孔隙率（或称孔隙度）是指石材中孔隙（含裂隙）的体积与石材总体积的比值，常以百分数表示。

8. 耐热性（耐火性）

石材的耐热性与其化学成分及矿物组成有关。含有石膏的石材，在 100 ℃以上时就开始破坏；含有碳酸镁的石材，温度高于 725 ℃时会发生破坏；含有碳酸钙的石材，温度达 827 ℃时开始破坏。由石英与其他矿物所组成的结晶石材，如花岗岩等，当温度达到 700 ℃以上时，由于石英受热发生膨胀，强度会迅速下降。

9. 导热性

石材的导热性主要与表观密度和结构状态有关，重质石材导热系数可达 2.91 ～ 3.49 W/（m·K）。相同成分的石材，玻璃态比结晶态的导热系数小。具有封闭孔隙的石材，导热系数较小。

石材的物理性质是由加工这种石材所用的岩石原料决定的。常用岩石的物理性质指标见表 2-1。

表 2-1　常用岩石的物理性质指标

岩石名称	相对密度	天然重度（kN/m^2）	孔隙率 /%
花岗岩	2.50 ～ 2.84	22.56 ～ 27.47	0.04 ～ 2.80
闪长岩	2.60 ～ 3.10	24.72 ～ 29.04	0.25 左右
辉长岩	2.70 ～ 3.20	25.02 ～ 29.23	0.28 ～ 1.13
辉绿岩	2.60 ～ 3.10	24.82 ～ 29.14	0.29 ～ 1.13
玄武岩	2.60 ～ 3.30	24.92 ～ 30.41	1.28 左右
砂岩	2.50 ～ 2.75	21.58 ～ 26.49	1.60 ～ 28.30
页岩	2.57 ～ 2.77	22.56 ～ 25.70	0.40 ～ 10.00
泥灰岩	2.70 ～ 2.75	24.04 ～ 26.00	1.00 ～ 10.00
石灰岩	2.48 ～ 2.76	22.56 ～ 26.49	0.53 ～ 27.00
片麻岩	2.63 ～ 3.01	25.51 ～ 29.43	0.30 ～ 2.40
片岩	2.75 ～ 3.02	26.39 ～ 28.65	0.02 ～ 1.85
板岩	2.84 ～ 2.86	26.49 ～ 27.27	0.45 左右
大理岩	2.70 ～ 2.87	25.80 ～ 26.98	0.10 ～ 6.00

（二）石材的力学性质

1. 抗压强度

石材的抗压强度是取三个边长为 70 mm × 70 mm × 70 mm 的立方体试块极限抗压破坏强度平均值表示的。石材的强度等级根据抗压强度值的大小分为 MU100、MU80、MU60、MU50、MU40、MU30、MU20、MU15 和 MU10 九个等级。若非标准尺寸的试块，应将其实验结果乘以相应的换算系数，见表 2-2。

表 2-2 石材强度等级的换算系数

立方体边长 /mm	200	150	100	70	50
换算系数	1.43	1.28	1.14	1	0.86

2. 冲击韧性

石材抵抗多次连续重复冲击荷载作用的性能称为冲击韧性，可用石材冲击值来表示，通常采用石材冲击实验来测定。石材的冲击韧性以及岩石的矿物组成成分与构造有关。石英岩和硅质砂岩脆性很大，含暗色矿物较多的辉长岩、辉绿岩等韧性相对比较大。通常，晶体结构岩石较非晶体结构岩石具有更高的韧性。

3. 硬度

岩石的硬度用莫氏硬度来表示，它取决于矿物组成的硬度与构造。凡由致密、坚硬矿物组成的石材，其硬度较高。石材的硬度与抗压强度密切相关，一般抗压强度越高，其硬度也越高。

4. 耐磨性

耐磨性是指石材在使用条件下抵抗摩擦、边缘剪切以及冲击等复杂作用的性质。常用磨耗率表示。石材的耐磨性与其矿物的硬度、结构、构造特征，以及石材的抗压强度和冲击韧性等有关。矿物越坚硬、构造越致密以及石材的抗压强度和冲击韧性越高，石材的耐磨性越好。凡是可能遭受磨损作用的场所均应采用高耐磨性石材，如楼梯、台阶和人行道等。

任务二 人 造 石 材

任务描述

一座新建的住宅楼在进行室内装修时，采购了一批人造石材用于厨房台面。然而，在安装过程中发现，多块石材的尺寸和厚度均有明显偏差，导致无法精确拼接，出现了大量的缝隙和表面不平整问题。经调查，发现这批人造石材在生产过程中未严格遵循项目方提供的尺寸规格，使得最终产品无法满足设计要求。

任务分析

上述事件凸显了人造石材在采购和生产过程中对尺寸规格的忽视。由于供货商未能遵照项目方的技术规格生产，导致最终产品尺寸与设计要求不符，影响了安装效果。项目方在购置人造石材前需详尽定义尺寸规格，并与供应商明确质量基准和验收条件。同时，合同中应含质量保障条款，并要求供应商提供样品以做验收。此外，项目方应指派专员实地做抽检及监督安装，以确保人造石材的品质达标。本任务可以帮助学生了解加强采购和施工监管的重要性，它可以有效预防因尺寸偏差带来的问题，从而提升工程的整体品质和观感。

任务实施

人造石材是以大理石、方解石、白云石、硅砂、玻璃粉等无机物粉料为骨料，水泥或不饱和树脂为胶结剂，以及适量的阻燃剂及颜料等，经过混合、浇筑、振捣、压缩挤压等成型固化而成的。人造石材具有结构致密、强度高、比重轻、耐磨、韧性好、坚固耐用、不吸水、耐风化等性能，且有天然石材的花纹和质感，又可制作出色彩丰富、花色繁杂的不同品种和尺寸的制品，是一种绿色环保的建筑材料。按照人造石材所用的原材料不同，分为水泥型、树脂型、复合型和烧结型四类。

一、水泥型人造石材

水泥型人造石材是以普通水泥、白色水泥、彩色水泥或各种硅酸盐、铝酸盐水泥为胶结剂，碎大理石、花岗石或工业废渣等为粗骨料，砂为细骨料，再配以适量的耐碱颜料等，经过配料、搅拌、成型、加压养护硬化后，磨平抛光而成的。水泥型石材的生产取材方便，造价低，但其装饰性和物理力学性能等与天然石材相比稍差。各种水磨石制品和各类花阶砖都属于水泥型人造石材，如图 2-10 所示。

二、树脂型人造石材

树脂型人造石材是以不饱和聚酯为胶结剂，加入天然石英砂、大理碎石、方解石、石粉按一定的比例混合均匀，再加入催化剂、固化剂、颜料等外加剂，经混合搅拌、浇筑成型、脱模、烘干、表面抛光等工序加工而成。其产品颜色丰富、光泽度高、装饰效果好，且树脂的黏度低，易于成型，在常温下即可发生固化，可制成各种形状复杂的成品。树脂型人造石材的密度小、强度高、耐酸碱腐蚀、美观性强，但耐老化性能差，因此常用于室内装饰，如图 2-11 所示。

图 2-10　水泥型人造石材

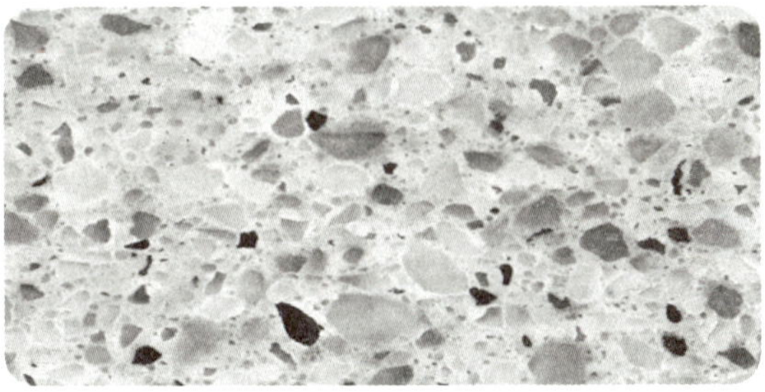
图 2-11　树脂型人造石材

三、复合型人造石材

复合型人造石材是由有机胶结剂和无机胶结剂组成的。有机胶结剂可采用苯乙烯、甲基丙烯酸甲酯、醋酸乙烯、丁二烯等，而无机胶结剂则可用各种水泥。例如，通过将水泥型人造石材浸渍在具有聚合性能的有机单体中并加以聚合，来提高制品的性能和档次，如图 2-12 所示。

四、烧结型人造石材

烧结型人造石材的生产与陶瓷的生产工艺相似，即将斜长石、长石、方解石、辉石等石粉，加以赤铁矿粉、高岭土等混合均匀，再加入大约 40% 的黏土混合制成泥浆，经过制坯、成型、高温（1 000 ℃）焙烧而成，具有性能稳定，耐久性和装饰性好等特点，但其高温焙烧过程能耗较大，造价较高，所以工程上应用得较少，如图 2-13 所示。

图 2-12　复合型人造石材

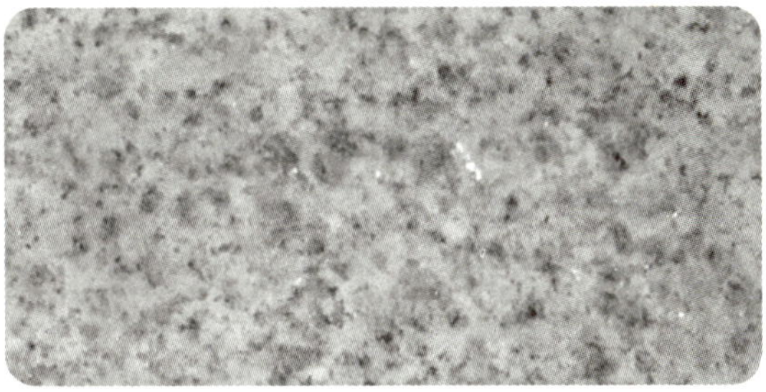
图 2-13　烧结型人造石材

任务三　石材的加工类型及选用

任务描述

一座新建的博物馆在装修过程中选择了花岗岩作为主要外部装饰材料。设计方案要求对部分花岗岩进行精细雕刻和表面抛光处理。然而，在施工过程中，石材加工厂误将部分需要精细雕刻的花岗岩进行了简单切割和抛光处理，导致最终成品效果与设计方案严重不符。由于重新加工需要额外的时间，导致了整个装修工程的延期，造成了经济和时间上的双重损失。

任务分析

这一事件说明石材加工类型及其选用过程需要高度重视。在设计和采购阶段，项目参与方和石材加工厂之间沟通不足，未明确说明部分花岗岩需要精细雕刻的具体需求，导致加工厂误操作，最终成品与设计严重不符，造成装修工期延误和经济损失。为避免这种情况，项目初期各方应对石材加工类型进行深入讨论，签订详尽的技术协议，确保每块石材均按设计加工。此外，项目方应定期指派专人现场检查，确保工艺符合标准。本任务可以帮助学生加强前期的沟通和技术管理，可以有效防止因加工类型错误引发的一系列问题，以提升装修工程质量和进度管理水平。

任务实施

建筑中使用的石材常加工为毛石、料石、板材和颗粒状等。

一、石材的加工

（一）砌筑用石材

根据石材加工后的外形规则程度，可分为毛石和料石。

1. 毛石

毛石又称为片石或块石，如图 2-14 所示，其由爆破直接获得的石材，形状不规则，中部厚度不应小于 200 mm，根据平整程度又可分为乱毛石和平毛石。

（1）乱毛石。乱毛石形状不规则不平整，单块质量大于 25 kg，中部厚度不小于 15 cm，适用于建筑物的基础（毛石混凝土基础）、水利水电工程中的堆石坝和堤岸护坡等。

（2）平毛石。平毛石由乱毛石稍加工而成，形状比乱毛石整齐，表面粗糙，无尖角，块厚宜大于 20 cm，适用于建筑工程中砌筑基础、墙身和挡土墙等，以及水利水电工程中浆砌石坝和闸墩等大体积结构的内部。

2. 料石

料石又称为条石，如图 2-15 所示，其由人工或机械加工而成。按外形规则程度可分为毛料石、粗料石和细料石等。

（1）毛料石。毛料石外形大致方正，一般不加工或稍加修整，高度不小于 200 mm，砌体面凹凸不大于 25 mm。

（2）粗料石。粗料石外形较方正，经加工后，宽度和高度不小于 200 mm，又不小于长度的 1/4，砌体面凹凸不大于 20 mm。

（3）细料石。细料石外形规则、规格尺寸同粗料石，砌体面凹凸不大于 10 mm。

料石一般由花岗岩、致密砂岩和石灰岩制成。建筑工程中料石适用于砌筑墙体、台阶、地坪、拱桥和纪念碑；也适用于栏杆、窗台板和柱基等的装饰。水利水电工程中毛料石和粗料石适用于砌筑闸、坝和桥墩等。

图 2-14　毛石

图 2-15　料石

（二）板材

建筑中的饰面材料大多为板材，一般厚度为 20 mm，根据形状分为普通板、圆弧板和异型板。

（1）普通板。普通板是指正方形或长方形的建筑板材。

（2）圆弧板。圆弧板是指装饰面轮廓线的曲率半径处处相同的建筑板材。

（3）异型板。异型板是指普通板和圆弧板以外的其他形状建筑板材。

小贴士

建筑工程中板材主要用于墙面、柱面、地面、楼梯踏步等装饰。

（三）颗粒状石料

（1）碎石。碎石是由天然岩石经人工和机械破碎而成，粒径大于 5 mm 的颗粒状石料，主要用于混凝土骨料或基础、道路的垫层。

（2）卵石。卵石是指天然岩石经自然界风化、磨蚀、冲刷等作用而形成的颗粒状石料，用途同碎石，也可用于园林和庭园的地面的铺砌材料等。

（3）石渣。石渣是用天然的花岗石或大理石等的碎料加工而成，适用于水磨石、水刷石、干粘石、斩假石和人造大理石等的骨料，具有多种颜色、装饰效果好。

二、石材的选用

在建筑设计和施工中，主要根据适用性和经济性原则选用石材。适用性主要考虑石材的技术性能是否满足要求，例如，用于建筑的基础、墙、柱和水利工程等的石材，主要考虑强度等级、耐水性和耐久性等；用于围护结构的石材，除以上性能应考虑外，还应考虑石材的绝热性能；用于饰面板、栏杆和扶手等，应考虑石材的色彩与环境的协调和美观等；用于寒冷地区的石材应考虑抗冻性；用于高温、高湿和化学腐蚀的石材，应分别考虑其各种性能。

小贴士

经济性主要考虑就地取材，因为石材的表观密度大，用量多等，尽量减少运输费用，综合利用地方材料，达到技术经济的目的。

项目小结

本项目主要介绍了建筑石材的相关知识。首先介绍了天然石材；其次介绍了人造石材；最后介绍了石材的加工类型及选用。通过本项目的学习，读者能够提升对石材的美学鉴赏力和可持续发展意识，为未来在建筑设计中创造性地运用石材元素，以及关注绿色建材和绿色建筑的发展趋势，为创造更加美好、环保的生活环境打下了坚实的基础。

项 目 工 单

实训记录表见表 2-3，实训评价见表 2-4。

表 2-3　实训记录表

班级		姓名		日期	
实训名称	建筑石材应用实训				
实训目标	1. 掌握天然石材的种类、特性和应用场景，了解其优缺点； 2. 熟悉人造石材的制造工艺、性能特点及其在建筑中的应用； 3. 掌握石材的加工类型及其在不同建筑项目中的选用原则，能够提供合理的材料方案				
实训过程记录					
实训注意事项					
实训总结					

表 2-4　实训评价

项目名称	评价内容	分值 / 分	评分
职业素养考核项目（30%）	专业知识的应用	10	
	持续学习与创新	10	
	环境保护意识	10	
专业能力考核项目（70%）	石材分类识别能力	10	
	石材性能测试能力	10	
	石材加工工艺掌握能力	20	
	石材选用与经济性评估能力	10	
	石材施工技术知识	20	
合计		100	
教师评语		教师签字	

课 后 练 习

一、填空题

1. 天然石材开采自天然岩石，各种造岩矿物在不同的地质条件作用下，形成不同的天然岩石类型，通常可分为____________、沉积岩和____________三大类。

2. ____________是一种典型的深层侵入岩，分布广泛，其主要化学成分为 SiO_2 和 Al_2O_3，矿物成分以____________和正长石为主，其次为黑云母、角闪石、白云母和其他矿物。

3. 建筑中的饰面材料大多为板材，一般厚度为 20 mm，其根据形状可以分为普通板、____________和____________。

4. 复合型人造石材是由____________和____________组成的。

5. 石材抵抗多次连续重复的冲击荷载作用的性能称为____________，可用石材冲击值来表示，通常采用____________来测定。

二、简答题

1. 简述花岗石板材的用途和加工方法。

2. 简述人造石材的特点。

3. 在建筑设计和施工中，如何根据适用性原则选用石材？

项目三

气硬性胶凝材料

项目导读

气硬性胶凝材料能够提供良好的黏结性和强度，使得建筑材料能够有效地结合在一起，形成稳定、耐久的结构。无论是在砌筑墙体、铺设地面还是制作装饰材料等方面，气硬性胶凝材料都发挥着不可替代的作用，为建筑物的稳固性和美观性提供了有力保障。本项目主要介绍石灰、石膏及水玻璃的相关知识。

学习目标

知识目标

◇深入理解石灰、石膏和水玻璃这三种气硬性胶凝材料的基本特性、生产工艺流程以及它们在各自应用领域中的重要性。

◇掌握石灰、石膏和水玻璃在硬化过程中的物理化学机理，以及这些机理如何影响它们的工程性能和实际应用效果。

能力目标

◇根据具体工程需求和条件，使学生具有独立选择并应用合适的气硬性胶凝材料的能力。

◇通过实验和实践训练，提升学生对气硬性胶凝材料性能测试、评估和应用方案设计的能力。

素质目标

◇培养学生对建筑材料科学的持续兴趣和探索精神，鼓励学生关注该领域的最新技术进展和研究成果。

◇强化工程伦理和职业素养，确保学生在材料选择和应用时能够综合考虑环保、安全、经济和社会责任。

思政目标

在学习气硬性胶凝材料的过程中，引导学生树立绿色发展和可持续发展的理念，使学生认识到建筑材料的选择和应用对环境与社会的影响，培养学生的环保意识和社会责任感。

任务一　石　灰

任务描述

在一项老旧建筑的改造项目中，建筑公司发现原有的墙体主要使用了石灰砂浆，且部分墙体出现严重裂缝。为了修复这些问题并保留历史风貌，项目团队决定继续使用石灰材料。他们对墙体砂浆的成分进行了分析，并通过实验测试确定了改性石灰砂浆的最佳配方。在施工中，团队严格控制配比，采用现代化喷涂设备进行修复，确保质量。在项目完成后，虽大部分墙体成功修复，但发现新修复的墙体表面出现轻微裂纹，经过分析是由于湿度变化导致砂浆干燥过快。为了改善这一情况，团队在后续施工中加强了养护工作，以确保石灰砂浆的稳定性。

任务分析

上述事件的核心在于综合利用石灰材料进行建筑修复，强调保留历史风貌的同时提升结构强度。项目成功依赖于对原材料的深入分析和科学的配方制定，以确保施工质量。本任务可以帮助学生了解团队重视施工质量的重要性，重视施工质量才能有效提升建筑的耐久性与美观性。

任务实施

石灰是建筑上较早使用的气硬性胶凝材料之一，如图 3-1 所示。由于生产石灰的原料广泛，工艺简单，成本低廉，所以至今仍被广泛地应用于建筑中。

图 3-1　石灰

一、石灰的品种和生产

（一）石灰的品种

石灰是将以碳酸钙（$CaCO_3$）为主要成分的岩石（如石灰岩、贝壳石灰岩等），经适当煅烧、分解、排出二氧化碳（CO_2）而制得的块状材料，其主要成分为氧化钙（CaO），其次为氧化镁（MgO），通常把这种白色轻质的块状物质称为块灰；以块灰为原料经粉碎、磨细制成的生石灰（CaO）称为磨细生石灰粉或建筑生石灰粉。

根据生石灰中氧化镁含量的不同，生石灰分为钙质生石灰和镁质生石灰。钙质生石灰中的氧化镁含量小于5%；镁质生石灰的氧化镁含量为5%～24%。

建筑用石灰有：生石灰（块灰）、生石灰粉、熟石灰粉（又称建筑消石灰粉、消解石灰粉、水化石灰）和石灰膏等几种形态。

（二）石灰的生产

生产石灰的过程就是煅烧石灰石，使其分解为生石灰和二氧化碳的过程，其反应式为

$$CaCO_3 \xrightarrow{900\ ℃} CaO + CO_2 \uparrow \tag{3-1}$$

碳酸钙煅烧温度达到900 ℃时，分解速度开始加快。但在实际生产中，由于石灰石致密程度、杂质含量及块度大小的不同，并考虑到煅烧中的热损失，所以实际的煅烧温度为1 000～1 200 ℃，或者更高。当煅烧温度达到700 ℃时，石灰岩中的次要成分碳酸镁开始分解为氧化镁，反应式为

$$MgCO_3 \xrightarrow{700\ ℃} MgO + CO_2 \uparrow \tag{3-2}$$

一般而言，入窑石灰石的块度不宜过大，并力求均匀，以保证煅烧质量的均匀。石灰石越致密，要求的煅烧温度越高。当入窑石灰石块度较大、煅烧温度较高、中心部位达到分解温度时，其表面已超过分解温度，得到的石灰石晶粒粗大，遇水后熟化反应缓慢，称其为过火石灰。过火石灰熟化十分缓慢，其细小颗粒可能在石灰使用之后熟化，体积膨胀，致使硬化的砂浆产生“崩裂”或“鼓泡”现象，会严重影响工程质量。若煅烧温度较低，不仅使煅烧周期延长，而且大块石灰石的中心部位还没完全分解，此时称其为欠火石灰。欠火石灰降低了生石灰的质量，也影响了石灰石的产灰量。

二、石灰的熟化和硬化

（一）石灰的熟化

石灰的熟化是指生石灰加水之后水化，生成熟石灰$[Ca(OH)_2]$的过程。其反应式为

$$CaO + H_2O = Ca(OH)_2 \tag{3-3}$$

生石灰具有强烈的消化能力，水化时放出大量的热（约64.8 kJ/mol），其放热量和放热速度比其他胶凝材料大得多。生石灰熟化的另一个特点为：质量为一份的生石灰可生成1.31份质量的熟石灰，其体积增大1～2.5倍。煅烧良好、氧化钙含量高、杂质含量低的生石灰（块灰），其熟化速度快、放热量大、体积膨胀也大。

生石灰熟化的方法有淋灰法和化灰法。淋灰法就是在生石灰中均匀加入生石灰质量70%左右的水（理论值为31.2%），便可得到颗粒细小、分散的熟石灰粉。工地上调制熟石灰粉时，每堆放半米高的生石灰块，淋60%～80%的水，再堆放再淋，使之成粉且不结块为止。目前，多用机械方法将生石灰熟化为熟石灰粉。

化灰法是在生石灰中加入约为块灰质量2.5～3倍的水，得到的浆体流入灰池或储灰坑中充分熟化。为了消除过火石灰后期熟化造成的危害，石灰浆体应在储灰坑中存放半个月以上，然后方可使用。这一过程叫作"陈伏"。"陈伏"期间，石灰浆表面应敷盖一层水，以隔绝空气，防止石灰浆表面碳化。

（二）石灰的硬化

石灰的硬化过程包括以下内容。

1. 干燥硬化

浆体中大量水分向外蒸发，或为附着基面吸收，使浆体中形成大量彼此相通的孔隙网，尚留于孔隙内的自由水，由于水的表面张力，产生毛细管压力，使石灰粒子更加紧密，因而获得强度。浆体进一步干燥时，这种作用也随之加强。但这种由于干燥获得的强度类似于黏土干燥后的强度，其强度值不高，而且，当再遇到水时，其强度又会丧失。

2. 结晶硬化

浆体中高度分散的胶体粒子，为粒子间的扩散水层所隔开，当水分逐渐减少，扩散水层逐渐减薄，因而胶体粒子在分子力的作用下互相黏结，形成凝聚结构的空间网，从而获得强度。在存在水分的情况下，由于氢氧化钙能溶解于水，故胶体凝聚结构通常由胶体逐渐转变为较粗晶粒的结晶结构网，从而使强度提高。但是，由于这种结晶结构网的接触点溶解度较高，所以当再遇到水时会引起强度降低。

3. 碳酸化硬化

浆体从空气中吸收二氧化碳气体，形成实际上不溶解于水的碳酸钙。这个过程称为浆体的碳酸化（简称碳化）。其反应式为

$$\mathrm{Ca(OH)_2 + CO_2 + \mathit{n}H_2O \longrightarrow CaCO_3 + (\mathit{n}+1)H_2O} \tag{3-4}$$

生成的碳酸钙晶体互相共生或与氢氧化钙颗粒共生，构成紧密交织的结晶网，从而使浆体强度提高。另外，由于碳酸钙的固相体积比氢氧化钙的固相体积稍有增大，故使硬化的浆体更趋坚固。显然，碳化对强度的提高和稳定都是有利的。但由于空气中二氧化碳的浓度很低，而且，表面形成碳化薄层以后，二氧化碳不易进入内部，故在自然条件下，石灰浆体的碳化十分缓慢。碳化层还能阻碍水分蒸发，反而会延缓浆体的硬化。

三、石灰的技术性质和应用

（一）石灰的主要技术性质

1. 良好的保水性

石灰和水后，具有较强的保水性（即材料保持水分不泌出的能力）。这是由于生石灰熟化为石灰浆时，氢氧化钙粒子呈胶体分散状态。其颗粒极细，直径约为 1 μm，颗粒表面吸附一层较厚的水膜。由于粒子数量很多，其总表面积很大，这是它保水性良好的主要原因。利用这一性质，将其掺入水泥砂浆中，配合成混合砂浆，克服了水泥砂浆容易泌水的缺点。

2. 凝结硬化慢、强度低

由于空气中的 CO_2 含量低，而且碳化后形成的碳酸钙硬壳阻止 CO_2 向内部渗透，也阻止水分向外蒸发，结果使 $CaCO_3$ 和 $Ca(OH)_2$ 结晶体生成量少且缓慢。已硬化的石灰强度很低。如 1：3 的石灰砂浆 28 d 的强度只有 0.2 ～ 0.5 MPa。

3. 吸湿性强

生石灰吸湿性强，保水性好，是传统的干燥剂。

4. 体积收缩大

石灰浆体凝结硬化过程中，蒸发大量水分，由于硬化石灰中的毛细管失水收缩，引起体积收缩，使制品开裂。因此，石灰不宜单独用来制作建筑构件及制品。

5. 耐水性差

若石灰浆体尚未硬化之前，就处于潮湿环境中，由于石灰中水分不能蒸发出去，则其硬化停止；若是已硬化的石灰，长期受潮或受水浸泡，则由于 $Ca(OH)_2$ 易溶于水，会使已硬化的石灰溃散。因此，石灰不宜用于潮湿环境及易受水浸泡的部位。

6. 化学稳定性差

石灰是碱性材料，与酸性物质接触时，容易发生化学反应，生成新物质。因此，石灰及含石灰的材料长期处在潮湿空气中，容易与二氧化碳作用生成碳酸钙，即“碳化”。石灰材料还容易遭受酸性介质的腐蚀。

（二）石灰的应用

1. 粉刷墙体和配制砂浆

用熟化并陈伏好的石灰膏，稀释成石灰乳，可用作内、外墙及顶棚的涂料，一般多用于内墙涂刷，如图 3-2 所示。由于石灰乳为白色或浅灰色，具有一定的装饰效果，还可掺入碱性矿质颜料，使粉刷的墙面具有需要的颜色。以石灰膏为胶凝材料，掺入砂和水后，拌合成砂浆，称为石灰砂浆。它作为抹灰砂浆可用于墙面、顶棚等大面积暴露在空气中的抹灰层，也可以用作要求不高的砌筑砂浆。在水泥砂浆中掺入石灰膏后，可以提高水泥砂浆的保水性和砌筑、抹灰质量，节省水泥，这种砂浆叫作水泥混合砂浆，在建筑工程中用量很大。

2. 配制灰土和三合土

熟石灰粉可用来配制灰土（熟石灰 + 黏土）和三合土（熟石灰 + 黏土 + 砂、石或炉渣等填料），用以进行人工地基的加固。常用的三七灰土和四六灰土，如图 3-3 所示，分别表示熟石灰和黏土体积比例为 3 ∶ 7 和 4 ∶ 6。

图 3-2　石灰粉刷墙体

图 3-3　灰土

灰土的抗压强度一般随土的塑性指数的增加而提高，不随含灰率的增加而一直提高，并且灰土的最佳含灰率与土壤的塑性指数成反比。一般最佳含灰率的质量百分比为 10%～15%；灰土的抗压强度随龄期（灰土制备后的天数）的增加而提高，当天的抗压强度与素土夯实相同，但在 28 d 以后则可提高 2.5 倍以上；灰土的抗压强度随密实度的增加而提高。对常用的 3 ∶ 7 灰土（其质量比为 1 ∶ 2.5）多打一遍夯后，其 90 d 的抗压强度可提高 44%。

灰土的抗渗性随土的塑性指数及密实度的增高而提高，且随龄期的延长抗渗性也有提高。灰土的抗冻性与其是否浸水有很大关系。在空气中养护 28 d 不经浸水的试件，历经 3 个冰冻循环，情况良好，其抗压强度不变，无崩裂破坏现象。但养护 14 d 并接着浸水 14 d 后的试件，同上试验后则出现崩裂破坏现象。分析原因，是因为灰土龄期太短，灰土与土作用不完全，致使强度太差。

灰土的主要优点是充分利用当地材料和工业废料（如炉渣灰土），节省水泥，降低工程造价，灰土基础比混凝土基础可降低造价 60%～75%，在冰冻线以上代替砖或毛石基础可降低造价 30%，用于公路建设时比泥结碎石降低 40%～60%。

小贴士

配制灰土或三合土时，一般熟石灰必须充分熟化，石灰不能消解过早，否则熟石灰碱性降低，减缓与土的反应，从而降低灰土的强度；所选土种以黏土、亚黏土及轻亚黏土为宜；准确掌握灰土的配合比；施工时，将灰土或三合土混合均匀并夯实，使彼此黏结为一体。黏土等土中含有 SiO_2 和 Al_2O_3 等酸性氧化物，能与石灰在长期作用下反应，生成不溶性的水化硅酸钙和水化铝酸钙，使颗粒间的黏结力不断增强，灰土或三合土的强度及耐水性能也不断提高。

3. 生产无熟料水泥、硅酸盐制品和碳化石灰板

在无熟料水泥的制备过程中，石灰与其他工业副产品或矿渣结合，通过特定的化学激活手段，在较低温度下实现固化，有效降低了能耗和碳排放。对于硅酸盐制品而言，石灰作为其主要成分之一，通过成型与养护工艺，转化为高强度、耐久且环保的建筑材料。此外，在碳化石灰板的生产中，石灰经过特殊处理后与二氧化碳发生碳化反应，不仅生成性能稳定的板材，还实现了碳的固定与循环利用。

四、石灰的验收与复验

（一）建筑生石灰的验收与复验

建筑生石灰的验收以同一厂家、同一类别、同一等级不超过 100 t 为一验收批。取样应从不同部位选取，取样点不少于 25 个，每个点不少于 2 kg，缩分至 4 kg。复验的项目有 CaO+MgO 含量、未消化残渣含量、CO_2 含量和产浆量。

（二）建筑生石灰粉的验收与复验

建筑生石灰粉的验收以同一厂家、同一类别、同一等级不超过 100 t 为一验收批。取样应从本批中随机抽取 10 袋，总量不少于 3 kg，缩分至 300 g。复验的项目有 CaO+MgO 含量、细度、游离水、体积安定性。

任务二 石　膏

任务描述

在商业建筑的内部装修工程中，建筑公司决定使用石膏板进行隔墙和吊顶的施工。然而，人员在安装过程中遇到了墙体框架不够稳固和施工现场湿度过高导致石膏板变形的问题。为了解决这些问题，团队对墙体框架进行了加固，并采用了防水性能更佳的石膏板，同时加强了通风和干燥措施。最终，石膏板的应用效果得到了业主的好评。

任务分析

石膏板作为主要建筑材料应用于装修工程中。其轻质、防火、隔音的优点使其成为理想选择，但也需注意墙体框架稳固性和施工环境的湿度问题。本任务可以帮助学生了解利用加固框架和选择适用性更强的石膏板，并在施工过程中采取适当的通风和干燥措施，能确保石膏板的应用效果，提升整体装修质量和美观度。

任务实施

我国石膏资源丰富，作为建筑材料已有悠久历史。石膏及其制品以其轻质、高强、隔热、耐火、吸音及易加工等优良性能著称，尤其在采用框架轻板结构的建筑中，石膏板作为轻质板材的主要品种之一，受到广泛重视，生产和应用均迅速发展。生产石膏胶凝材料的原料包括二水石膏、天然无水石膏及化学工业中的各类副产物化学石膏。

一、石膏的生产与品种

建筑上常用的石膏，主要是由天然二水石膏（或称生石膏）经过煅烧，磨细而制成的。天然二水石膏出自天然石膏矿，因其主要成分为 $CaSO_4 \cdot 2H_2O$，其中含两个结晶水而得名。又由于其质地较软，也被称为软石膏。将二水石膏在不同的压力和温度下煅烧，可以得到结构和性质均不同的下列品种的石膏产品。

扫一扫　石膏的生产与品种

（一）建筑石膏和模型石膏

建筑石膏是将二水石膏（生石膏）加热至 110 ～ 170 ℃时，部分结晶水脱出后得到半水石膏（熟石膏），再经磨细得到粉状的建筑中常用的石膏品种，故称“建筑石膏”，如图 3-4 所示。反应式为

$$CaSO_4 \cdot 2H_2O \xrightarrow{加热} CaSO_4 \cdot \frac{1}{2} H_2O + \frac{3}{2} H_2O \quad (3\text{-}5)$$

将这种常压下的建筑石膏称为 β 型半水石膏。若在上述条件下煅烧一等或二等的半水石膏，然后磨得更细些，这种 β 型半水石膏称为模型石膏，是建筑装饰制品的主要原料。

图 3-4　建筑石膏粉

（二）高强度石膏

将二水石膏在 0.13 MPa、124 ℃的压蒸锅内蒸炼，则生成比 β 型半水石膏晶体粗大的 α 型半水石膏，称为高强度石膏。由于高强度石膏晶体粗大，比表面小，调成可塑性浆体时需水量（35% ～ 45%）只是建筑石膏需求量的一半，因此硬化后具有较高的密实度和强度。其 3 h 的抗压强度可达 9 ～ 24 MPa，其抗拉强度也很高。7 d 的抗压强度可达 15 ～ 39 MPa。高强度石膏的密度为 2.6 ～ 2.8 g/cm^3。高强度石膏可以用于室内抹灰，制作装饰制品和石膏板。若掺入防水剂可制成高强度抗水石膏，在潮湿环境中使用。

（三）硬石膏

继续升温煅烧二水石膏，还可以得到下列品种的硬石膏（无水石膏）。当温度升至

180 ～ 210 ℃，半水石膏继续脱水得到脱水半水石膏。结构变化不大仍具有凝结硬化性质；当煅烧温度升至 320 ～ 390 ℃，得到可溶性硬石膏。水化凝结速度较半水石膏快，但它的需水量大、硬化慢、强度低；当煅烧温度达 400 ～ 750 ℃时，石膏完全失掉结合水，成为不溶性石膏，其结晶体变得紧密而稳定，密度达 2.29 g/cm^3，难溶于水，凝结很慢，甚至完全不凝结。但若加入石灰激发剂后，又使其具有水化凝结和硬化能力。这些材料按比例磨细后可制得无水石膏（强度约 49 ～ 29.4 MPa）；当煅烧温度超过 800 ℃，部分 $CaSO_4$ 分解出 CaO，磨细后的石膏称为高温煅烧石膏，由于它处于碱性激发剂作用下，使这种石膏具有活性。其硬化后有较高的强度和耐磨性，抗水性较好，所以也称其为地板石膏。

二、石膏的凝结与硬化

建筑石膏与适量的水混合后，起初形成均匀的石膏浆体，但紧接着石膏浆体失去塑性，成为坚硬的固体。这是因为半水石膏遇水后，将重新水化生成二水石膏放出热量并逐渐凝结硬化的缘故。反应式为

$$CaSO_4 \cdot \frac{1}{2}H_2O + \frac{3}{2}H_2O \longrightarrow CaSO_4 \cdot 2H_2O \tag{3-6}$$

其凝结硬化过程的机理如下。

半水石膏遇水后发生溶解，并生成不稳定的过饱和溶液，溶液中的半水石膏经过水化成为二水石膏。由于二水石膏在水中的溶解度（20 ℃为 2.05 g/L）较半水石膏的溶解度（20 ℃为 8.16 g/L）小得多，所以二水石膏溶液会很快达到过饱和，因此很快析出胶体微粒并且不断转变为晶体。由于二水石膏的析出便破坏了原来半水石膏溶解的平衡状态，这时半水石膏会进一步溶解，以补偿二水石膏析晶而在液相中减少的硫酸钙含量。如此不断地进行半水石膏的溶解和二水石膏的析出，直到半水石膏完全水化为止。与此同时，由于浆体中自由水因水化和蒸发逐渐减少，浆体变稠，失去塑性。以后水化物晶体继续增长，直至完全干燥，强度发展到最大值，达到石膏的硬化。

三、石膏的性质与应用

（一）石膏的性质

与石灰等胶凝材料相比，石膏具有如下的特点。

1. 凝结硬化快

建筑石膏的初凝和终凝时间很短，加水后 3 min 即开始凝结，终凝不超过 30 min，在室温自然干燥条件下，约 1 周时间可完全硬化。为施工方便，常掺加适量缓凝剂，如硼砂、纸浆废液、骨胶、皮胶等。

2. 孔隙率大，表观密度小，保温、吸声性能好

建筑石膏水化反应性质与应用的理论需水量仅为其质量的18.6%，但施工中为了保证浆体有必要的流动性，其加水量常达60%～80%，多余水分蒸发后，将形成大量孔隙，硬化体的孔隙率可达50%～60%。由于硬化体的多孔结构特点，而使建筑石膏制品具有表观密度小、质轻、保温隔热性能好和吸声性强等优点。

3. 具有一定的调湿性

由于多孔结构的特点，石膏制品的热容量大、吸湿性强，当室内温度变化时，由于制品的“呼吸”作用，使环境温度、湿度能得到一定的调节。

4. 耐水性、抗冻性差

石膏是气硬性胶凝材料，吸水性大，长期在潮湿环境中，其晶体粒子间的结合力会削弱，直至溶解，因此不耐水、不抗冻。

5. 凝固时体积微膨胀

建筑石膏在凝结硬化时具有微膨胀性，其体积膨胀率为0.05%～0.15%。这种特性可使成型的石膏制品表面光滑、轮廓清晰、线角饱满、尺寸准确，干燥时不产生收缩裂缝。

6. 防火性好

二水石膏遇火后，结晶水蒸发，形成蒸汽幕，可阻止火势蔓延，起到防火作用。但建筑石膏不宜长期在65 ℃以上的高温部位使用，以免二水石膏缓慢脱水分解而降低强度。

（二）石膏的应用

不同石膏品种性质和用途各异。二水石膏用于石膏工业和水泥调节剂；煅烧硬石膏可制地板、人造大理石及水泥原料；建筑石膏（半水石膏）主要用于室内抹灰、粉刷、油漆打底，还可制装饰制品、石膏板及水泥的调凝剂和激发剂。

1. 室内抹灰及粉刷

将建筑石膏加水调成浆体，用作室内粉刷材料。石膏浆中还可以掺入部分石灰，或将建筑石膏加水、砂拌合成石膏砂浆，用于室内抹灰或作为油漆打底使用。石膏砂浆隔热保温性能好，热容量大，吸湿性大，因此能够调节室内温、湿度，经常保持均衡状态，给人以舒适感。粉刷后的表面光滑、细腻、洁白、美观。这种抹灰墙面还具有绝热、阻火、吸声以及施工方便、凝结硬化快、黏结牢固等特点，所以称其为室内高级粉刷和抹灰材料。石膏抹灰的墙面及顶棚，可以直接涂刷油漆及粘贴墙纸。

2. 建筑装饰制品

以模型石膏为主要原料，掺加少量纤维增强材料和胶料，加水搅拌成石膏浆体。将浆体注入各种各样的金属（或玻璃）模具中，就获得了花样、形状不同的石膏装饰制品。如平板、多孔板、花纹板、浮雕板等，如图3-5所示。石膏装饰板具有色彩鲜艳、品种多样、造型美观、施工方便等优点，是公用建筑物和顶棚常用的装饰制品。

3. 石膏板

近年来随着框架轻板结构的发展，石膏板的生产和应用也迅速地发展起来。石膏板具有轻质、隔热保温、吸声、不燃以及施工方便等性能。除此之外，其还具有原料来源广泛、燃料消耗低、设备简单、生产周期短等优点。常见的石膏板主要有纸面石膏板（图 3-6）、纤维石膏板和空心石膏板。另外，新型石膏板材不断涌现。

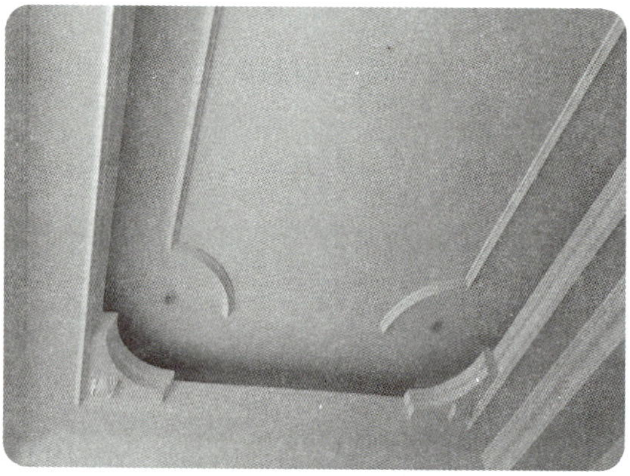

图 3-5　天花板石膏线

图 3-6　纸面石膏板

任务三　水　玻　璃

任务描述

某建筑公司承接了一项沿海地区的码头修复工程。由于沿海环境高盐分和潮湿的特点，传统的建筑材料难以满足长久的使用需求。经过多次材料测试和分析，项目团队决定采用水玻璃（硅酸钠）作为基材，配以特殊的防腐蚀添加剂，研发出一种新型的防腐蚀砂浆。

在施工过程中，防腐蚀砂浆首次应用于码头的一些关键结构修复。使用防腐蚀砂浆后，人们发现其不仅具有优异的耐盐腐蚀性能，还能在潮湿环境下快速固化，增强结构的强度。然而，在施工后的几周内，工程团队发现部分区域的水玻璃砂浆表面出现了轻微的剥落现象。经过研究分析，发现是在混合水玻璃与其他添加剂时，砂浆的配比未能精确控制。为了确保材料的最佳性能，项目团队重新调整了配方，在后续施工中严格控制配比，最终解决了剥落问题。

任务分析

上述事件的关键在于开发和应用一种能在高盐分和潮湿环境下表现优秀的新型建筑材料。水玻璃因其优异的耐腐蚀性能成为主要成分，但在实际使用中需精确控制其与其他添加剂的比例，以确保最终产品的有效性和稳定性。尽管在初始使用中出现了表面的剥落问题，但通过及时的分析和配方的优化，项目团队成功解决了这一问题，确保了码头修复工程的使用寿命和安全性。此次任务证明了水玻璃在特殊建筑环境中的应用潜力，并为类似项目提供了宝贵的经验和数据。

任务实施

水玻璃是一种气硬性胶凝材料。在建筑工程中常用来配制水玻璃胶泥和水玻璃砂浆、水玻璃混凝土，以及单独使用水玻璃为主要原料配制涂料。水玻璃在防酸工程和耐热工程中的应用甚为广泛。

一、水玻璃的组成与生产

（一）水玻璃的组成

水玻璃俗称“泡花碱”，是一种无色或淡黄、青灰色的透明或半透明的黏稠液体，是一种能溶于水的碱金属硅酸盐。其化学通式为

$$R_2O \cdot nSiO_2 \tag{3-7}$$

式中　R_2O——碱金属氧化物，多为 Na_2O，其次是 K_2O；

n——表示一个碱金属氧化物分子与 n 个 SiO_2 分子化合。

通常把 n 称为水玻璃的模数。我国生产的水玻璃模数一般为 2.4 ～ 3.3，建筑中常用模数为 2.6 ～ 2.8 的硅酸钠水玻璃。水玻璃常以水溶液状态存在，表示为

$$R_2O \cdot nSiO_2 + mH_2O \tag{3-8}$$

水玻璃在其水溶液中的含量（或称浓度）用相对密度或波美度（°B′e）来表示。建筑中常用的液体水玻璃的相对密度为 1.36 ～ 1.50（波美度为 38.4 ～ 48.3° B′e）。通常，当密度大时，表示溶液中水玻璃的含量高，其黏度也大。

（二）水玻璃的生产

制造水玻璃的方法很多，大体分为湿制法和干制法两种。它的主要原料是以含 SiO_2 为主的石英岩、石英砂、砂岩、无定形硅石及硅藻土等，以及含 Na_2O 为主的纯碱（Na_2CO_3）、小苏打、硫酸钠（Na_2SO_4）及苛性钠（NaOH）等。

1. 湿制法

湿制法生产硅酸钠水玻璃是根据石英砂能在高温烧碱中溶解生成硅酸钠的原理进行的。其反应式为

$$SiO_2 + 2NaOH \xrightarrow{\triangle} Na_2SiO_3 + H_2O \tag{3-9}$$

2. 干制法

干制法根据原料的不同可分为碳酸钠法、硫酸法等。最常用的碳酸钠法生产是根据纯碱（Na_2CO_3）与石英砂（SiO_2）在高温（1 350 ℃）熔融状态下反应后生成硅酸钠的原理进行的。生产工艺主要包括配料、煅烧、浸溶、浓缩几个过程，其反应式为

$$Na_2CO_3+nSiO_2 \xrightarrow{1400\sim1500\,℃} Na_2O\cdot nSiO_2+CO_2\uparrow \qquad (3\text{-}10)$$

所得产物为固体块状的硅酸钠，然后用非蒸压法（或蒸压法）溶解，即可得到常用的水玻璃。

如果采用碳酸钾代替碳酸钠则可得到相应的硅酸钾水玻璃。由于钾、锂等碱金属盐类价格较贵，相应的水玻璃生产较少。不过，近年来水溶性硅酸锂生产也有所发展、多用于要求较高的涂料和胶黏剂。

二、水玻璃的硬化

水玻璃溶液是气硬性胶凝材料，在空气中，它能与 CO_2 发生反应，生成硅胶，其反应式为

$$Na_2O\cdot nSiO_2+CO_2+mH_2O = Na_2CO_3+nSiO_2\cdot mH_2O \qquad (3\text{-}11)$$

硅胶（$nSiO_2\cdot mH_2O$）脱水析出固态的 SiO_2。但这种反应很缓慢，所以水玻璃在自然条件下凝结与硬化速度也缓慢。

若在水玻璃中加入硬化剂则硅胶析出速度大大加快，从而加速了水玻璃的凝结硬化。常用固化剂为氟硅酸钠（Na_2SiF_6），其反应式为

$$2[Na_2O\cdot SiO_2]+mH_2O+Na_2SiF_6 = (2n+1)SiO_2\cdot mH_2O+6NaF$$

$$SiO_2\cdot mH_2O = SiO_2+mH_2O\uparrow \qquad (3\text{-}12)$$

生成物硅胶脱水后由凝胶转变成固体 SiO_2，具有强度及 SiO_2 的其他一些性质。

氟硅酸钠的适宜掺量，一般情况下占水玻璃质量的 12%～15%。若掺量少于 12%，则其凝结硬化慢、强度低，并且存在没参加反应的水玻璃，当遇水时，残余水玻璃易溶于水；若其掺量超过 15%时，则凝结硬化快，造成施工困难，水玻璃硬化后的早期强度高而后期强度降低。

水玻璃的模数和密度，对于凝结、硬化速度影响较大。当模数高时（即 SiO_2 相对含量高），硅胶容易析出，水玻璃凝结硬化快。当水玻璃相对密度小时，溶液黏度小，使反应和扩散速度快，凝结硬化速度也快。而当模数低或者相对密度大时，则凝结硬化都较慢。

小贴士

温度和湿度对水玻璃凝结硬化速度也有明显影响。温度高、湿度小时，水玻璃反应加快，生成的硅酸凝胶脱水亦快；反之水玻璃凝结硬化速度也慢。

三、水玻璃的性质

以水玻璃为胶凝材料配制的材料，硬化后，变成以 SiO_2 为主的人造石材。它具有 SiO_2 的许多性质，如强度高、耐酸和耐热性能优良等。

（一）强度

水玻璃硬化后具有较高的黏结强度、抗拉强度和抗压强度。水玻璃砂浆的抗压强度以边长为 70.7 mm 的立方体试块为准。水玻璃混凝土则以边长为 150 mm 的立方体为准。按规范规定的方法成型，然后在温度为 20 ～ 25 ℃、相对湿度小于 80%空气中养护（硬化）2 d 拆模，再养护至龄期达 14 d 时，测得强度值作为标准抗压强度。

水玻璃硬化后的强度与水玻璃模数、相对密度、固化剂用量及细度，以及填料、砂、石和水的用量及配合比等因素有关，同时还与配制、养护、酸化处理等施工质量有关。

（二）耐酸性

硬化后的水玻璃，其主要成分为 SiO_2，所以它的耐酸性能很高，尤其是在强氧化性酸中具有较高的化学稳定性。除氢氟酸、20%以下的氟硅酸、热磷酸和高级脂肪酸以外，几乎在所有酸性介质中都有较高的耐腐蚀性。如果硬化得完全，水玻璃类材料耐稀酸甚至耐酸性水腐蚀的能力也是很高的。水玻璃类材料不耐碱性介质的侵蚀。

（三）耐热性

水玻璃硬化形成 SiO_2 空间网状骨架，因此具有良好的耐热性能。若以铸石粉为填料，调成的水玻璃胶泥，其耐热度可达 900 ～ 1 100 ℃。对于水玻璃混凝土，其耐热度还受骨料品种的影响。若用花岗岩为骨料时，其耐热度仅在 200 ℃以下；若用石英岩、玄武岩、辉绿岩、安山岩时，其使用温度在 500 ℃以下；若以耐火黏土砖类耐热骨料配制的水玻璃混凝土，使用温度一般在 800 ℃以下；若以镁质耐火材料为骨料时耐热度可达 1 100 ℃。

四、水玻璃的应用

水玻璃具有黏结和成膜性好、不燃烧、不易腐蚀、价格便宜、原料易得等优点。多用于建筑涂料、胶结材料及防腐、耐酸材料。

（一）涂刷材料表面，浸渍多孔性材料，加固土壤

以水玻璃涂刷石材表面，可提高其抗风化能力，提高建筑物的耐久性。以密度为 1.35 g/cm^3

的水玻璃浸渍或多次涂刷黏土砖、水泥混凝土等多孔材料，可以提高材料的密实度和强度，其抗渗性和耐水性均有提高。这是由于水玻璃生成硅胶，与材料中的 $Ca(OH)_2$ 作用生成硅酸钙凝胶体，填充在孔隙中，从而使材料致密。但需要注意，切不可用水玻璃处理石膏制品。因为含 $CaSO_4$ 的材料与水玻璃生成 Na_2SO_4，具有结晶膨胀性，会使材料受结晶膨胀作用而破坏。若以模数 2.5 ～ 3.0 的水玻璃和氯化钙溶液一起灌入土壤中，生成的冻状硅酸凝胶在潮湿环境下，因吸收土壤中水分而处于膨胀状态，使土壤固结，抗渗性得到提高。

（二）配制防水剂

以水玻璃为基料，加入两种或四种矾的水溶液，称为二矾或四矾防水剂。这种防水剂可以掺入硅酸盐水泥砂浆或混凝土中，以提高砂浆或混凝土的密实性和凝结硬化速度。

二矾防水剂是以 1 份胆矾（$CuSO_4 \cdot 5H_2O$）和 1 份红矾（$Na_2Cr_2O_7 \cdot 2H_2O$），加入 60 份的沸水中，将冷却至 30 ～ 40 ℃的水溶液加入 400 份的水玻璃溶液中，静置半小时即成。

四矾防水剂与二矾防水剂所不同的是除加入胆矾和红矾外，还加入明矾 $\left[K_2SO_4 \cdot Al_2(SO_4)_3 \cdot 24H_2O\right]$ 和紫矾 $\left[KCr(SO_4)_2 \cdot 12H_2O\right]$，并控制四矾水溶液加入水玻璃时的温度为 50 ℃。这种四矾防水剂凝结速度快，一般不超过 1 min，适用于堵塞漏洞、缝隙等抢修工程。

（三）水玻璃混凝土

以水玻璃为胶结材料，以氟硅酸钠为固化剂，掺入铸石粉等粉状填料和砂、石骨料，经混合搅拌、振捣成型、干燥养护及酸化处理等加工而成的复合材料叫作水玻璃混凝土。若采用的填料和骨料为耐酸材料，则称为水玻璃耐酸混凝土；若选用耐热的砂、石骨料时，则称为水玻璃耐热混凝土。

水玻璃混凝土具有机械强度高、耐酸和耐热性能好、整体性强、材料来源广泛、施工方便、成本低及使用效果好等特点，适用于耐酸地坪、墙裙、踢脚板、设备基础和支架、烟囱内衬，以及耐酸池、槽、罐等设备外壳或内衬，还可以配筋后制成预制件。

项目小结

本项目主要介绍了建筑气硬性胶凝材料的相关知识。首先介绍了石灰；其次介绍了石膏；最后介绍了水玻璃。通过本项目的学习，读者能够全面掌握它们的基本性质、生产工艺、技术指标以及在实际工程中的广泛应用，还深刻理解了它们在硬化过程中的物理化学变化及其对工程性能的重要影响，这将为未来的工程实践提供有力的理论支持和实践指导。

项 目 工 单

实训记录表见表 3-1，实训评价见表 3-2。

表 3-1　实训记录表

班级		姓名		日期	
实训名称	气硬性胶凝材料应用实训				
实训目标	1. 掌握不同气硬性胶凝材料的基本组成、生产工艺及性能特性； 2. 学会如何根据具体的工程需求，合理选择和使用适宜的气硬性胶凝材料，以确保工程质量； 3. 通过实际操作和实验，掌握气硬性胶凝材料的制备方法和应用技术，培养相关实践操作能力				
实训过程记录					
实训注意事项					
实训总结					

表 3-2　实训评价

项目名称	评价内容	分值 / 分	评分
职业素养考核项目（30%）	质量意识	10	
	团队协作精神	10	
	职业道德与责任感	10	
专业能力考核项目（70%）	材料性质分析能力	10	
	实验操作技能	10	
	施工工艺理解	20	
	环保意识与可持续性分析	10	
	材料选择与应用能力	20	
合计		100	
教师评语		教师签字	

课后练习

一、填空题

1. 根据生石灰中氧化镁含量的不同，生石灰分为________和________。

2. 浆体从空气中吸收 CO_2 气体，形成实际上不溶解于水的________，这个过程称为浆体的________。

3. 水玻璃俗称“________”，是一种无色或淡黄、青灰色的透明或半透明的黏稠液体，是一种能溶于水的碱金属硅酸盐。其化学通式为：________。

4. 以水玻璃为基料，加入两种或四种矾的水溶液，称为二矾或四矾________。这种防水剂可以掺入硅酸盐水泥砂浆或混凝土中，以提高砂浆或混凝土的密实性和________速度。

5. 硬化后的水玻璃，其主要成分为________，所以它的________性能很高。

二、简答题

1. 简述石膏的性质。
2. 简述水玻璃生产的干制法。
3. 简述石膏凝结硬化过程的机理。

项目四

水　泥

项目导读

水泥的主要作用在于通过与水发生水化反应后，能够将砂石等骨料牢固地黏合在一起，形成坚固的混凝土结构。这种特性使得水泥成为建筑中不可或缺的胶凝材料。在现代建筑中，水泥不仅是混凝土的核心成分，还广泛应用于道路、桥梁、隧道等基础设施建设，为各类建筑工程提供了稳定和可靠的材料支持。本项目主要介绍硅酸盐水泥、通用硅酸盐水泥及特性水泥。

学习目标

知识目标

◇掌握硅酸盐水泥的基本概念和分类，理解其在建筑中的重要性。

◇熟悉通用硅酸盐水泥的特性和应用范围，了解其对建筑性能的影响。

能力目标

◇能够辨识不同类型的硅酸盐水泥，并根据具体工程需求选择合适的水泥种类。

◇具备分析和解决实际工程中水泥应用问题的能力，优化水泥使用效果。

素质目标

◇培养学生严谨的科学态度和良好的职业道德，确保在使用水泥进行建筑施工时遵守行业标准和规范。

◇提升学生的团队协作能力，促进与其他建筑材料供应商及施工团队的沟通和合作，共同提升工程质量。

思政目标

通过学习和实践，培养学生具有严谨的科学态度和对社会高度负责的精神，确保在水泥等建筑材料的使用过程中，不仅追求技术层面的卓越，还要时刻关注环境保护和可持续发展的理念，体现企业责任与担当，推动建筑业的绿色发展。

任务一 硅酸盐水泥

任务描述

某城市正在建设一座50层的摩天大楼，主体结构大量使用硅酸盐水泥。在完成数层施工后，质检团队发现部分楼层在混凝土硬化后出现了细微的龟裂现象。经过技术团队的详细检查，发现这些龟裂主要是由于季节性温差变化导致的应力集中。为了解决这个问题，建设团队采用了添加微细纤维增加混凝土韧性的方法，同时调整了混凝土的养护策略，包括增加湿润养护的时间和覆盖保护层来减少温差影响。经过以上改进措施，后续楼层的混凝土质量显著提升，龟裂问题得到了有效控制。

任务分析

在高楼建设中，硅酸盐水泥的选用虽然能提供必要的强度和耐久性，但季节性温差变化可能引起混凝土的龟裂问题。引进新的材料（如微细纤维）和调整养护策略，可以有效提高混凝土的抗裂性能和整体质量。此任务强调了灵活材料选用和精细施工管理在高层建筑项目中的重要性。

任务实施

硅酸盐水泥是由硅酸盐水泥熟料、0～5%石灰石或粒化高炉矿渣和适量石灰磨细制成的水硬性胶凝材料。硅酸盐系列水泥在所有的水泥中品种最多、应用最广。按照使用范围可以分为通用水泥、专用水泥和特性水泥；按混合材料的品种和掺量可分为硅酸盐水泥、普通硅酸盐水泥、矿渣硅酸盐水泥、火山灰质硅酸盐水泥、粉煤灰硅酸盐水泥和复合硅酸盐水泥。

一、硅酸盐水泥生产工艺

硅酸盐水泥的生产原料主要是石灰质原料和黏土质原料两类。石灰质原料（如石灰、白垩、石灰质凝灰岩等）主要提供 CaO，黏土质原料（如黏土、黏土质页岩、黄土等）主要提供 SiO_2、Al_2O_3 及 Fe_2O_3。有时两种原料的化学成分不能满足要求时，还要加入少量校正原料（如硅藻土、黄铁矿渣等）调整。此外，为了改善煅烧条件，常加入少量的矿化剂，如萤石、重晶石尾矿等。

在水泥生产过程中，为了调节水泥的凝结时间还要加入二水石膏或半水石膏或无水石膏，以及它们的混合物或工业副产品石膏等石膏缓凝剂。

为改善水泥性能、调节水泥强度等级，生产时往往还要加入一些矿物材料，称为混合材料。硅酸盐水泥的生产工艺示意图如图 4-1 所示，概括起来称为“两磨一烧”。

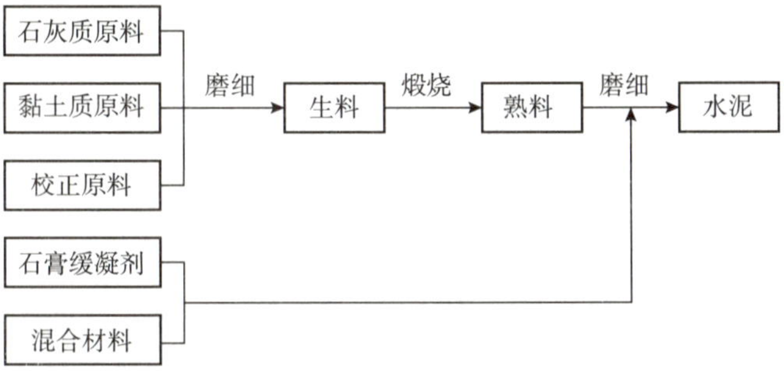

图 4-1　硅酸盐水泥的生产工艺示意图

二、硅酸盐水泥的组成

硅酸盐水泥包括两种类型：完全由硅酸盐水泥熟料及适量石膏组成，不掺混合材料的称为Ⅰ型硅酸盐水泥，代号 P·Ⅰ；在硅酸盐水泥熟料粉磨时，掺加不超过水泥重 5% 的石灰石或粒化高炉矿渣混合材料的称为Ⅱ型硅酸盐水泥，代号 P·Ⅱ。国际上将这两种水泥统称为波特兰水泥。

（一）硅酸盐水泥熟料

硅酸盐水泥熟料是指主要由含氧化钙（CaO）、二氧化硅（SiO_2）、三氧化二铝（Al_2O_3）、三氧化二铁（Fe_2O_3）的原料按适当比例，磨成细粉烧至部分熔融所得到的以硅酸钙为主要矿物成分的水硬性胶凝物质。其中硅酸钙矿物含量（质量分数）不小于 66%，氧化钙和氧化硅的质量比不小于 2.0。

硅酸盐水泥熟料中的主要矿物有四种，即硅酸三钙（C_3S）、硅酸二钙（C_2S）、铝酸三钙（C_3A）和铁铝酸四钙（C_4AF）。硅酸盐水泥熟料的化学成分和矿物成分含量见表 4-1。

表 4-1　硅酸盐水泥熟料的化学成分和矿物成分含量

原料化学成分	含量 /%	矿物成分名称	矿物化学式	简式	含量 /%
CaO（C）	62 ～ 67	硅酸三钙	$3CaO \cdot SiO_2$	C_3S	37 ～ 60
SiO_2（S）	18 ～ 24	硅酸二钙	$2CaO \cdot SiO_2$	C_2S	15 ～ 37
Al_2O_3（A）	4 ～ 7	铝酸三钙	$3CaO \cdot A1_2O_3$	C_3A	7 ～ 15
Fe_2O_3（F）	2 ～ 5	铁铝酸四钙	$4CaO \cdot A1_2O_3 \cdot Fe_2O_3$	C_4AF	10 ～ 18

（二）石膏

用于水泥调凝剂的可以是二水石膏或无水石膏（硬石膏）或两者的混合石膏。使用天然石膏，则应符合《天然石膏》（GB/T 5483—2008）中有关石膏和硬石膏内容规定的 G 类或 M 类二级（含）以上的石膏或混合石膏。M 类为混合石膏产品；G 类为石膏产品，以二水硫酸钙（$CaSO_4 \cdot 2H_2O$）的质量百分含量表示其品类。二级表示无水硫酸钙（$CaSO_4$）与二水硫酸钙（$CaSO_4 \cdot 2H_2O$）的质量百分含量之和不小于 70%。使用工业副产品石膏，则要求是以硫酸钙为主要成分的工业副产物。采用前应经过试验证明对水泥性能无害。

（三）混合材料

在生产水泥时，为改善水泥性能、调节水泥强度等级，除了硅酸盐水泥外，其他通用硅酸盐水泥都掺入一定量的人工和天然矿物材料，称为混合材料。混合材料按其性能分为活性混合材料和非活性混合材料。

三、硅酸盐水泥的水化和凝结硬化

（一）硅酸盐水泥熟料矿物的水化

1. 硅酸三钙的水化过程

为了方便理解，首先研究硅酸盐水泥中硅酸三钙的水化，由于 C_3S 的水化过程对水泥来说具有代表性，所以许多研究人员把 C_3S 的水化作为水泥水化的模型。C_3S 水化速度很快，反应生成水化硅酸钙 [xCaO · SiO_2 · yH_2O，简式 C-S-H] 和氢氧化钙 [$Ca(OH)_2$，简式 CH]，同时放出大量的水化热。其水化产物的强度很高。

在常温下，C_3S 的水化可大致表述为

$$3CaO \cdot SiO_2 + nH_2O \longrightarrow xCaO \cdot SiO_2 \cdot yH_2O + (3-x)Ca(OH)_2 \tag{4-1}$$

根据 C_3S 水化时的放热速率随时间的变化关系，大体上可以把 C_3S 的水化过程分为五个阶段，如图 4-2 所示。水化过程的五个阶段分别如下。

（1）诱导前期：加水后立即发生剧烈反应，但该阶段的时间很短，在 15 min 以内结束。

（2）诱导期：又称静止期，这一阶段反应速率极其缓慢，一般持续 2 ～ 4 h，是硅酸盐水泥浆体能在几小时内保持塑性的原因。

（3）加速期：反应重新加快，反应速率随时间而增长，出现第二个放热峰，在达到峰顶时本阶段即告结束（4 ～ 8 h）。

（4）减速期：又称衰减期，是反应速率随时间下降的阶段（约持续 12 ～ 24 h），水化作用逐渐受扩散速率控制。

（5）稳定期：反应速率很低，反应过程基本趋于稳定，水化作用完全受扩散速率控制。

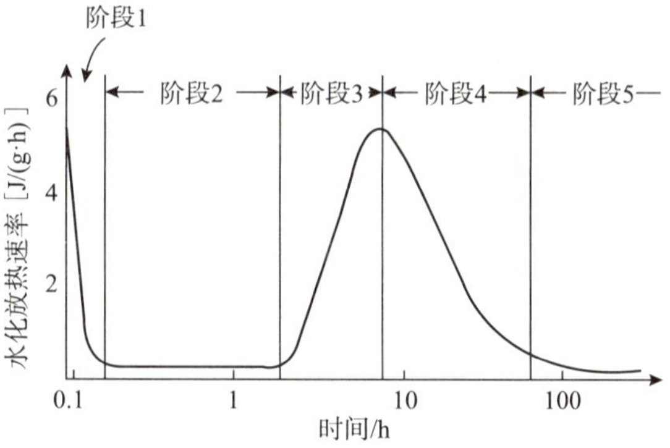

图 4-2　硅酸三钙水化放热速率变化曲线

2. 硅酸二钙的水化

C_2S 水化放热量小，其水化产物的早期强度低但后期强度高，在一年后可接近或达到 C_3S 水化产物的强度。β-C_2S 的水化过程和 C_3S 极为相似。其水化反应式为

$$2CaO\cdot SiO_2+mH_2O\longrightarrow xCaO\cdot SiO_2\cdot yH_2O+(2-x)Ca(OH)_2 \tag{4-2}$$

3. 铝酸三钙的水化

C_3A 是水泥熟料矿物的重要组成之一，它对水泥的早期水化和浆体的流变性质起着重要作用。C_3A 遇水后很快发生剧烈的水化反应。在常温下 C_3A 在纯水中的水化反应式为

$$2(3CaO\cdot Al_2O_3)+27H_2O\longrightarrow 4CaO\cdot Al_2O_3\cdot 19H_2O+2CaO\cdot Al_2O_3\cdot 8H_2O \tag{4-3}$$

在硅酸盐水泥浆体中，熟料中的 C_3A 实际上是在 $Ca(OH)_2$ 和有石膏存在的环境中水化的，C_3A 在 $Ca(OH)_2$ 饱和溶液中的水化反应可以表述为

$$C_3A+CH+12H\longrightarrow C_4AH_{13} \tag{4-4}$$

处于水泥浆体的碱性介质中，C_4AH_{13} 在室温下能稳定存在，其数量增长也很快，这是水泥浆体产生瞬时凝结的主要原因之一。因此，在水泥粉磨时，需加入适量的石膏以调整其凝结时间。

在石膏、氧化钙同时存在的条件下，C_3A 虽然很快会水化成 C_4AH_{13}，但接着它会与石膏反应生成三硫型水化硫铝酸钙，又称钙矾石，以 AFt 表示。其反应式为

$$\begin{aligned}&4CaO\cdot Al_2O_3\cdot 13H_2O+3(CaSO_4\cdot 2H_2O)+14H_2O\\&\longrightarrow 3CaO^2\cdot Al_2O_3\cdot 3CaSO\cdot 32H_2O+Ca(HO)_2\end{aligned} \tag{4-5}$$

当浆体中的石膏被消耗完毕后，而水泥中还有未完全水化的 C_3A 时，C_3A 的水化物 C_4AH_{13} 又能与上述反应生成的钙矾石继续反应生成单硫型水化硫铝酸钙，以 AFm 表示，即

$$\begin{aligned}&3CaO\cdot Al_2O_3\cdot 3CaSO_4\cdot 32H_2O+2(4CaO\cdot Al_2O_3\cdot 13H_2O)\\&\longrightarrow 3(3CaO\cdot Al_2O_3\cdot SO_4\cdot 12H_2O)+2Ca(OH)_2+20H_2O\end{aligned} \tag{4-6}$$

用放热速率描述 $C_3A-CaSO_4\cdot 2H_2O-Ca(OH)_2-H_2O$ 体系的水化过程，如图 4-3 所示。图中第一阶段相应于 C_3A 的溶解和 AFt 的形成；第二阶段由于 C_3A 表面形成 AFt 的包裹层，使得水化速率减慢，并持续较长时间。但由于水化的继续进行，AFt 的包裹层缓慢加厚，并产生结晶压力，当结晶压力超过某一数值时，包裹层发生局部破裂，从而进入第三阶段。该阶段里包裹层破裂处水化的加速又使新生成的 AFt 重新封闭破裂处，所以第二阶段与第三阶段是包裹层不断破坏和修复的反复阶段；第四阶段则是由于 $CaSO_4\cdot 2H_2O$ 消耗完毕，体系中剩余的 C_3A 与已经形成的 AFt 继续反应生成 AFm，因而出现第二个放热峰。

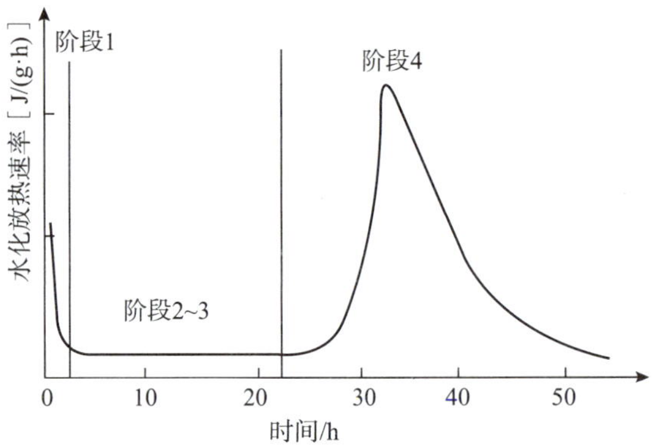

图 4-3　$C_3A-CaSO_4\cdot 2H_2O-Ca(OH)_2-H_2O$ 体系的水化过程

由图 4-3 可见，在形成三硫型水化硫铝酸钙 AFt 的第一个放热峰较长时间以后才出现形成单硫型水化硫铝酸钙 AFm 的放热峰。这说明由于石膏的存在，C_3A 的水化延缓了，直到石膏被消耗完毕以后，C_3A 又重新水化而形成第二个放热峰。所以，石膏的掺量是决定 C_3A 水化速率、水化产物类别以及数量的主要因素。

此外，石膏的溶解速率对浆体的凝结时间也有重要影响。如果石膏不能及时向溶液中提供足够的硫酸根离子，则 C_3A 可能在形成 AFt 之前先生成 AFm 而使浆体出现早凝；如果石膏的溶解速率太快，假如有半水石膏存在，可能使浆体在 AFt 包覆层出现以前而由于半水石膏的水化使浆体产生假凝。因此，硬石膏、半水石膏等不同类型的石膏对 C_3A 水化过程的影响是有差别的。

小贴士

相同的水泥熟料与不同的石膏共磨后得到的水泥，其性质是不同的。

4. 铁铝酸四钙的水化

C_4AF 的水化反应与 C_3A 相似，而水化速率较 C_3A 略慢，水化热、水化产物强度较低，水化生成水化铝酸三钙和水化铁酸一钙（$CaO\cdot Fe_2O_3\cdot H_2O$，简式 CFH）凝胶。其反应式为

$$4CaO\cdot Al_2O_3\cdot Fe_2O_3+7H_2O\longrightarrow 3CaO\cdot Al_2O_3\cdot 6H_2O+CaO\cdot Fe_2O_3\cdot H_2O \qquad (4-7)$$

C_4AF 在 CH 饱和溶液中水化生成水化铝酸钙和水化铁酸钙的固溶体 $4CaO \cdot (Al_2O_3 \cdot Fe_2O_3) \cdot 13H_2O$，简式 $C_4(A \cdot F)H_{13}$。其反应式为

$$4CaO \cdot Al_2O_3 \cdot Fe_2O_3 + 4Ca(OH)_2 + 22H_2O \longrightarrow 2\left[4CaO \cdot \left(Al_2O_3 \cdot Fe_2O_3\right) \cdot 13H_2O\right] \quad (4\text{-}8)$$

图 4-4 为硅酸盐水泥熟料矿物不同龄期的抗压强度增长和水化放热情况。硅酸盐水泥熟料是由上述各种矿物组分组成的，各组分的比例不同，水泥的性质就发生相应的变化。如提高 C_3S 组分的含量，可制得高强水泥；提高 C_3A 和 C_3S 组分的含量，可制得快硬水泥；降低 C_3A 和 C_3S 组分的含量，提高 C_2S 组分的含量，可制得中、低热水泥；提高 C_4AF 组分的含量，降低 C_3A 组分的含量，可制得道路水泥。

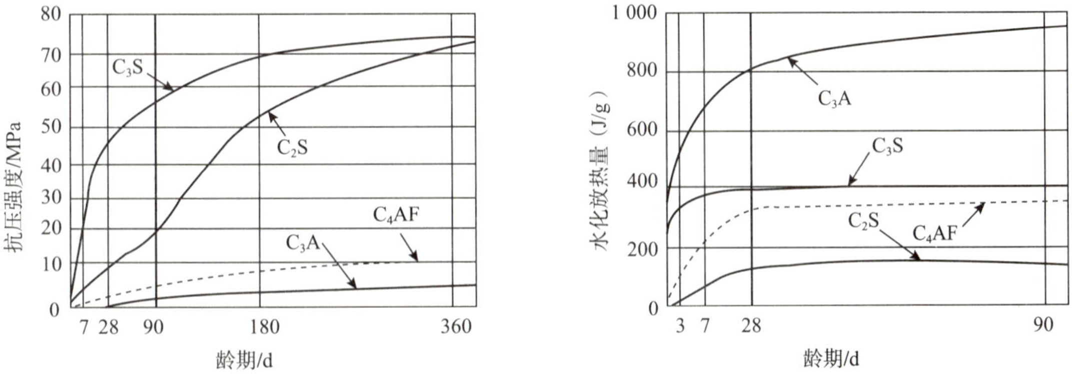

（a）水泥熟料矿物在不同龄期的抗压强度　　（b）水泥熟料矿物在不同龄期的水化放热

图 4-4　硅酸盐水泥熟料矿物不同龄期的抗压强度增长和水化放热情况

（二）硅酸盐水泥的水化、凝结硬化过程

以上分别讨论了硅酸盐水泥熟料单矿物的水化作用，但是水泥颗粒是一个多矿物的聚集体。水泥浆液体中的离子组成依赖于水泥的各种组成及其溶解度，但是液相中的组成又反过来深刻地影响着各熟料矿物的水化速率。硅酸盐水泥的水化区别于熟料单矿物水化的一个特点是不同矿物彼此之间对水化过程会产生影响。一般对硅酸盐水泥的凝结硬化过程按水化反应速率和水泥浆体的结构特征分为初始反应期、潜伏期、凝结期和硬化期 4 个阶段，各阶段水泥浆体水化反应的放热速率如图 4-5 所示。

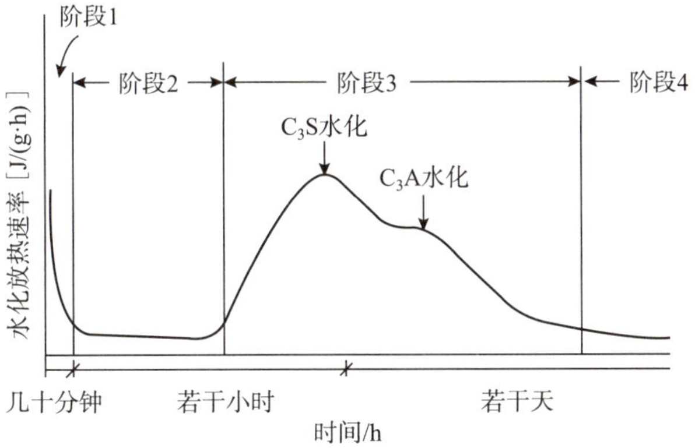

图 4-5　各阶段水泥浆体水化反应的放热速率

1. 初始反应期

水泥与水接触后立即发生水化反应，在反应初始的 5 ～ 10 min 内，放热速率剧增，最大达到 168.5 J/(g · h)，然后降至 4 J/(g · h)。在此阶段，C_3S 开始水化并释放 $Ca(OH)_2$ 且立即溶于溶液中，使 pH 值增大至 13 左右，浓度达到过饱和后，$Ca(OH)_2$ 结晶析出；而首先和水发生反应的暴露在水泥颗粒表面的 C_3A 的水化产物会与已经溶解的石膏在 $Ca(OH)_2$ 的过饱和溶液中反应形成 AFt 并且结晶析出，附着在水泥颗粒表面，此阶段约有 1% 的水泥发生水化。

2. 潜伏期

在初始反应之后有相当一段时间，约 1 ～ 2 h，水泥水化的放热速率一直很低，约为 4 J/(g · h)。在此期间，由于水泥颗粒表面形成了以 C-S-H 和 AFt 为主的渗透膜层，水化反应很慢。

有的研究者将此阶段称为诱导期，而称之前的初始反应期为诱导前期。这个阶段，水化产物的数量增加得不多，水泥颗粒仍然保持分散，所以水泥浆体基本保持塑性。

3. 凝结期

在潜伏期后期，由于渗透压的作用，水泥颗粒表面的膜层破裂，水泥继续水化，放热速率又开始增大，6 h 内可增至最大值约为 20 J/(g · h)，然后缓慢下降。在此阶段，水化产物不断增加，由于水化产物的体积约为水泥体积的 2.2 倍，在水化过程中产生的水化物填充了水泥颗粒之间的空隙；随着接触点的增多，形成了由分子力结合的凝聚结构，使水泥浆体逐渐失去塑性，这就是水泥的凝结过程。此阶段结束约有 15% 的水泥水化。

4. 硬化期

在凝结期以后水泥水化放热速率缓慢下降，约为 4 J/(g · h)，此时水泥水化继续进行，水化铁铝酸钙、水化铝酸钙固溶体 $[C_4(A \cdot F)H_{13}]$ 开始形成，由于硫酸根离子的耗尽，部分 AFt 转化为 AFm。水泥硬化可以持续很长时间，在适当的温度、湿度条件下，甚至几十年后水泥石的强度还会继续增长。

进入硬化期后，水泥浆才开始具有强度，但是很低。前 3 d 具有较快的增长率，3 ～ 7 d 强度增长率有所降低，7 ～ 28 d 进一步降低，超过 28 d 强度会继续发展，但已经比较平稳。上述水泥水化的几个阶段并不是截然分开的，而是前后交错进行，不同的凝结、硬化阶段分别由不同的物理化学变化起主导作用。

在常温下硬化的水泥石，通常是由水化产物（硅酸钙胶体、钙矾石晶体、氢氧化钙晶体、水化铁酸钙胶体）、未水化的水泥颗粒内核、孔隙等组成的多相（固、液、气）多孔体系。图 4-6 显示了水化过程中水泥石的微观结构变化示意图。

图 4-6　水化过程中水泥石的微观结构变化示意图

四、硅酸盐水泥的技术性质

水泥是一种非常重要的建筑材料，在建筑中往往被用来当作混凝土或砂浆中的胶凝材料，而不是单独使用。所以针对其应用特点，从工程的角度也对硅酸盐水泥的一些技术性质提出了要求。

（一）密度

水泥的密度、堆积密度主要用于计算混凝土、砂浆的材料配合比以及水泥的贮运量。硅酸盐水泥的密度一般为 3.0 ～ 3.2 g/cm^3，而普通水泥、复合水泥略低，矿渣水泥为 2.8 ～ 3.0 g/cm^3，火山灰、粉煤灰水泥为 2.7 ～ 2.9 g/cm^3。

堆积密度除了与组成、细度有关外，主要取决于堆积的紧密程度。一般堆积密度为 900 ～ 1 200 kg/m^3，紧密时可达 1 600 kg/m^3。

（二）细度

细度是指粉状物料的粗细程度，通常以标准筛的筛余、比表面积或粒度分布表示。细度对水泥的性质有很大影响，同样矿物组成的水泥，细度越细，与水反应的表面积越大，水化、凝结硬化越快，水泥强度越高；但粉磨成本高，需水量大，硬化收缩大，且易产生裂纹。若水泥颗粒过粗则不利于水泥活性的发挥。《通用硅酸盐水泥》（GB 175—2023）规定硅酸盐水泥的细度以比表面积表示，其比表面积要求不小于 300 m^2/kg。

（三）需水性

需水性是指水泥获得一定稠度所需水量多少的性质。为使水泥的凝结时间、安定性等重要技术性能的测定具有可比性，水泥净浆以标准方法《水泥标准稠度用水量、凝结时间、安定性检验方法》（GB/T 1346—2011）测试所达到统一规定的浆体可塑性程度，称为水泥净浆标准稠度。拌制水泥净浆达到标准稠度所需的加水量称为水泥净浆标准稠度需水量。一般以占水泥质量的百分数表示，硅酸盐系列水泥标准稠度需水量一般为 24% ～ 30%。

需水性大的水泥在拌制混凝土、砂浆时，部分水将从水泥浆中泌出，这种性能又称为泌水性或析水性。在拌制混凝土时，为了保证必要的工作性，加入的水往往比标准稠度需水量多，这些多余的水若均匀分布在混凝土之中，对混凝土的性能影响较小；若分离出来滞留在表面、钢筋和集料的下方，将严重影响混凝土的性能。

小贴士

影响水泥需水性的因素主要有熟料矿物的组成、混合材的品种和数量、水泥的细度等。

（四）凝结时间

水泥从和水开始到失去流动性，即从可塑状态发展到固体状态所需要的时间称为凝结时间。凝结时间分为初凝时间和终凝时间。初凝时间是指从水泥和水到水泥浆开始失去塑性的时间；终凝时间是指从水泥和水到水泥浆完全失去塑性的时间，如图 4-7 所示。

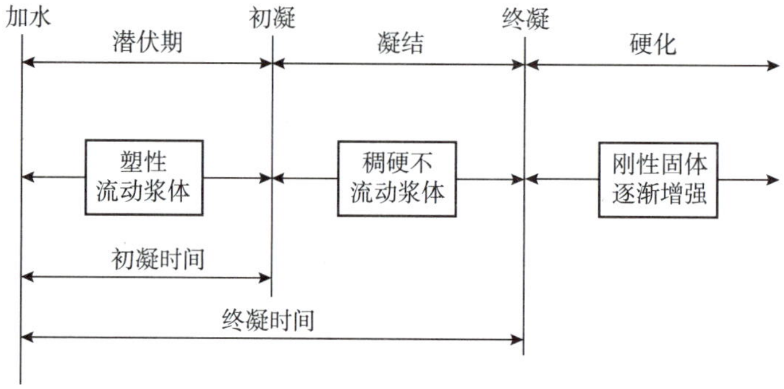

图 4-7　水泥凝结时间与水泥浆体状况的关系

影响水泥凝结时间的主要因素有水泥中 C_3A 的含量、石膏的掺量、混合材料的掺量、水泥的细度、水灰比等。

水泥的凝结时间在工程上有重要的意义。水泥的初凝不宜过早，以使施工时有足够的时间来完成混凝土、砂浆的搅拌、运输、浇筑成型等操作；水泥的终凝不能过迟，以使混凝土能尽快硬化、达到一定的强度，以便于下一道工序的进行。

（五）安定性

安定性是指水泥浆体在硬化后体积变化的稳定性。若水泥硬化后体积变化不稳定，产生不均匀的体积变化，即所谓安定性不良，会使混凝土产生膨胀性裂纹，降低工程质量。因此，安定性不合格的水泥不得用于工程中。

水泥熟料煅烧过程中，当水泥中含有高温下生成的游离 CaO、MgO（*f*-CaO、*f*-MgO）的量过多时，在水泥硬化后水泥石会产生体积膨胀；过多的石膏在水泥硬化后，其 SO_3 还会继续与固态的水化铝酸钙反应生成水化硫铝酸钙，产生体积膨胀。这两种膨胀均会导致水泥安定性不良。沸煮能加速 *f*-CaO 的熟化，《水泥标准稠度用水量、凝结时间、安定性检验方法》（GB/T 1346—2011）规定通用水泥用沸煮法检验安定性；*f*-MgO 的水化比 *f*-CaO 更缓慢，沸煮法已不能检验。国家标准规定通用水泥 *f*-MgO 的含量不得超过 5%，若水泥经压蒸法（*f*-MgO、*f*-CaO 水泥安定性的快速检验方法）检验合格，则 *f*-MgO 的含量可放宽到 6%；由 SO_3 造成的安定性不良需经长期浸在常温水中才能发现，不便于检验，所以国际规定通用水泥中的 SO_3 含量不得超过 3.5%。

（六）强度等级

强度等级是水泥的重要技术指标。由于水泥很少单独使用，《水泥胶砂强度检验方法（ISO 法）》（GB/T 17671—2021）规定以标准胶砂试件强度来表示水泥的强度。该标准规定了 40 mm × 40 mm × 160 mm 棱柱试体的制作、养护、抗压强度和抗折强度测定方法。

水泥在硬化过程中强度是逐渐增长的。因此，水泥的强度等级是以不同龄期的抗压和抗折强度来划分的。按早期强度（3 d）的大小又分为早强型和普通型。硅酸盐水泥强度等级分为 42.5、42.5R、52.5、52.5R、62.5、62.5R 六个等级。各强度等级、各龄期的强度不得低于标准规定的数值，如有一项指标低于标准规定的数值，则为不合格品。

（七）水化热

水泥和水之间化学反应放出的热量通常以 kJ/kg 表示，大部分水化热是伴随着强度的增长在水化初期放出的。水化热的大小和释放速率主要取决于水泥熟料的矿物、混合材的品种和数量、水泥的细度和养护条件等。

冬期施工，水化热有利于水泥的正常凝结硬化，防止冻害；而大体积混凝土工程，如大型基础、桥墩等，高水化热是不利的，由于水泥水化热不能尽早散发出去，可能使混凝土产生温度裂缝。

六、硅酸盐水泥的基本特性

硅酸盐水泥具有凝结时间短、快硬、早强、高强、抗冻、耐磨、耐热、水化放热集中、水化热较大、抗硫酸盐侵蚀能力较差的性能特点。

扫一扫

硅酸盐水泥的基本特性

硅酸盐水泥用于配制高强度混凝土、先张预应力制品、道路、低温下施工的工程和一般受热（250 ℃）的工程。一般不适用于大体积混凝土和地下工程，特别是有化学侵蚀的工程。硅酸盐水泥的特性与应用如下。

（一）凝结硬化快，早期强度与后期强度均高

凝结硬化快，早期强度与后期强度均高是因为硅酸盐水泥中硅酸盐水泥熟料多，即水泥中 C_3S 多。因此适用于现浇混凝土工程、预制混凝土工程、冬期施工混凝土工程、预应力混凝土工程、高强混凝土工程等。

（二）抗冻性好

硅酸盐水泥具有较高的密实度，且具有对抗冻性有利的孔隙特征，因此抗冻性好，适用于严寒地区遭受反复冻融循环的混凝土工程。

（三）水化热高

硅酸盐水泥中 C_3S 和 C_3A 的含量高，因此水化放热速度快、放热量大，所以适用于冬期施工，不适用于大体积混凝土工程。

（四）耐腐蚀性差

硅酸盐水泥中的 $Ca(OH)_2$ 与水化铝酸钙较多，所以耐腐蚀性差，因此不适用于受流动软水和压力水作用的工程，也不宜用于受海水及其他侵蚀性介质作用的工程。

（五）耐热性差

水泥中的水化产物在 250 ～ 300 ℃时会产生脱水，强度开始降低，当温度达到 700 ～ 1 000 ℃时，水化产物分解，水泥的结构几乎完全破坏，所以硅酸盐水泥不适用于具有耐热、高温要求的混凝土工程。但当温度为 100 ～ 250 ℃时，由于额外的水化作用及脱水后凝胶与部分 $Ca(OH)_2$ 的结晶对水泥的密实作用，水泥的强度并不降低。

（六）抗碳化性不好

水泥中 $Ca(OH)_2$ 与空气中 CO_2 的作用称为碳化。硅酸盐水泥水化后，水泥中含有较多的 $Ca(OH)_2$，因此抗碳化性不好。

任务二 通用硅酸盐水泥

任务描述

某城市在进行地铁扩建项目时，选用通用硅酸盐水泥作为隧道衬砌的主要材料。在施工过程中，隧道的初期支护施工完成后，发现部分区域的衬砌出现了早期剥离和开裂现象。技术人员经过现场检查，发现这是由于水泥的早期水化热较高，导致初期应力过大，加上施工中的温度控制不当所致。施工团队采用降低水灰比和添加缓凝剂的方法，以减少水泥早期水化热。同时，改进了温度控制措施，通过对现场施工区域的温度进行实时监测和调控，确保施工温度的稳定。

任务分析

通用硅酸盐水泥因其优良的强度和耐久性，在地铁隧道等大型施工项目中被广泛使用。然而，水泥的早期水化热和温度控制不当可能导致衬砌质量问题，影响工程的安全性和使用寿命。通过调整水泥配方和实施严格的温度管理，可以有效提高水泥的应用效果和工程质量。此任务强调了科学选材和精细化管理在重大基础设施项目中的关键作用。

任务实施

一、水泥混合材料

在生产水泥时，为改善水泥性能、调节水泥强度等级，除硅酸盐水泥外，其他的通用硅酸盐水泥都掺入一定量人工和天然矿物材料，称为混合材料。

具有火山灰性或潜在水硬性，以及兼有火山灰性和潜在水硬性的矿物质材料一般含有活性氧化硅（SiO_2）与活性氧化铝（Al_2O_3）。其中火山灰性是指工业废渣磨成细粉与消石灰一起和水后，在湿空气中能够凝结硬化，并能在水中继续硬化的性能；潜在水硬性是指工业废渣磨成细粉与石膏一起和水后，在湿空气中能够凝结硬化，并能在水中继续硬化的性能。活性混合材料一般含有活性氧化硅、氧化铝等。具有潜在火山灰活性的矿物掺合料可分为天然、人工和工业废料三大类。

（一）水泥混合材料的种类

常用的具有潜在火山灰活性的矿物掺合料有粒化高炉矿渣、粒化高炉矿渣粉、火山灰质混合材料、粉煤灰、窑灰以及其他混合材料。

1. 粒化高炉矿渣

粒化高炉矿渣是指高炉冶炼生铁时，所得以硅铝酸盐为主要成分的熔融物，经淬冷成粒后具有潜在水硬性。当熔融物直接流入水池中急冷又称水淬矿渣，俗称水渣。急冷的目的在于阻止其中的矿物成分结晶，使其在常温下成为不稳定的玻璃体（一般占 80% 以上），从而具有较高的化学能，即具有较高的潜在活性。其主要化学成分为 Al_2O_3、CaO、SiO_2，一般可达 90% 以上。《用于水泥中的粒化高炉矿渣》（GB/T 203—2008）规定，矿渣的活性用质量系数来评定，即

$$质量系数\ k=\frac{\omega_{CaO}+\omega_{MgO}+\omega_{Al_2O_3}}{\omega_{SiO_2}+\omega_{MnO}+\omega_{TiO_2}}\geqslant 1.2 \tag{4-9}$$

质量系数反映了矿渣中活性组分与低活性和非活性组分之间的比例。质量系数越大，则矿渣的活性越高。

2. 火山灰质混合材料

火山灰质混合材料是具有火山灰性的、天然的或人工的矿物材料。一般以 Al_2O_3、SiO_2 为主要成分。其品种很多，天然的有火山灰、凝灰岩、浮石、浮石岩、硅藻土、蛋白石等；人工的有烧页岩、烧黏土、煤渣、煤矸石、硅灰等。按其化学成分和矿物结构可分为：含水硅酸质（硅藻土、蛋白石等），活性成分以氧化硅为主；铝硅玻璃质（火山灰、浮石等），活性成分为氧化硅和氧化铝；烧黏土质（烧黏土、煤渣等），活性成分以氧化铝为主。

3. 粉煤灰

粉煤灰是从电厂煤粉炉烟道气体中收集的粉末。但粉煤灰不包括以下情形。

（1）和煤一起煅烧城市垃圾或其他废弃物时。

（2）在焚烧炉中煅烧工业或城市垃圾时。

（3）循环流化床锅炉燃烧收集的粉末。

粉煤灰主要成分为氧化铝和氧化硅，含有少量氧化钙，具有火山灰性。其活性受玻璃体含量及无定型氧化铝、氧化硅含量影响，颗粒形状和大小也对活性有较大影响，细小球形玻璃体含量越高，活性越强。粉煤灰结构致密，比表面积小。根据燃煤品种，分为 F 类（由无烟煤或烟煤煅烧收集）和 C 类（由褐煤或次烟煤煅烧收集，氧化钙含量≥ 10%）。根据用途分为拌制砂浆和混凝土用粉煤灰及水泥活性混合材料用粉煤灰两类，前者有Ⅰ级、Ⅱ级、Ⅲ级之分，后者不分级。

4. 粒化高炉矿渣粉

粒化高炉矿渣粉是指符合《用于水泥中的粒化高炉矿渣》（GB/T 203—2008）标准规定的粒化高炉矿渣经干燥、粉磨（或添加少量石膏一起粉磨）达到相当细度且符合相应活性指数的粉体。矿渣粉磨时允许加入助磨剂，加入量不得大于矿渣粉质量的 0.5%。

5. 窑灰

窑灰特指符合《掺入水泥中的回转窑窑灰》（JC/T 742—2009）的回转窑窑灰，是一种特殊的水泥混合材料。用回转窑生产硅酸盐水泥熟料时，随气流从窑尾排出的灰尘经收尘设备收集所得的干燥粉末，称为回转窑窑灰。

由于窑灰经过高温煅烧，其组成与水泥熟料几乎相同，可以作为水泥的混合材料。但立窑水泥窑灰未经过充分高温煅烧，其组成接近生料，不能用作水泥的混合材料。

（二）混合材料在水泥中的作用

活性混合材料掺入水泥中的主要作用是：改善水泥的某些性能、扩大水泥品种、调节水泥强度等级、降低水化热、降低生产成本、增加水泥产量等。

磨细的活性混合材料与水调和后，本身不会硬化或硬化极其缓慢，但在饱和 $Ca(OH)_2$ 溶液中，常温下发生显著的水化反应为

$$x\mathrm{Ca(OH)_2} + 活性\mathrm{SiO_2} + n_1\mathrm{H_2O} \longrightarrow x\mathrm{CaO}\cdot\mathrm{SiO_2}\cdot(n_1+x)\mathrm{H_2O}(水化硅酸钙) \quad (4\text{-}10)$$

$$y\mathrm{Ca(OH)_2} + 活性\mathrm{Al_2O_3} + n_2\mathrm{H_2O} \longrightarrow x\mathrm{CaO}\cdot\mathrm{Al_2O_3}\cdot(n_2+x)\mathrm{H_2O}(水化铝酸钙) \quad (4\text{-}11)$$

生成的水化硅酸钙和水化铝酸钙是具有水硬性的产物，与硅酸盐水泥中的水化产物相同。当有石膏存在时，水化铝酸钙还可以和石膏进一步反应生成水化硫铝酸钙。由此可见，是氢氧化钙和石膏激发了混合材料的活性，故称它们为活性混合材料的激发剂；氢氧化钙称为碱性激发剂，石膏称为硫酸盐激发剂。

掺活性混合材料的硅酸盐水泥与水拌合后，首先是水泥熟料水化，之后是水泥熟料的

水化产物 $Ca(OH)_2$ 与活性混合材料中的活性 SiO 和活性 Al_2O_3 发生水化反应（也称二次反应）生成水化产物，由此过程可知，掺活性混合材料的硅酸盐系水泥的水化速度较慢，故早期强度较低，而由于水泥中熟料含量相对减少，故水化热较低。

二、普通硅酸盐水泥

普通硅酸盐水泥中含有少量混合材料，而绝大部分仍是硅酸盐水泥熟料，故其特性与硅酸盐水泥基本相同；但由于掺入少量混合材料，因此与同强度等级的硅酸盐水泥相比，普通硅酸盐水泥早期硬化速度稍慢、3 d 强度稍低、抗冻性稍差、水化热稍小、耐蚀性稍好。

普通硅酸盐水泥与硅酸盐水泥性能相近，也具有凝结时间短、快硬、早强、高强、抗冻、耐磨、耐热、水化放热集中、水化热较大、抗硫酸盐侵蚀能力较差的性能特点；相比硅酸盐水泥，早期强度增进率稍有降低，抗冻性和耐磨性稍有下降，抗硫酸盐侵蚀能力有所增强。

普通硅酸盐水泥可用于任何无特殊要求的工程。一般不适用于受热工程、道路、低温下施工工程、大体积混凝土工程和地下工程，特别是有化学侵蚀的工程。

（一）定义

凡是由硅酸盐水泥熟料、混合材料、适量石膏磨细制成的水硬性胶凝材料统称为普通硅酸盐水泥（简称普通水泥），代号 P · O。其中熟料和石膏的比例为 80% ～ 95%，粒化高炉矿渣、粉煤灰、火山灰质混合材料掺加量为 5% ～ 20%，替代材料石灰石、砂岩、窑灰不超过水泥质量的 5%。

（二）技术要求

《通用硅酸盐水泥》（GB 175—2023）规定的技术要求如下。

1. 烧失量

普通硅酸盐水泥的烧失量不得大于 5.0%。

2. 三氧化硫

普通硅酸盐水泥中三氧化硫的质量分数不得超过 3.5%。

3. 氧化镁

普通水泥中氧化镁的含量不得超过 5.0%。如果水泥中氧化镁含量（质量含量）大于 6.0%，需进行水泥压蒸安定性试验并合格。

4. 氯离子

氯离子不得超过质量分数的 0.06%。当有更低要求时，该指标由买卖双方确定。

5. 碱含量

水泥中碱含量按 $Na_2O+0.658K_2O$ 计算值来表示，若使用活性骨料，用户要求提供低碱水泥时，水泥中的碱含量不得大于 0.60% 或由供需双方协商确定。

6. 凝结时间

普通硅酸盐水泥的初凝时间不得早于 45 min，终凝不得迟于 600 min。

7. 安定性

安定性是用沸煮法检验合格。

8. 细度（选择性指标）

细度（选择性指标）以比表面积表示，要求不小于 300 m^2/kg。

9. 强度

普通硅酸盐水泥的强度等级分为 42.5、42.5R、52.5、52.5R 四个强度等级。不同强度等级的普通硅酸盐水泥，其不同龄期的强度应符合表 4-2 的要求。

表 4-2　不同强度等级的普通硅酸盐水泥（《通用硅酸盐水泥》（GB 175—2023））

<table>
<tr><th rowspan="2">强度等级</th><th colspan="2">抗压强度 /MPa</th><th colspan="2">抗折强度 /MPa</th></tr>
<tr><th>3 d</th><th>28 d</th><th>3 d</th><th>28 d</th></tr>
<tr><td>42.5</td><td>≥ 17.0</td><td rowspan="2">≥ 42.5</td><td>≥ 3.5</td><td rowspan="2">≥ 6.5</td></tr>
<tr><td>42.5R</td><td>≥ 22.0</td><td>≥ 4.0</td></tr>
<tr><td>52.5</td><td>≥ 23.0</td><td rowspan="2">≥ 52.5</td><td>≥ 4.0</td><td rowspan="2">≥ 7.0</td></tr>
<tr><td>52.5R</td><td>≥ 27.0</td><td>≥ 5.0</td></tr>
</table>

三、矿渣硅酸盐水泥

（一）定义

凡是由硅酸盐水泥熟料和粒化高炉矿渣、适量石膏磨细制成的水硬性胶凝材料称为矿渣硅酸盐水泥（简称矿渣水泥），代号 P·S。矿渣硅酸盐水泥中矿渣掺加量为大于 20% 且小于等于 70%。其中 A 型矿渣掺量大于 20% 且小于等于 50%，代号 P·S·A；B 型矿渣掺量大于 50% 且小于等于 70%，代号 P·S·B。

矿渣硅酸盐水泥具有需水性小、早强低后期增长大、水化热低、抗硫酸盐侵蚀能力强、受热性好的优点，也具有保水性和抗冻性差的缺点。

矿渣硅酸盐水泥可用于无特殊要求的一般结构工程，适用于地下、水利和大体积等混凝土工程，在一般受热工程（250 ℃）和蒸汽养护构件中可优先采用矿渣硅酸盐水泥，不宜用于需要早强和受冻融循环、干湿交替的工程中。

（二）技术要求

《通用硅酸盐水泥》（GB 175—2023）规定的技术要求如下。

1. 三氧化硫

矿渣硅酸盐水泥中三氧化硫的质量分数不得超过 4.0%。

2. 氧化镁

P·S·A 型矿渣硅酸盐水泥中氧化镁含量（质量含量）不得超过 6.0%。如果水泥中氧化镁含量大于 6.0%，需进行水泥压蒸安定性试验并合格；而 P·S·B 型矿渣硅酸盐水泥中氧化镁含量不作强制性要求。

3. 氯离子

氯离子不得超过质量分数的 0.06%。当有更低要求时，该指标由买卖双方确定。

4. 碱含量

水泥中碱含量按 $Na_2O+0.658K_2O$ 计算值来表示，若使用活性骨料，用户要求提供低碱水泥时，水泥中的碱含量不得大于 0.60% 或由供需双方协商确定。

5. 凝结时间

矿渣硅酸盐水泥的初凝时间不得早于 45 min，终凝不得迟于 600 min。

6. 安定性

安定性是用沸煮法检验合格。

7. 细度（选择性指标）

细度（选择性指标）以筛余表示，其中 80 μm 方孔筛筛余不大于 10% 或者 45 μm 方孔筛筛余不大于 30%。

8. 强度

矿渣硅酸盐水泥的强度等级分为 32.5、32.5R、42.5、42.5R、52.5、52.5R 六个强度等级。不同强度等级的矿渣硅酸盐水泥，其不同龄期的强度应符合表 4-3 的要求。

表 4-3　不同强度等级的矿渣硅酸盐水泥（《通用硅酸盐水泥》（GB 175—2023））

强度等级	抗压强度 /MPa		抗折强度 /MPa	
	3 d	28 d	3 d	28 d
32.5	≥ 10.0	≥ 32.5	≥ 2.5	≥ 5.5
32.5R	≥ 15.0		≥ 3.5	
42.5	≥ 15.0	≥ 42.5	≥ 3.5	≥ 6.5
42.5R	≥ 19.0		≥ 4.0	
52.5	≥ 21.0	≥ 52.5	≥ 4.0	≥ 7.0
52.5R	≥ 23.0		≥ 4.5	

四、火山灰质硅酸盐水泥

火山灰质硅酸盐水泥具有较强的抗硫酸盐侵蚀能力、保水性好和水化热低的优点，也具有需水量大、低温凝结慢、干缩性大、抗冻性差的缺点。

（一）定义

凡是由硅酸盐水泥熟料和火山灰质混合材料、适量石膏磨细制成的水硬性胶凝材料称为火山灰质硅酸盐水泥（简称火山灰水泥），代号 P·P。火山灰质硅酸盐水泥中火山灰质混合材料掺加量为大于 20% 且小于等于 40%。

（二）技术要求

《通用硅酸盐水泥》（GB 175—2023）规定的技术要求如下。

1. 三氧化硫

火山灰质硅酸盐水泥中三氧化硫的质量分数不得超过 3.5%。

2. 氧化镁

火山灰质硅酸盐水泥中氧化镁含量（质量含量）不得超过 6.0%。如果水泥中氧化镁含量大于 6.0%，需进行水泥压蒸安定性试验并合格。

3. 氯离子

氯离子不得超过质量分数的 0.06%。当有更低要求时，该指标由买卖双方确定。

4. 碱含量

水泥中碱含量按 Na_2O+0.658K_2O 计算值来表示，若使用活性骨料，用户要求提供低碱水泥时，水泥中的碱含量不得大于 0.60% 或由供需双方协商确定。

5. 凝结时间

火山灰质硅酸盐水泥的初凝时间不得早于 45 min，终凝不得迟于 600 min。

6. 安定性

安定性是用沸煮法检验合格。

7. 细度（选择性指标）

细度（选择性指标）以筛余表示，其中 80 μm 方孔筛筛余不大于 10% 或者 45 μm 方孔筛筛余不大于 30%。

8. 强度

火山灰质硅酸盐水泥的强度等级分为 32.5、32.5R、42.5、42.5R、52.5、52.5R 六个强度等级。不同强度等级的火山灰质硅酸盐水泥，其不同龄期的强度应符合表 4-4 的要求。

表 4-4　不同强度等级的火山灰质硅酸盐水泥（《通用硅酸盐水泥》（GB 175—2023））

强度等级	抗压强度 /MPa		抗折强度 /MPa	
	3 d	28 d	3 d	28 d
32.5	≥ 10.0	≥ 32.5	≥ 2.5	≥ 5.5
32.5R	≥ 15.0		≥ 3.5	

续表

强度等级	抗压强度 /MPa		抗折强度 /MPa	
	3 d	28 d	3 d	28 d
42.5	≥ 15.0	≥ 42.5	≥ 3.5	≥ 6.5
42.5R	≥ 19.0		≥ 4.0	
52.5	≥ 21.0	≥ 52.5	≥ 4.0	≥ 7.0
52.5R	≥ 23.0		≥ 4.5	

五、粉煤灰硅酸盐水泥

粉煤灰硅酸盐水泥具有与火山灰质硅酸盐水泥相近的性能，相比火山灰质硅酸盐水泥，其具有需水量小、干缩性小的特点。

火山灰质硅酸盐水泥和粉煤灰硅酸盐水泥可用于一般无特殊要求的结构工程，适用于地下、水利和大体积等混凝土工程，不宜用于冻融循环、干湿交替的工程。

（一）定义

凡是由硅酸盐水泥熟料和粉煤灰、适量石膏磨细制成的水硬性胶凝材料称为粉煤灰硅酸盐水泥（简称粉煤灰水泥），代号 P·F。其中粉煤灰的掺加量为大于 20% 且小于等于 40%。

（二）技术要求

《通用硅酸盐水泥》（GB 175—2023）规定的技术要求如下。

1. 三氧化硫

粉煤灰硅酸盐水泥中三氧化硫的质量分数不得超过 3.5%。

2. 氧化镁

粉煤灰硅酸盐水泥中氧化镁含量（质量含量）不得超过 6.0%。如果水泥中氧化镁含量大于 6.0%，需进行水泥压蒸安定性试验并合格。

3. 氯离子

氯离子不得超过质量分数的 0.06%。当有更低要求时，该指标由买卖双方确定。

4. 碱含量

水泥中碱含量按 $Na_2O+0.658K_2O$ 计算值来表示，若使用活性骨料，用户要求提供低碱水泥时，水泥中的碱含量不得大于 0.60% 或由供需双方协商确定。

5. 凝结时间

粉煤灰硅酸盐水泥的初凝时间不得早于 45 min，终凝不得迟于 600 min。

6. 安定性

安定性是用沸煮法检验合格。

7. 细度

细度以筛余表示，其中 80 μm 方孔筛筛余不大于 10% 或者 45 μm 方孔筛筛余不大于 30%。

8. 强度

粉煤灰硅酸水泥的强度等级分为 32.5、32.5R、42.5、42.5R、52.5、52.5R 六个强度等级。不同强度等级的粉煤灰硅酸盐水泥，其不同龄期的强度应符合表 4-5 的要求。

表 4-5　不同强度等级的粉煤灰硅酸盐水泥（《通用硅酸盐水泥》（GB 175—2023））

强度等级	抗压强度 /MPa		抗折强度 /MPa	
	3 d	28 d	3 d	28 d
32.5	≥ 10.0	≥ 32.5	≥ 2.5	≥ 5.5
32.5R	≥ 15.0		≥ 3.5	
42.5	≥ 15.0	≥ 42.5	≥ 3.5	≥ 6.5
42.5R	≥ 19.0		≥ 4.0	
52.5	≥ 21.0	≥ 52.5	≥ 4.0	≥ 7.0
52.5R	≥ 23.0		≥ 4.5	

六、复合硅酸盐水泥

复合硅酸盐水泥除了具有矿渣硅酸盐水泥、火山灰质硅酸盐水泥、粉煤灰硅酸盐水泥所具有的水化热低、耐蚀性好、韧性好的优点外，能通过混合材料的复掺优化水泥的性能，如改善保水性、降低需水性、减少干燥收缩、适宜的早期和后期强度发展等。

复合硅酸盐水泥可用于无特殊要求的一般结构工程，适用于地下、水利和大体积等混凝土工程，特别是有化学侵蚀的工程，不宜用于需要早强和受冻融循环、干湿交替的工程中。

凡是由硅酸盐水泥熟料、三种或三种以上规定的混合材料、适量石膏磨细制成的水硬性胶凝材料称为复合硅酸盐水泥（简称复合水泥），代号 P·C。复合硅酸盐水泥中混合材料总掺加量为大于 20% 且小于等于 50%。复合硅酸盐水泥分为 42.5、42.5R、52.5、52.5R 四个等级，见表 4-6。

表 4-6　不同强度等级的复合硅酸盐水泥（《通用硅酸盐水泥》（GB 175—2023））

强度等级	抗压强度 /MPa		抗折强度 /MPa	
	3 d	28 d	3 d	28 d
42.5	≥ 15.0	≥ 42.5	≥ 3.5	≥ 6.5
42.5R	≥ 19.0		≥ 4.0	

续表

强度等级	抗压强度 /MPa		抗折强度 /MPa	
	3 d	28 d	3 d	28 d
52.5	≥ 21.0	≥ 52.5	≥ 4.0	≥ 7.0
52.5R	≥ 23.0		≥ 4.5	

小贴士

复合硅酸盐水泥的技术要求同火山灰质硅酸盐水泥和粉煤灰硅酸盐水泥。

任务三　特性水泥

任务描述

某市政府为加固改造一座重要老旧桥梁，选用了特性水泥来提升结构强度和耐久性。然而，在实际施工过程中，施工团队遭遇了未曾预料的问题。特性水泥的初凝时间明显长于预期，这不仅打乱了原有的施工计划，更导致整体工程进度受到拖延。同时，由于施工现场的高气温环境，特性水泥的性能出现了与实验室条件下不一致的情况，给施工质量控制带来了额外的挑战。

任务分析

面对特性水泥在桥梁施工中出现的初凝时间延长和性能不稳定问题，项目管理层需迅速作出反应。首先，要深入分析这些问题的根本原因，可能涉及水泥配方、生产工艺或是施工环境等多个方面。其次，需要紧急与水泥供应商、技术专家以及施工团队沟通协作，共同寻找有效的解决方案。这不仅包括调整水泥配方以适应现场环境，还可能涉及优化施工工艺、加强现场温度控制等措施。本任务最终目标是确保桥梁加固工程能够顺利推进，同时保障施工质量和安全。

任务实施

一、快硬硅酸盐水泥

凡是由硅酸盐水泥熟料和适量石膏共同磨细制成的，以 3 d 抗压强度表示标号的水硬性胶凝材料称为快硬硅酸盐水泥，简称快硬水泥。

快硬硅酸盐水泥的制造方法与硅酸盐水泥基本相同，不同之处是水泥熟料中铝酸三钙和硅酸三钙的含量高，二者的总量不少于65%。因此快硬水泥的早期强度增长快且强度高，水化热也大。为加快硬化速度，还可适当增加石膏的掺量（可达8%）和提高水泥的细度。

快硬硅酸盐水泥的性质按国家标准的规定：熟料中氧化镁含量不得超过5.0%，如水泥体积安定性试验合格，则氧化镁的含量可放宽到6.0%；三氧化硫的含量不得超过3.5%；细度为80 μm方孔筛筛余量不得超过10%；初凝时间不得早于45 min，终凝时间不得迟于10 h；按1 d和3 d的抗压强度、抗折强度划分为32.5、37.5、42.5三个强度等级。各龄期强度值不得低于有关数值。

快硬硅酸盐水泥凝结硬化快，早期强度高，水化热高且集中。快硬硅酸盐水泥适用于配制早强、高强混凝土的工程，紧急抢修的工程和低温施工工程，但不宜用于大体积混凝土工程。

小贴士

快硬水泥易受潮变质，故储存和运输时，应特别注意防潮，且储存时间不宜超过一个月。

二、铝酸盐水泥

铝酸盐水泥是以铝矾土和石灰石为主要原料，经高温煅烧所得的以铝酸钙为主要矿物的水泥熟料，经磨细制成的水硬性胶凝材料，代号为CA，如图4-8所示。

图4-8　铝酸盐水泥

（一）铝酸盐水泥的技术指标

1. 细度

细度是指比表面积不小于300 m^2/kg或45 μm的方孔筛筛余量不大于20%。

2. 凝结时间

CA-50、CA-70、CA-80的初凝时间不得早于30 min，终凝时间不得迟于6 h；CA-60的初凝时间不得早于60 min，终凝时间不得迟于18 h。

3. 强度

各类型铝酸盐水泥各龄期的强度值不得低于表4-7中规定的数值。

表 4-7　铝酸盐水泥的 Al_2O_3 含量和各龄期强度要求（《铝酸盐水泥》（GB 201—2015））

类型		抗压强度 /MPa				抗折强度 /MPa			
		6 h	1 d	3 d	28 d	6 h	1 d	3 d	28 d
CA50	CA50- Ⅰ	≥ 20	≥ 40	≥ 50	—	≥ 3	≥ 5.5	≥ 6.5	—
	CA50- Ⅱ		≥ 50	≥ 60	—		≥ 6.5	≥ 7.5	—
	CA50- Ⅲ		≥ 60	≥ 70	—		≥ 7.5	≥ 8.5	—
	CA50- Ⅳ		≥ 70	≥ 80	—		≥ 8.5	≥ 9.5	—
CA60	CA50- Ⅰ	—	≥ 65	≥ 85	—	—	≥ 7.0	≥ 10.0	—
	CA50- Ⅱ	—	≥ 22	≥ 45	≥ 85	—	≥ 2.5	≥ 5.0	≥ 10.0
CA70		—	≥ 30	≥ 40	—	—	≥ 5.0	≥ 6.0	—
CA80		—	≥ 25	≥ 30	—	—	≥ 4.0	≥ 5.0	—

（二）铝酸盐水泥的特性与应用

铝酸盐水泥具有快凝、早强、高强、低收缩、耐热性好和耐硫酸盐腐蚀性强等特点，适用于工期紧急的工程、抢修工程、冬季施工的工程和耐高温工程，还可以用来配制耐热混凝土、耐硫酸盐混凝土等。但铝酸盐水泥的水化热大、耐碱性差，不宜用于大体积混凝土，也不宜采用蒸汽等湿热养护。铝酸盐水泥的长期强度会逐渐降低，降低 40% ～ 50%，不适用于长期承载的承重构件。

三、膨胀水泥

一般水泥在凝结硬化过程中会产生不同程度的收缩，使水泥混凝土构件内部产生微裂缝，影响混凝土的强度及其他许多性能。而膨胀水泥在硬化过程中能够产生一定的膨胀，消除由收缩带来的不利影响。

膨胀水泥主要是比一般水泥多了一种膨胀组分，在凝结硬化过程中，膨胀组分使水泥产生一定的膨胀值。目前常用的是以钙矾石为膨胀组分的各种膨胀水泥。

四、装饰系列水泥

（一）白色硅酸盐水泥

由氧化铁含量少的硅酸盐水泥熟料加入适量石膏，磨细制成的水硬性凝胶材料称为白色硅酸盐水泥，简称白水泥，代号 P · W。

硅酸盐水泥呈暗灰色，主要原因是其含 Fe_2O_3 较多（3% ～ 4%）。当 Fe_2O_3 含量在 0.5% 以下时，则水泥接近白色。生产白水泥用的石灰石及黏土原料中的 Fe_2O_3 含量应分别低于 0.1% 和 0.7%。在生产过程中还需采用无灰分的气体燃料或液体燃料燃烧；在粉磨生料和熟料时，要严格避免带入铁质。

按照国家标准《白色硅酸盐水泥》（GB 2015—2017）的规定：白色硅酸盐水泥白度值不应低于 87；白色硅酸盐水泥各龄期的强度值不得低于表 4-8 中规定的数值；白水泥的初凝时间不得早于 45 min，终凝时间不得迟于 10 h；熟料中氧化镁的含量不得超过 3.5%。白色硅酸盐水泥的其他技术要求与普通硅酸盐水泥相同。

表 4-8　白水泥各龄期强度要求（《白色硅酸盐水泥》（GB/T 2015—2005））

水泥标号	抗压强度 /MPa		抗折强度 /MPa	
	3 d	28 d	3 d	28 d
32.5	12.0	32.5	3.0	6.0
42.5	17.0	42.5	3.5	6.5
52.5	22.0	52.5	4.0	7.0

白色硅酸盐水泥主要用于配制白色或彩色灰浆、砂浆及混凝土，来满足装饰装修工程的需要。

（二）彩色硅酸盐水泥

彩色硅酸盐水泥简称彩色水泥，根据其着色方法不同，有三种生产方式：一是直接烧成法，在水泥生料中加入着色原料而直接煅烧成彩色水泥熟料，再加入适量石膏共同磨细；二是染色法，将白色硅酸盐水泥熟料或硅酸盐水泥熟料、适量石膏和碱性着色物质共同磨细制得彩色水泥；三是将干燥状态的着色物质直接掺入白水泥或硅酸盐水泥中。当工程使用量较少时，常用第三种办法。

彩色水泥中加入的颜料，必须具有良好的大气稳定性及耐久性，不溶于水，分散性好，抗碱性强，不参与水泥水化反应，对水泥的组成和特性无破坏作用等特点。常用的颜料有氧化铁（红或黑、褐、黄）、二氧化锰（黑褐色）、氧化铬（绿色）、钴蓝（蓝色）等。

白色和彩色硅酸盐水泥，主要用于建筑装饰工程中，常用于配制各种装饰混凝土和装饰砂浆，如水磨石、水刷石、人造大理石、干黏石等，也可配制彩色水泥浆，用于建筑物的墙面、柱面、天棚等处的粉刷，或用于陶瓷铺贴的勾缝等。

项目小结

本项目主要介绍了水泥的相关知识。首先介绍了硅酸盐水泥；其次介绍了通用硅酸盐水泥；最后介绍了特性水泥。通过本项目的学习，读者能够加深对各种水泥材料科学的理解，也为推动水泥行业的技术创新、提升建筑工程质量提供了理论依据和技术支持。

项 目 工 单

实训记录表见表 4-9，实训评价见表 4-10。

表 4-9　实训记录表

班级		姓名		日期	
实训名称	水泥材料与应用实训				
实训目标	1. 了解硅酸盐水泥、通用硅酸盐水泥以及其他特性水泥的成分、制备工艺及其性能特点； 2. 通过实验室操作，掌握各种水泥的标准化测试方法，如强度试验、安定性检验等，理解测试数据对于水泥质量评估的重要性； 3. 能够根据具体建筑工程的技术要求，合理选择和应用合适的水泥类型，确保工程质量和成本效益				
实训过程记录					
实训注意事项					
实训总结					

表 4-10　实训评价

项目名称	评价内容	分值 / 分	评分
职业素养考核项目（30%）	安全意识与操作规范	10	
	责任心与质量控制	10	
	环保意识与可持续发展	10	
专业能力考核项目（70%）	水泥成分与性能分析能力	10	
	水泥检测与实验操作能力	10	
	水泥选用与工程匹配能力	20	
	施工工艺与质量监控能力	10	
	特性水泥的理解与应用能力	20	
合计		100	
教师评语		教师签字	

课 后 练 习

一、填空题

1. 硅酸盐水泥一般由____________、混合材料、____________组成。

2. 水泥与水接触后立即发生____________，在反应初始的 5 ～ 10 min 内，放热速率剧增，最大达到____________J/（g · h），然后降至 4 J/（g · h）。

3. 硅酸盐水泥呈____________色，主要原因是其含____________较多（3% ～ 4%）。

4. 在常温下，C_3A 在纯水中的水化反应为：____________。

5. ____________是指粉状物料的粗细程度，通常以标准筛的筛余、比表面积或____________表示。

二、简答题

1. 简述火山灰质硅酸盐水泥的优缺点。
2. 简述水化过程的五个阶段。
3. 简述铝酸盐水泥的特性与应用。

项目五

混凝土

项目导读

混凝土不仅具有极高的强度和耐久性，还具有良好的可塑性。此外，混凝土还具有优异的防火、防水和耐腐蚀性。因此，在建筑工程中，混凝土被广泛用于基础、墙体、梁柱等关键结构部位，为建筑物的稳定性和安全性提供了坚实的保障。本项目主要介绍普通混凝土的构成和混凝土的技术性质。

学习目标

知识目标

◇了解混凝土的基本概念、分类、发展历程及其在建筑中的核心地位。

◇掌握普通混凝土的构成材料、配合比设计原理、技术性质及其评定方法。

能力目标

◇能够熟练运用所学知识对混凝土的质量进行有效控制与评定，具备解决实际工程中与混凝土相关问题的能力。

◇具备根据具体工程需求进行普通混凝土配合比设计的能力，并能够根据工程需求合理选择和使用混凝土外加剂及其他类型混凝土。

素质目标

◇培养学生对混凝土材料科学的持续兴趣和探索精神，关注该领域的最新技术进展，保持学习的热情和创新能力。

◇强化学生工程伦理意识，确保在混凝土的选择、设计、施工和评定过程中能够坚守职业道德，综合考虑环保、安全、经济和社会责任。

思政目标

增强学生对国家基础设施建设和可持续发展的认识，理解建筑在社会发展中的重要性。在混凝土技术的学习和应用中，融入社会主义核心价值观，培养学生的爱国情怀、社会责任感和创新精神。

任务一 混凝土概述

任务描述

某房地产开发公司正在建设一个新住宅小区，计划使用高强度混凝土来提高建筑的耐久性和安全性。施工过程中，混凝土的搅拌和浇筑分阶段进行，但在浇筑完成后的几天内，工程进度因混凝土强度未达标而受到影响。检查发现，浇筑区域的混凝土发生了板结现象，且部分样本在抗压试验中未能达到设计强度标准。经过调查，发现问题根源在于混凝土的配比不当和施工环境湿度控制不足，导致混凝土的水灰比超标，影响了其化学反应及最终强度。

任务分析

针对混凝土强度未达标的问题，项目管理层需要立即启动综合分析和应对措施。首先，团队需对混凝土的配方和搅拌过程进行全面审查，确保各个材料的比例符合设计要求及相关标准。同时，需对施工现场环境进行评估，特别是温度和湿度的控制，以防止环境因素对混凝土固化过程的影响。此外，项目经理要迅速与混凝土供应商进行沟通，询问产品的质量控制流程，并对已浇筑的混凝土进行必要的评估与检测。本任务的最终目标是制定出切实可行的整改方案，确保后续混凝土浇筑符合强度要求，保证建筑的安全和工程的顺利推进。

任务实施

凡由胶凝材料、骨料和水等按适当比例配合拌制的混合物，再经浇筑成型硬化后得到的人造石材，统称为混凝土。目前，工程上使用最多的是以水泥为胶凝材料，以砂石为骨料，加水等拌制的水泥混凝土，通常也就简称为混凝土。当用其他胶凝材料拌制的混凝土，往往需在其前加上胶凝材料的名称，如沥青混凝土、树脂混凝土、水玻璃混凝土等。

一、混凝土的分类

（一）混凝土按强度等级高低分类

强度等级为 C15 ～ C80 的，称为普通混凝土；强度等级为 C80 ～ C100 的，称为高强混凝土；强度等级大于等于 C100 的称为超高强混凝土。

（二）混凝土按表观密度的大小分类

干表观密度在 2 100 ～ 2 500 kg/m^3 的称为普通混凝土，是用天然（或人工）砂、石作骨料配制的，一般干表观密度在 2 400 kg/m^3 左右，为建筑中最常用的混凝土；干表观密度大于 2 600 kg/m^3 的称为重混凝土，是用重晶石或钡水泥、锶水泥等配制的，其表观密度可达 3 200 ～ 3 400 kg/m^3，重混凝土能防射线、防辐射，故又称为防辐射混凝土；干表观密度小于 1 950 kg/m^3 的称为轻混凝土，多采用陶粒等轻质多孔的骨料或掺入加气剂、泡沫剂等形成多孔结构的混凝土，常用于轻质结构、保温隔热工程。

（三）混凝土按用途或施工方法的不同分类

混凝土按用途或施工方法的不同分类有：水工混凝土、海工混凝土、道路混凝土、防水混凝土、耐酸混凝土、耐热混凝土、喷射混凝土、泵送混凝土、碾压混凝土等多种，如图 5-1 所示。

图 5-1　碾压混凝土

二、混凝土的特点

普通混凝土是目前用量最大的建筑结构材料。

（1）混凝土可就地取材，成本低；具有良好的可塑性与可模性；与钢筋有牢固的黏结力，且能保护钢筋不锈蚀；具有较高的抗压强度；耐久性好，维护和保养费用极低。

（2）混凝土自重大，比强度小；抗拉强度低，一般抗拉强度仅为抗压强度的 1/10 ～ 1/20，因此受拉时易产生脆裂；生产周期长，施工过程质量难以控制。

扫一扫

混凝土的特点

任务二　普通混凝土的构成

任务描述

某建筑公司承建一栋现代办公楼项目，计划使用普通混凝土作为主要建筑材料。在混凝土的配制和使用过程中，施工团队严格按照材料使用说明书和设计图纸进行操作，然而在施工过程中发现混凝土的流动性较预期差，施工材料中有不正常的水泥团块出现，而且部分结构的混凝土浇筑后出现了轻微的裂缝。现场工程师初步判断这是由于混凝土配合比不正确，导致混凝土的黏度增加，硬化过程中出现了内部应力不均。

任务分析

针对普通混凝土在办公楼施工中出现的裂缝和水泥团块问题，项目管理层需要深入分析混凝土的构成及其在施工中的应用表现。首先，需检查混凝土各组分的质量，特别是水泥和骨料的质量标准，确保它们符合使用要求。其次，要复核混凝土配合比，确认水灰比是否适当，以及骨料级配是否合理。最后，施工方法和操作规范也需进行调整和优化，确保搅拌和浇筑过程中混凝土的均匀性。本任务最终目标是确定问题的根源，并采取有效的纠正措施，保证办公楼项目中混凝土结构的质量和安全。

任务实施

普通混凝土主要由水泥、砂、石子及水四种基本材料所组成，为了改善某些方面的性能，需加入掺和料和外加剂，水泥和掺和料统称为胶凝材料。各种材料的作用如下。

砂子填充石子的空隙；水泥和水形成水泥浆而填充砂、石的空隙，并包裹在砂、石表面，将砂石紧紧黏结在一起，硬化后形成混凝土。水泥浆发挥了填充、润滑、胶结三方面的作用。混凝土中的砂称为细骨料（或细集料），石子称为粗骨料（或粗集料）。粗、细骨料一般不与水泥起化学反应，主要起骨架、抑制水泥石的体积变形两方面的作用。掺和料中的活性 SiO_2 能逐步与水泥水化后析出的 $Ca(OH)_2$ 以及高碱性水化硅酸钙发生二次反应，生成低碱性水化硅酸钙，使硬化水泥石孔隙细化。图 5-2 为混凝土的结构示意图，混凝土是由水泥石、石子、砂子、孔隙等组成的一个宏观均匀，微观非均匀的堆聚结构。混凝土的质量在很大程度上是由原材料的性质及相对含量所决定，为此，必须先了解其组成材料的性质、作用及技术要求，合理选择原材料，才能保证混凝土的质量。

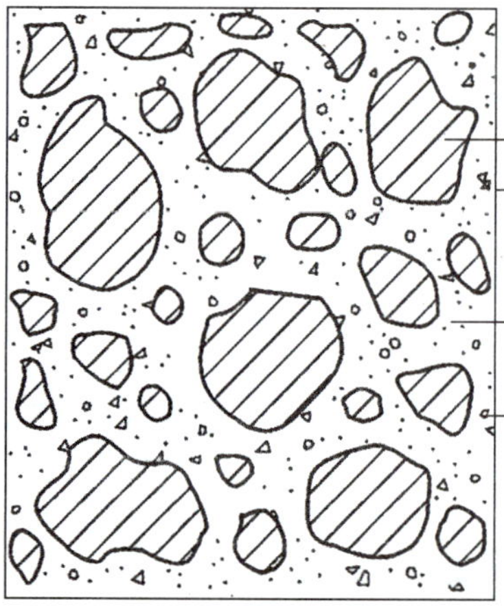

图 5-2　混凝土的结构示意图

一、水泥

水泥在混凝土中起胶结作用，是最主要的材料。正确、合理地选择水泥的品种和强度等级是保证混凝土质量的重要因素。配制混凝土时一般用硅酸盐水泥、普通硅酸盐水泥、矿碴硅酸盐水泥、火山灰质硅酸盐水泥、粉煤灰硅酸盐水泥。水泥质量应符合国家现行标准和规范的要求。对于某个工程具体选用哪种水泥品种，应当根据工程性质、特点、环境及施工条件，结合各种水泥的特性，合理选择。每个工程所用水泥品种以 1 ～ 2 种为宜，重要工程常常是指定生产厂家，生产适合本工程的专用水泥。

水泥强度等级的选择应当与混凝土的设计强度等级相适应。原则上是配制混凝土的强度越高，选择的水泥强度等级就越高，反之亦然。通常以水泥强度等级为混凝土强度等级的 1.5 ～ 2 倍为宜，对于高强度混凝土可取 0.9 ～ 1.5 倍。

二、细骨料（砂）

粒径为 0.15 ～ 4.75 mm 的骨料称为细骨料，简称为砂。混凝土用砂一般采用天然砂，如河砂、山砂、海砂等，其中以河砂品质最好，应用最多。人工砂是由岩石破碎、筛选所得。根据《建设用砂》（GB/T 14684—2022）规定，砂的技术要求包括：有害杂质含量的限值、细度和颗粒级配及物理性质的要求等。根据技术要求从高到低，把砂分为Ⅰ、Ⅱ、Ⅲ类，分别可用于强度等级大于 C60 的混凝土、强度等级为 C30 ～ C60 和有抗冻及抗渗或有其他要求的混凝土、强度等级小于 C30 的混凝土和建筑砂浆。

（一）有害杂质含量的限值和颗粒形状及表面特征

1. 有害杂质含量的限值

混凝土用砂应颗粒坚实、清洁、不含杂质。但砂中常含有黏土、泥块、云母、硫化物及硫酸盐、轻物质等有害杂质。各级砂的有害杂质含量应不超过表 5-1 中规定的限值。

表 5-1　砂中有害杂质限量

<table>
<tr><th rowspan="2">项目</th><th colspan="3">指标（GB/T 14684—2022）</th><th colspan="3">指标（DL/T 5144—2015）</th></tr>
<tr><th>Ⅰ</th><th>Ⅱ</th><th>Ⅲ</th><th colspan="2">天然砂</th><th>人工砂</th></tr>
<tr><td rowspan="2">含泥量（按质量计 %）</td><td rowspan="2">＜ 1.0</td><td rowspan="2">＜ 3.0</td><td rowspan="2">＜ 5.0</td><td>≤ 3</td><td>≤ 5</td><td rowspan="2">—</td></tr>
<tr><td>$C \geq C_{90}30$</td><td>$C < C_{90}30$</td></tr>
<tr><td>泥块含量（按质量计 %）</td><td>＜ 0</td><td>＜ 1.0</td><td>＜ 2.0</td><td colspan="2">不允许</td><td>不允许</td></tr>
<tr><td>云母（按质量计 %）</td><td>＜ 1.0</td><td>＜ 2.0</td><td>＜ 2.0</td><td colspan="2">≤ 2</td><td>≤ 2</td></tr>
<tr><td>轻物质（按质量计 %）</td><td>＜ 1.0</td><td>＜ 1.0</td><td>＜ 1.0</td><td colspan="2">≤ 1</td><td>—</td></tr>
<tr><td>有机质（比色法）</td><td>合格</td><td>合格</td><td>合格</td><td colspan="2">浅于标准色</td><td>不允许</td></tr>
<tr><td>硫化物及硫酸盐（按 SO_3 质量计 %）</td><td>＜ 0.5</td><td>＜ 0.5</td><td>＜ 0.5</td><td colspan="2">≤ 1</td><td>≤ 1</td></tr>
<tr><td>氯化物（以氯离子质量计 %）</td><td>＜ 0.01</td><td>＜ 0.02</td><td>＜ 0.06</td><td colspan="2">—</td><td>—</td></tr>
</table>

砂中的含泥量是指粒径小于 0.075 mm 的黏土、淤泥、石屑的总量；泥块含量是指经水洗、手捏后变成 0.60 mm 的块状黏土。黏土、淤泥、石屑黏附在砂粒表面，阻碍砂与水泥石的黏结，且增大干缩率。当黏土以团块存在时，危害性更大。砂中的云母、硫化物及硫酸盐、有机杂质及轻物质也会降低水泥石黏结力。因此，砂中有害杂质将直接影响混凝土的强度和耐久性。为保证混凝土质量，有害杂质的含量应不超过限量。表 5-1 所列数值分别选自《建设用砂》（GB/T 14684—2022）和《水工混凝土施工规范》（DL/T 5144—2015）。

2. 颗粒形状及表面特征

细骨料的颗粒形状及表面特征会影响其与水泥石的黏结及新拌混凝土的流动性。砂的颗粒形状以球形颗粒为最佳，其空隙率较小。山砂和人工砂的颗粒多具有棱角，表面粗糙，与水泥石黏结较好，用它拌制的混凝土强度较高，但流动性较差；与山砂及人工砂相比，河砂、海砂的颗粒缺少棱角，表面较光滑，与水泥黏结较差，用其拌制的混凝土强度较低，但流动性较好。

（二）砂的粗细程度与颗粒级配

1. 粗细程度

粗细程度是指不同粒径的砂粒混在一起后的平均粗细程度，常用细度模数（M_x）表示。细度模数可通过砂的筛分析试验确定。筛分析试验是用一套方孔筛孔径依次为 9.50 mm、4.75 mm、2.36 mm、1.18 mm、0.600 mm、0.300 mm、0.150 mm 的标准筛，筛分前将砂样烘干至恒重，筛除大于 9.50 mm 的颗粒，并计算出筛余百分数。称取筛除大于 9.50 mm 的颗粒的烘干砂 500 g，放入最大孔径 4.75 mm 标准套筛中，从大到小依次筛分，并计算出各孔径筛以上的累计筛余百分数，按下式计算细度模数。即

$$M_x = \frac{(A_2 + A_3 + A_4 + A_5 + A_6) - 5A_1}{100 - A_1} \tag{5-1}$$

式中 M_x——砂的细度模数；

A_1、A_2、A_3、A_4、A_5、A_6——分别为孔径 4.75 mm、2.36 mm、1.18 mm、0.600 mm、0.300 mm、0.150 mm 筛的累计筛余百分数。

小贴士

砂的细度模数越大，表示砂越粗。根据其大小，可将砂分为粗砂、中砂、细砂及特细砂，其细度模数分别为：粗砂，3.7 ～ 3.1；中砂，3.0 ～ 2.3；细砂，2.2 ～ 1.6；特细砂，1.5 ～ 0.7。

2. 颗粒级配

砂子颗粒大小搭配的比例关系叫作颗粒级配，常用级配区表示。对于细度模数为 3.7 ～ 1.6 的砂，按 0.600 mm 筛孔的筛上累计筛余百分数分为三个区间，见表 5-2。级配较好的砂，各筛上累计筛余百分数应处在同一区间之内（除 4.75 mm 及 0.600 mm 筛号外，允许稍有超出界限，但各筛超出的总量不应大于 5%）。对人工砂 0.150 mm 筛号的Ⅰ、Ⅱ、Ⅲ区可分别放宽到：Ⅰ区，100% ～ 85%；Ⅱ区，100% ～ 80%；Ⅲ区：100% ～ 75%。

表 5-2 砂的颗粒级配区（GB/T 14684—2022）

方孔筛孔 /mm	累计筛余 /%		
	Ⅰ区	Ⅱ区	Ⅲ区
9.500	0	0	0
4.750	10 ～ 0	10 ～ 0	10 ～ 0
2.360	35 ～ 5	25 ～ 0	15 ～ 0
1.180	65 ～ 35	50 ～ 10	25 ～ 0

续表

方孔筛孔 /mm	累计筛余 /%		
	Ⅰ区	Ⅱ区	Ⅲ区
0.600	85 ～ 71	70 ～ 41	40 ～ 16
0.300	95 ～ 80	92 ～ 70	85 ～ 55
0.150	100 ～ 90	100 ～ 90	100 ～ 90

用表 5-2 中数据可做成筛分曲线如图 5-3 所示。通过观察砂的筛分曲线是否完全落在三个级配区的任一个区内，即可判断砂级配的合格性。同时也可根据筛分曲线偏向情况大致判断砂的粗细程度，当筛分曲线偏向右下方时，表示砂较粗，筛分曲线偏向左上方时，表示砂较细。即Ⅰ区为粗砂区，Ⅱ区为中砂区，Ⅲ区为细砂区。

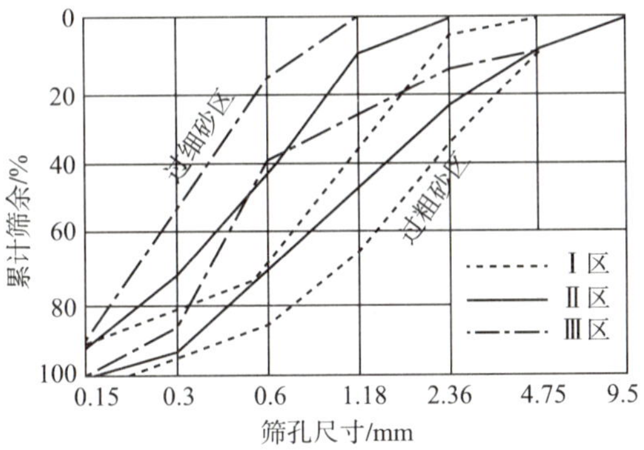

图 5-3　砂筛分曲线

当砂子由较多粗颗粒、适量中等颗粒和少量细颗粒组成时，细颗粒填充在粗、中颗粒之间，降低了空隙率和总表面积，形成良好的级配。使用良好级配的砂子不仅能节约水泥，还能提高混凝土的强度和密实性。砂的粗细反映了砂粒比表面积的大小。在配合比相同的情况下，若砂子过粗，比表面积小，缺少细小颗粒，导致混凝土黏聚性差，易分离和泌水；若砂子过细，比表面积大，需较多水泥浆包裹砂粒，混凝土强度较低。因此，混凝土用砂以Ⅱ区中砂为适宜。当采用Ⅰ区砂时，应适当提高砂率，并保证足够的水泥用量，以保证混凝土的和易性，当采用Ⅲ区砂时，宜适当降低砂率，以保证混凝土的强度。

（三）砂的物理性质

1. 砂的表观密度、堆积密度及空隙率

砂的表观密度大小，反映砂粒的密实程度。混凝土用砂的表观密度，一般要求不小于 2.5 g/cm^3。石英砂的表观密度在 2.6 ～ 2.7 g/cm^3。要求砂的松散堆积密度不小于 1.35 g/cm^3，砂的堆积密度与空隙率有关，在自然状态下干砂的堆积密度为 1 400 ～ 1 600 kg/m^3，振实后的堆积密度可达 1 600 ～ 1 700 kg/m^3。砂子空隙率的大小，与颗粒形状及颗粒级配有关。带有棱角的砂，特别是针片状颗粒较多的砂，其空隙率较大；球形颗粒的砂、级配良好的

砂，空隙率均较小，如图 5-4 所示。一般天然河砂的空隙率为 40% ～ 45%，级配良好的河砂空隙率可小于 40%。一般要求砂的空隙率小于 44%。

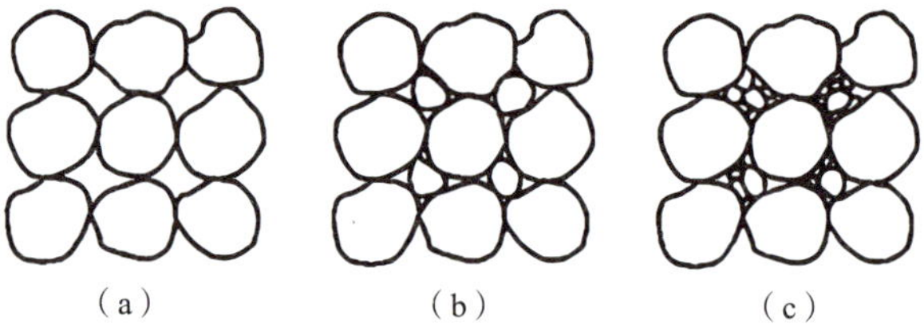

图 5-4　骨料的颗粒搭配图

2. 砂的含水状态

骨料颗粒的含水状态示意图如图 5-5 所示。砂子含水量的大小，可用含水率表示。当砂粒表面干燥而颗粒内部孔隙含水饱和时，称为饱和面干状态，此时砂的含水率称为饱和面干吸水率。砂的颗粒越坚实，吸水率越小，品质也就越好。一般石英砂的吸水率在 2% 以下。

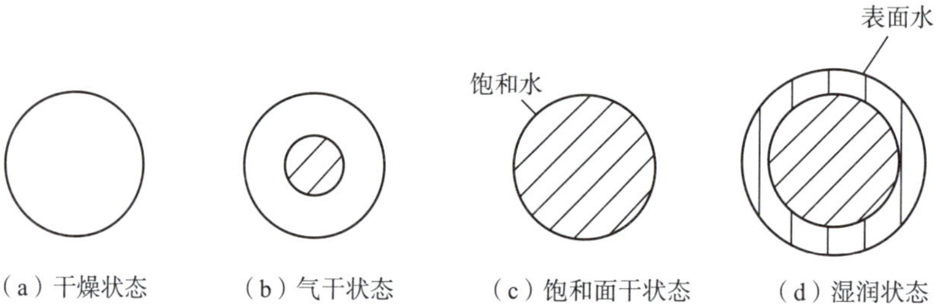

图 5-5　骨料颗粒的含水状态示意图

饱和面干砂既不从新拌混凝土中吸取水分，也不带入水分。我国水工混凝土工程多按饱和面干状态的砂、石来设计混凝土配合比。

在工业及民用建筑工程中，习惯按干燥状态的砂（含水率小于 0.5%）及石子（含水率小于 0.2%）来设计混凝土配合比。

3. 砂的坚固性

混凝土用砂必须具有一定的坚固性，以抵抗各种风化因素及冻融破坏作用。为保证混凝土的耐久性，《建设用砂》（GB/T 14684—2022）规定天然砂采用硫酸钠溶液法进行试验，砂样经五次循环其质量损失应符合表 5-3 规定。人工砂压碎指标法进行试验，压碎指标应小于表 5-4 的规定。

表 5-3　砂的坚固性指标（天然砂）

项目	指标 /%		
	Ⅰ类	Ⅱ类	Ⅲ类
质量损失	＜ 8	＜ 8	＜ 10

表 5-4　砂的压碎指标（人工砂）

项目	指标 /%		
	Ⅰ类	Ⅱ类	Ⅲ类
单级最大压碎指标	＜ 20	＜ 25	＜ 30

4. 砂的碱集料反应

经碱集料反应试验后，试件应无裂隙、酥裂、胶体外溢现象，在规定的试验龄期膨胀率应小于 0.10%。

三、粗骨料（石子）

粒径大于 4.75 mm 的骨料叫作粗骨料，简称为石子。普通混凝土常用的粗骨料有卵石和碎石两种，根据《建筑用卵石、碎石》（GB/T 14685—2022）规定，碎石和卵石的技术要求包括：颗粒级配、含泥量、针片状颗粒含量、有害物质含量的限值及物理性质的要求等。根据技术要求从高到低，碎石和卵石可分为Ⅰ、Ⅱ、Ⅲ类，分别可用于强度等级大于 C60 的混凝土、强度等级为 C30 ～ C60 和有抗冻及抗渗或有其他要求的混凝土、强度等级小于 C30 的混凝土。

（一）颗粒形状及表面特征

粗骨料的颗粒形状及表面特征同样会影响其与水泥石的黏结及新拌混凝土的流动性。因球形体和立方体颗粒的空隙率较低，是最佳颗粒形状。卵石表面光滑、少棱角，空隙率及表面积较小，拌制混凝土时水泥浆用量较少和易性较好，但与水泥石的黏结力较差；碎石颗粒表面粗糙、多棱角，空隙率和表面积较大，新拌混凝土的和易性较差，但碎石与水泥石黏结力较大，在水灰比相同的条件下，比卵石混凝土强度高。故卵石与碎石各有特点，在实际工程中应本着满足工程技术要求及经济性原则进行选用。

粗骨料中凡颗粒长度大于该颗粒所属粒级平均粒径的 2.4 倍者为针状颗粒；厚度小于平均粒径的 0.4 倍者为片状颗粒。针、片状颗粒使骨料空隙率增大，新拌混凝土流动性变差，且受力后易于被折断，故它会使混凝土强度降低。

（二）有害杂质

粗骨料中的有害杂质主要有：黏土、淤泥及细屑、硫化物及硫酸盐、有机物质等。它们对混凝土的危害作用和在细骨料中时相同，程度更甚。不同工程的混凝土对粗骨料有害杂质含量的限值有所区别，可参阅有关规范。

（三）最大粒径及颗粒级配

1. 最大粒径

粗骨料公称粒径的上限值，称为粗骨料最大粒径，用 D_M 表示。粗骨料最大粒径增大时，骨料的空隙率及表面积都减小，在水灰比及混凝土流动性相同的条件下，可使水泥用量减少，且有助于提高混凝土密实性、减少混凝土的发热及收缩，这对大体积混凝土是有利的。

混凝土强度与 D_M 关系如图 5-6 所示。从图可知：对于水泥用量较少的中、低强度混凝土，D_M 增大时，混凝土强度增大。对于水泥用量较多的中高强混凝土，D_M 由 20 mm 增至 40 mm 时，混凝土强度最大；$D_M>$ 40 mm 强度反而降低。对强度大于 C60 的高强混凝土，要求 $D_M\leqslant 25$ mm。骨料最大粒径大者对混凝土的抗冻性、抗渗性也有不良的影响，尤其会显著降低混凝土的抗气蚀性。因此，适宜的骨料最大粒径与混凝土性能要求有关，建筑行业中所用混凝土骨料最大粒径应不超过 40 mm，港工混凝土的最大粒径不大于 80 mm，水工混凝土的最大粒径可达 120 ～ 150 mm。

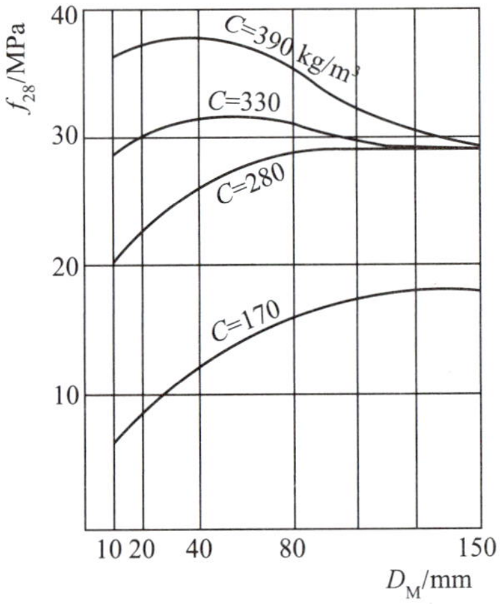

图 5-6　混凝土强度与 D_M 关系

粗骨料最大粒径的确定，还受到结构尺寸、钢筋疏密及施工条件的限制。一般规定 D_M 不超过钢筋净距的 2/3（水工）～ 3/4（建筑）、构件断面最小尺寸的 1/4。对于混凝土实心板，允许采用 D_M 为 1/3 板厚，且不得超过 40 mm，对于泵送混凝土 D_M 一般为 25 ～ 40 mm，对少筋或无筋混凝土结构，应选用较大的粗骨料粒径。骨料最大粒径的确定，也受到施工机具的影响，当混凝土搅拌机的容量小于 0.8 m^3 时，D_M 不宜超过 80 mm；当使用大容量搅拌机时，也不宜超过 150 mm，否则容易打坏搅拌机叶片。

2. 颗粒级配

大小不一的粗骨料颗粒相互组合搭配的比例关系称为颗粒级配。级配良好的石子其空隙率和总表面积均小，且可获得较大的堆积密度。石子的级配好坏对混凝土强度等性能影响较砂更为明显。

石子的颗粒级配同样采用筛分析法测定。按《建设用卵石、碎石》（GB/T 14685—2022）规定，用来确定粗骨料粒径的方孔筛筛孔尺寸分别为 4.75 mm、9.50 mm、16.0 mm、19.0 mm、26.5 mm、31.5 mm、37.5 mm、53.0 mm、63.0 mm、75.0 mm、90.0 mm 等，粒径介于相邻两个筛孔尺寸之间的颗粒称为一个粒级。在工程中，通常规定骨料产品的粒径在某一范围内，且各标准筛上的累计筛余百分数符合规定的数值，则该产品的粒径范围称为公称粒级。例如，5 ～ 40 mm，5 ～ 80 mm，这两种公称粒级的骨料的最大粒径分别为 40 mm、80 mm。公称粒级有连续级配和单粒级两种，粗骨料的级配原理与细骨料基本相同，即将大小石子适当掺配，使粗骨料的空隙率及表面积都比较小，而堆积密度较大，这样拌出的混凝土水泥用量少、强度高。根据《建设用卵石、碎石》（GB/T 14685—2022）规定，卵石和碎石的颗粒级配应符合表 5-5 的要求。

表 5-5　卵石和碎石的颗粒级配

级配情况	公称粒级/mm	累计筛余百分率（按质量计）/% 筛孔尺寸（方孔筛）/mm 2.36	4.75	9.50	16	19.0	26.5	31.5	37.5	53.0	63	75.0	90
连续粒级	5～16	95～100	85～100	30～60	0～10	0	—	—	—	—	—	—	—
	5～20	95～100	90～100	40～80	—	0～10	0	—	—	—	—	—	—
	5～25	95～100	90～100	—	30～70	—	0～5	0	—	—	—	—	—
	5～31.5	95～100	90～100	70～90	—	15～45	—	0～5	0	—	—	—	—
	5～40	—	95～100	70～90	—	30～65	—	—	0～5	0	—	—	—
单粒粒级	5～10	95～100	90～100	0～15	0	—	—	—	—	—	—	—	—
	10～16	—	95～100	85～100	0～15	0	—	—	—	—	—	—	—
	10～20	—	—	85～100	—	0～15	0	—	—	—	—	—	—
	16～25	—	95～100	95～100	55～70	25～40	0～10	0	—	—	—	—	—
	18～31.5	—	—	—	85～100	—	—	0～10	0	—	—	—	—
	20～40	—	—	95～100	—	80～100	—	—	0～10	0	—	—	—
	25～31.5	—	—	—	95～100	—	80～100	0～10	0	—	—	—	—
	40～80	—	—	—	—	95～100	—	—	70～100	—	30～60	0～10	0

注：1. 公称粒径的上限为该粒级的最大粒径，单粒级一般要求用于组合具有要求级配的连续粒径，它也可与连续粒径级的碎石配成较大粒径的连续粒径。

2. 根据混凝土工程和资源的具体情况，进行综合技术分析后，在特殊情况下，允许直接采用单粒级，但必须避免混凝土发生离析。

粗骨料级配有连续级配和间断级配两种。连续级配是从最大粒径开始，由大到小，每一粒径级都占有适当的比例。连续级配颗粒级差小（$D/d \approx 2$），配制的新拌混凝土和易性好，不易发生离析，在工程中被广泛采用。间断级配是采用不相邻的单粒级骨料相互配合，如 10 ～ 20 mm 粒级与 40 ～ 80 mm 粒级的石子配合组成间断级配。间断级配颗粒级差大，空隙率的降低比连续级配快得多，可最大限度地发挥骨料的骨架作用，减少水泥用量。但新拌混凝土易产生离析现象。

施工现场分级堆放的石子中往往有超径与逊径现象存在。所谓超径就是在某一级石子中混杂有超过这一级粒径的石子；所谓逊径就是混杂有小于这一级粒径的石子。超径、逊径的出现将直接影响骨料的级配和混凝土性能，必须加强施工质量管理，并经常对各级石子的超逊径进行检验。一般规定，超径石子含量不得大于 5%，逊径石子含量不得大于 10%。如超过规定数量，最好进行二次筛分，或调整骨料级配，以保证工程质量。

（四）物理力学性质

1. 表观密度、堆积密度及空隙率

混凝土骨料的卵石或碎石应密实坚固，故粗骨料的表观密度应较大，空隙率应较小。我国石子的表观密度平均为 2.68 g/cm^3，最大的达 3.15 g/cm^3，最小为 2.50 g/cm^3，因此规范要求粗骨料的表观密度不小于 2.50 g/cm^3（GB/T 14685）～ 2.55 g/cm^3（DL/T 5144）。松散堆积密度不小于 1.350 g/cm^3，孔隙率不大于 45%（水工）～ 47%（建筑）。粗骨料的堆积密度及空隙率与其颗粒形状、针片状颗粒含量和颗粒级配有关。

2. 吸水率

粗骨料颗粒越坚实、孔隙率越小，其吸水率就越小，品质也越好。吸水率大的石料，表明其内部孔隙多。吸水率过大，将降低混凝土的软化系数，也降低混凝土的抗冻性。《水工混凝土施工规范》（DL/T 5144—2015）一般要求粗骨料的吸水率不大于 2.5%。《建设用卵石、碎石》（GB/T 14685—2022）要求吸水率不大于 2.0%，有抗冻要求的其吸水率应小于 1.5%。

3. 强度

为了保证混凝土的强度，要求粗骨料质地致密、具有足够的强度。粗骨料的强度可用岩石立方体强度或压碎指标两种方法进行检验。岩石立方体强度是将轧制碎石的岩石或卵石制成 50 mm × 50 mm × 50 mm 的立方体（或直径与高度均为 50 mm 的圆柱体）试件，在吸水饱和状态下测定其极限抗压强度。一般要求极限强度与混凝土强度之比不小于 1.5，且要求火成岩（岩浆岩）的极限抗压强度不宜低于 80 MPa，变质岩不宜低于 60 MPa，沉积岩（水成岩）不宜低于 30 MPa。

4. 压碎指标

压碎指标是衡量卵石和碎石坚固性的指标，压碎指标是取粒径为 9.5 ～ 19 mm 的 3 000 g 骨料装入规定的圆模内，在压力机上加荷载至 200 kN，保持 5 s，其压碎的细粒（粒径小于 2.36 mm）占试样质量百分数，即为压碎指标。压脆指标越小，表示粗骨料抵抗压脆裂的能力越强。卵石或碎石骨料的压碎指标应符合表 5-6 的要求。

表 5-6　卵石或碎石骨料的压碎指标

骨料类别		指标（GB/T 14685—2022）/%			指标（DL/T 5144—2015）/%	
		Ⅰ类	Ⅱ类	Ⅲ类	≥ 40 MPa	＜ 40 MPa
碎石	水成岩	≤ 10	≤ 20	≤ 30	≤ 10	≤ 16
	变质岩				≤ 12	≤ 20
	火成岩				≤ 13	≤ 30
卵石		≤ 12	≤ 14	≤ 16	≤ 12	≤ 16

5. 碱骨料反应

碱骨料反应是指水泥、外加剂及环境中的碱与骨料中碱活性矿物在潮湿环境下缓慢发生

并导致混凝土开裂破坏的膨胀反应。若经碱骨料反应试验后，由卵石、碎石配制的试件无裂缝、酥裂、胶体外溢等现象，在规定试验龄期的膨胀率小于 0.1%，认为骨料无碱骨料反应。

6. 坚固性

有抗冻、耐磨、抗冲击性能要求的混凝土所用粗骨料，要求测定其坚固性，骨料的坚固性反映骨料在环境因素、外力等作用下抵抗破碎的能力。通常用硫酸钠溶液法检验，试样经五次循环后，其质量损失应不超过表 5-7 的规定。

表 5-7　碎石或卵石的坚固性指标

项目	指标（GB/T 14685—2022）			指标（DL/T 5144—2015）	
	Ⅰ类	Ⅱ类	Ⅲ类	有抗冻性	无抗冻性
质量损失 /%	≤ 5	≤ 8	≤ 12	≤ 5	≤ 12

四、混凝土拌和及养护用水

可饮用的水均可用于拌制和养护混凝土。当采用其他水源时，水质应符合《混凝土用水标准》（JGJ 63—2006）的规定，且要求有检查水质的检验报告。未经处理的工业废水、污水及沼泽水，不能使用。

在缺乏淡水地区，素混凝土允许用海水拌制，但有饰面要求的素混凝土不宜用海水拌制；由于海水对钢筋有锈蚀作用，故不得用海水拌制钢筋混凝土及预应力混凝土。

任务三　混凝土的技术性质

任务描述

某建筑公司负责一大型商业综合体的地下室建设，项目需要使用高性能混凝土来确保结构的稳定性和耐久性。施工团队严格按照混凝土的配比和施工规范进行操作，但在浇筑完成后不久，地下室墙壁出现了不均匀的裂缝。工程技术团队进行了检测，发现这些裂缝主要由混凝土的收缩和温度变化引发，同时混凝土的抗渗透性也未达到预期标准，影响了地下室防水的功能。

任务分析

针对地下室工程中发现的混凝土技术性质问题，项目管理层需要立即进行全面分析并制定应对措施。首先，需对混凝土的成分进行质量检查，确保水泥、骨料、水和添加剂的质量符合标准。其次，应重新评估混凝土的配比，特别是水灰比和骨料粒径比，确保它们能够在实际施工环境中发挥最佳性能。同时，施工环境中的温度和湿度管理需要进一步加强，以减少温度变化和干燥收缩对混凝土的影响。本任务最终目标是制定具体的改进方案，确保混凝土在地下室工程中的使用能够满足防水、耐久性和结构稳定性的技术要求，保障整个建筑项目的安全和质量。

任务实施

一、新拌混凝土的和易性

在建筑建设过程中，为获得密实而均匀的混凝土结构以方便施工操作（拌合、运输、浇筑、振捣等过程），要求新拌混凝土必须具有良好的施工性能，如保持新拌混凝土不发生分层、离析、泌水等现象，并获得质量均匀、成型密实的混凝土。这种新拌混凝土施工性能称之为新拌混凝土的和易性，和易性有时也称工作性。

混凝土拌合物的和易性是一项综合技术性能，包括流动性、黏聚性和保水性三方面的含义。

流动性是混凝土拌合物在自重或振捣作用下流动并填满模板的性能；黏聚性是各组分间的黏聚力，防止分层离析；保水性是拌合物保水能力，不产生严重泌水。黏聚性好的新拌混凝土通常保水性也好，但流动性可能差；流动性大的新拌混凝土往往黏聚性和保水性下降。流动性、黏聚性和保水性相互关联，直接影响混凝土的密实性和性能。随着混凝土技术发展，泵送施工成为主流，要求新拌混凝土在这三方面的性能协调统一，以满足施工要求并确保工程质量。

（一）和易性指标

目前，尚没有能全面评价混凝土拌合物工作性的测定方法。通常只能测定拌合物的流动性，而黏聚性和保水性也只能靠直观经验评定。国际标准化组织（International Organization for Standardization，ISO）把混凝土拌合物的工作性统称为稠度，并以此区分混凝土拌合物。通常采用坍落度试验和维勃试验测试混凝土稠度。

坍落度试验测定流动性的方法：将混凝土拌合物按规定方法装入标准圆锥筒（无底）内，装满后刮平，然后垂直向上将筒提起，移至一旁，混凝土拌合物由于自重将产生坍落现象。量出的向下坍落尺寸（mm）就叫作该混凝土拌合物的坍落度，作为流动性指标。坍落度越大表示流动性越大。图 5-7 为混凝土拌合物坍落度的测定。混凝土稠度按坍落度分级见表 5-8。

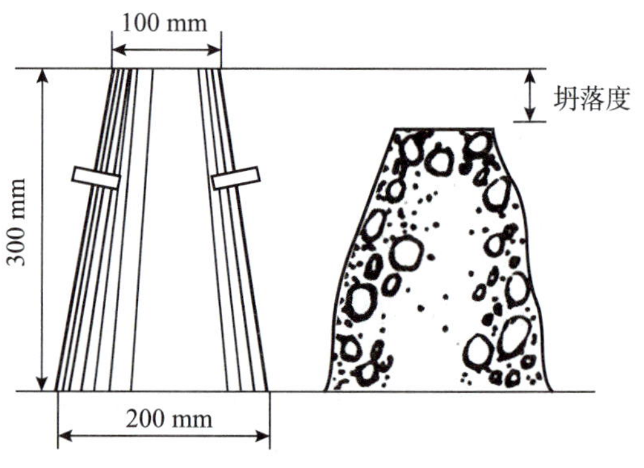

图 5-7　混凝土拌合物坍落度的测定

表 5-8　混凝土稠度按坍落度分级

名称	级别	坍落度值 /mm	允许测试偏差 /mm
低塑性混凝土	S_1	10 ～ 40	± 10
塑性混凝土	S_2	50 ～ 90	± 20
流动性混凝土	S_3	100 ～ 150	± 30
大流动性混凝土	S_4	160 ～ 210	± 30
超大流动性混凝土	S_5	⩾ 220	± 30

图 5-8 为维勃稠度测试仪。维勃稠度测试方法：开始在坍落度筒中按规定方法装满拌合物，提起坍落度筒，在拌合物试体顶面放一透明圆盘，开启振动台，同时用秒表计时，到透明圆盘的底面完全为水泥浆所布满时，停止秒表，关闭振动台。所读秒数（s）称为维勃稠度。此法适用于集料最大粒径不超过 40 mm，维勃稠度在 5 ～ 30 s 的混凝土拌合物稠度测试。维勃时间（*VC* 值）超过 31 s 的拌合物称为超干硬性混凝土。

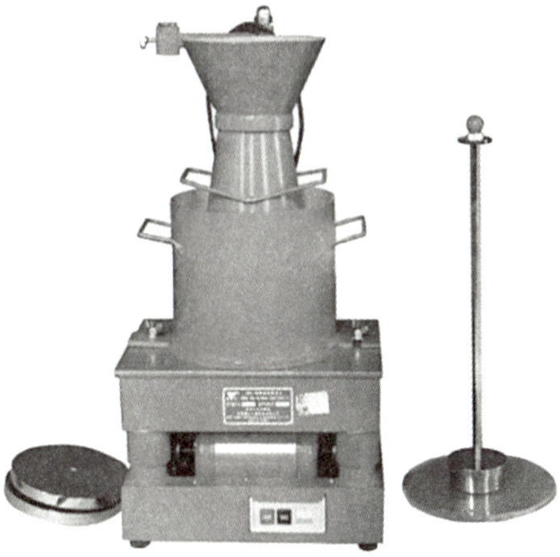

图 5-8　维勃稠度测试仪

（二）坍落度选择

坍落度选择要根据混凝土构件截面大小、钢筋疏密和捣实方法确定。如果混凝土构件截面尺寸较小，或钢筋间距较密，或采用人工插捣时，坍落度应选择大一些；反之可选择小一些。混凝土浇筑时的坍落度以及日本 JASS5 所规定的不同品种混凝土坍落度见表 5-9 和表 5-10。

表 5-9　混凝土浇筑时的坍落度

项次	结构种类	坍落度 /mm
1	基础或地面等的垫层、无配筋的厚大结构（挡土墙、基础或厚大的块体等）或配筋稀疏的结构	10 ～ 30
2	板、梁和大型及中型截面的柱子等	30 ～ 50
3	配筋密列的结构（薄壁、斗仓、筒仓、细柱等）	50 ～ 70
4	配筋特密的结构	70 ～ 90

注：1. 本表系指采用机械振捣的坍落度，采用人工捣实时可适当增大。
2. 需要配制大坍落度混凝土时，应掺用外加剂。
3. 曲面或斜面结构的混凝土，其坍落度值应根据实际需要另行选定。
4. 轻集料混凝土的坍落度宜比表中数值减少 10 ～ 20 mm。

表 5-10　日本 JASS5 规定的不同品种混凝土坍落度

混凝土的种类		坍落度 /mm
普通混凝土	一般混凝土	180 以下
	采用流态混凝土时	210 以下
耐久性混凝土	一般混凝土	120 以下
	采用流态混凝土时	180 以下
高强度混凝土	一般混凝土	150 以下
	采用流态混凝土时	180 以下

如采用泵送混凝土拌合物，因坍落度在 150 mm 以下施工困难，坍落度一般选择在 180 mm 以上，通常采用高效减水剂与流化剂，以降低用水量，也不会产生离析。高流动性混凝土其坍落度通常在 210 mm 以上。

（三）影响和易性的主要因素

和易性是混凝土拌合物最重要的性能，其影响因素很多，主要有单位用水量、砂率、集胶比、集料、水泥品种和细度以及外加剂、掺合剂、时间与温度等。

1. 单位用水量

混凝土拌合物的水泥浆赋予混凝土拌合物一定的流动性。单位用水量多少直接影响水与胶凝材料用量的比例关系，即水胶比 $\frac{W}{B}$。在水胶比不变的情况下，单位体积拌合物内，如果水泥浆越多，则拌合物的流动性越大；在胶凝材料用量不变的情况下，用水量越大，水泥浆就越稀，混凝土拌合物流动性就越大，反之流动性越小，但这样会使施工困难，不能保证混凝土的密实性。用水量过大会造成混凝土拌合物的黏聚性和保水性不良，产生流浆和离析现象，并影响混凝土强度。单位用水量每增减 1.2%，坍落度相应增减约 10 mm。

混凝土拌合物用水量应根据所需坍落度和粗集料最大粒径进行选择，见表 5-11。

表 5-11　混凝土用水量与坍落度的关系　　单位：kg/m^2

所需坍落度 /mm	卵石最大粒径 /mm			碎石最大粒径 /mm		
	10	20	40	15	20	40
10 ～ 30	190	170	160	205	185	170
30 ～ 50	200	180	170	215	195	180
50 ～ 70	210	190	180	225	205	190
70 ～ 90	215	195	185	235	215	200

2. 砂率

砂率是指混凝土中砂的重量占砂、石总重量的百分率。砂率的变动会使集料的空隙率和集料的总表面积有显著改变，因而对混凝土拌合物的工作性产生影响。

水泥砂浆在混凝土拌合物中起润滑作用。砂率过大时，集料的总表面积及空隙率都会增大，在水泥浆含量不变的情况下，相对的水泥浆显得少了，就减弱了水泥浆的润滑作用，使拌合物流动性减小。如果砂率过小，又不能保证在粗集料之间有足够的砂浆层，也会降低拌合物的流动性，且影响其黏聚性和保水性，容易产生离析和流浆现象。可见砂率存在一个合理值，即合理砂率或称最佳砂率。采用最佳砂率时，在用水量及水泥用量一定的情况下，能使混凝土拌合物获得最大的流动性且能保持良好的黏聚性与保水性，或者能使拌合物获得所要求的流动性及良好的黏聚性与保水性，而水泥用量（或用水量）为最少。混凝土砂率选用见表 5-12。

表 5-12 混凝土砂率选用表

水胶比	碎石最大粒径 /mm			卵石最大粒径 /mm		
	15	20	40	10	20	40
	砂率 /%					
0.4	30 ～ 35	29 ～ 34	27 ～ 32	26 ～ 32	25 ～ 31	24 ～ 30
0.5	33 ～ 38	32 ～ 37	30 ～ 35	30 ～ 35	29 ～ 34	28 ～ 33
0.6	36 ～ 41	35 ～ 40	33 ～ 38	33 ～ 38	32 ～ 37	31 ～ 36
0.7	39 ～ 44	38 ～ 43	36 ～ 41	36 ～ 41	35 ～ 40	34 ～ 39

注：表中数值系中砂的选用砂率。对细砂或粗砂，可相应减少或增加。

3. 集料与集胶比

集料颗粒形状和表面粗糙度直接影响混凝土拌合物流动性。形状圆整、表面光滑，其流动性就大；反之由于使拌合物内摩擦力增加，使其流动性降低。故卵石混凝土比碎石混凝土的流动性好。

级配良好的集料空隙率小。在水泥浆相同时，其包裹集料表面的润滑层增加，使拌合物工作性得到改善。其中集料粒径小于 10 mm 而大于 0.3 mm 的颗粒对工作性影响最大，含量应适当控制。

当给定水胶比和集料时，集胶比（集料与胶凝材料用量的比值）减少意味着胶凝材料量相对增加，从而使拌合物工作性得到改善。

4. 水泥品种和细度

水泥品种对混凝土拌合物和易性的影响主要表现在不同品种水泥的需水量不同。常用水泥中普通硅酸盐水泥配制的混凝土拌合物，其流动性和保水性较好；矿渣水泥拌合物流动性较大，但黏聚性差，易泌水；火山灰水泥拌合物，在水泥用量相同时流动性显著降低，但其黏聚性和保水性较好。水泥颗粒越细，用水量越大。

5. 外加剂与掺合剂

外加剂能使混凝土拌合物在不增加水泥用量的条件下获得良好的和易性，即增大流动性、改善黏聚性、降低泌水性，尚能提高混凝土的耐久性。

掺入粉煤灰能改善混凝土拌合物的流动性。研究表明：当粉煤灰的密度较大、标准稠度用水量较小和细度较细时，掺入 10% ～ 40% 的粉煤灰可使坍落度平均增大 15% ～ 70%。

6. 时间与温度

拌合物拌制后，随时间增长而逐渐变得干稠，且流动性减小，出现坍落度损失现象（通常称为经时损失）。这是因为水泥水化消耗了一部分水，而另一部分水被集料吸收，还有部分水被蒸发之故。

小贴士

拌合物和易性也受温度影响。随着温度升高，混凝土拌合物的流动性随之降低，这也是因为温度升高加速水泥水化之故。

（四）新拌混凝土的凝结时间与塑性裂缝

1. 凝结时间

凝结是混凝土拌合物固化的开始，由于各种因素的影响，混凝土的凝结时间与配制混凝土所用水泥的凝结时间不一致（指凝结快些的水泥配制出的混凝土拌合物，在用水量和水泥用量比不一样的情况下，未必比凝结慢些的水泥配制出的混凝土凝结时间短）。

混凝土拌合物的凝结时间通常是用贯入阻力法进行测定的。所用的仪器为贯入阻力仪。先用 5 mm 筛孔的筛从拌合物中筛取砂浆，按一定方法装入规定的容器中，然后每隔一定时间测定砂浆贯入到一定深度时的贯入阻力，绘制贯入阻力与时间关系的曲线，以贯入阻力 3.5 MPa 及 27.6 MPa 划两条平行于时间坐标的直线，直线与曲线交点的时间即分别为混凝土的初凝和终凝时间。这是从实用角度人为确定的，用该初凝时间表示施工时间的极限，终凝时间表示混凝土力学强度的开始发展。了解凝结时间所表示的混凝土特性的变化，对制定施工进度计划和比较不同种类外加剂的效果很有用。

影响混凝土凝结时间的主要因素有胶凝材料组成、水胶比、温度和外加剂。一般情况下，水胶比越大，凝结时间越长。在浇筑大体积混凝土时，为了防止冷缝和温度裂缝，应通过调节外加剂中的缓凝成分延长混凝土的初、终凝时间。当混凝土拌合物在 10 ℃拌制和养护时，其初凝时间和终凝时间比 23 ℃的分别延缓约 4 h 和 7 h。

2. 塑性裂缝

新拌混凝土在柱子或墙体等高模板中浇筑后，几小时内顶面会下沉，短小水平裂缝说明了这一趋势。混凝土处于塑性状态时，由于干燥，水分可能从表面散失或因毛细管吸力从基层散失。这种收缩一般在浇筑后 10 ～ 12 h 发生，特别是在相对湿度小于 95%、风速大、气温高的条件下。水分蒸发引起新拌混凝土体积减小，这种减缩称为硬化前收缩或塑性收缩，因为它发生在混凝土仍处于塑性状态时。但如果表面有泌水（替代了表面蒸发的水），则塑性收缩不会发生。此外，埋入混凝土结构中的钢筋能够形成约束，可以减少收缩；混凝土地板与地基之间存在的摩擦也能形成约束，减少收缩。当自由收缩受到这些约束的限制时就会形成拉应力（σ_t），拉应力（σ_t）与自由收缩（ε_s）符合 Hooke 定律

$$\sigma_t = E \cdot \varepsilon_s \tag{5-2}$$

式（5-2）中 E 为塑性混凝土的弹性模量。从实际角度来看，在一些特殊的气候环境条件下，相对湿度、风和温度能使新拌混凝土表面的水分蒸发速度大于 1 kg/（m^2・hr），此时干燥的混凝土表面就存在开裂的风险，如图 5-9 所示。由上述环境原因引起的拉应力（σ_t）大于抗拉强度（f_t）时，混凝土就会开裂，见下式

$$\sigma_t > f_t \tag{5-3}$$

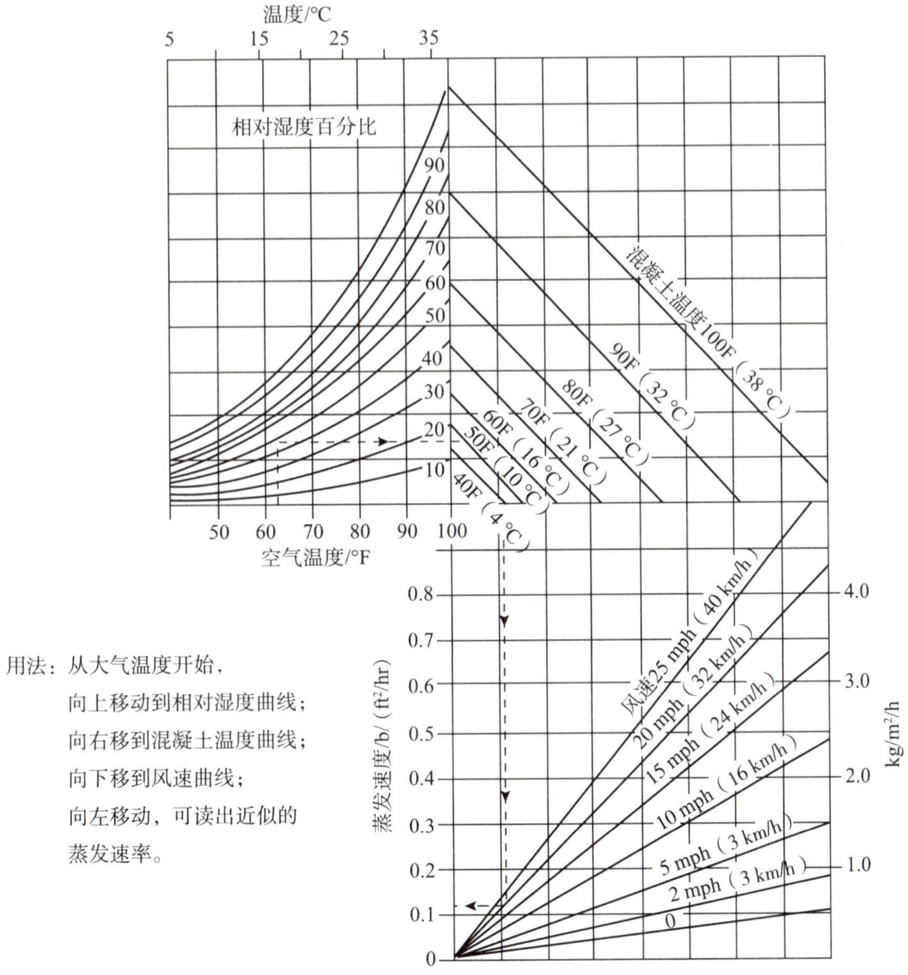

图 5-9　环境气候参数对水蒸发速度的影响

为了避免工业地板混凝土或喷射混凝土暴露在空气中发生塑性收缩、引起微裂缝或裂缝，应对以下预防措施予以重视。

（1）将地基的模板用水润湿。

（2）对干燥、吸水性的骨料先加水润湿。

（3）树立临时挡风篱，以减小混凝土表面上的风速。

（4）设置临时遮阳设备，降低混凝土表面的温度。

（5）将骨料与拌合用水冷却，使新拌混凝土能有较低温度。

（6）在浇灌与抹面之间如果有明显耽搁，就临时在表面加盖聚乙烯等覆盖物，对混凝土加以防护。

（7）在施工时尽量减少耽搁，缩短浇灌与养护开始前的时间间隔。

（8）在抹面以后立即使用湿麻布、喷雾或施工养护剂等，使混凝土尽量减少蒸发。

对尚处于塑性状态的混凝土施加二次振动可以消除混凝土柱的沉降裂缝和混凝土板的塑性收缩裂缝。二次振动还可以改善混凝土与钢筋之间的黏结性，并且能缓解骨料颗粒四周的塑性收缩应力，从而增强混凝土的强度。

二、混凝土强度

（一）混凝土结构特征和受力破坏过程

混凝土内微观结构研究表明，荷载前混凝土内部已存在微裂纹。这种微裂纹一般首先在较大集料颗粒与砂浆或水泥石接触面处形成，通常称为黏结裂缝。微裂纹的产生主要是混凝土硬化过程中混凝土内部的物理化学反应，以及混凝土的湿度变化造成的混凝土收缩，这些收缩变形常为干缩、化学收缩和碳化收缩等几种变形的叠加。由于集料有较大刚度，所以这些收缩使集料界面上的水泥石中产生拉应力和剪应力。如果这些应力超过水泥石与集料的黏结强度，就会出现这种微裂纹。

硬化后的混凝土由水泥石黏结集料形成，水泥石的黏结能力取决于其组成和结构。常温下硬化的水泥石是“固—液—气”三相多孔复合体系，包含未水化水泥颗粒、水化产物、水、少量空气及孔隙。水泥完全水化只需其重量 23% 的水，但为保证流动性，混凝土拌合物常需加入 40% ～ 70% 的水，多余的水在硬化后形成各种孔隙。孔隙率主要与水灰比和水泥水化程度有关，孔隙结构则还受养护工艺和水泥矿物组成影响。典型孔隙包括凝胶孔和毛细孔以及过渡孔。

硅酸盐水泥的水化产物分为两类：一类是结晶较差的 C-S-H 凝胶，伴随产生约占 28% 体积的凝胶孔；另一类是结晶较完整的如 $Ca(OH)_2$、水化铝酸钙等。毛细孔是未被水化物填充的大尺寸孔隙。水化产物增多会填充毛细孔，使水泥石更密实。在水泥浆与骨料界面形成过渡带，富集粗大孔隙，包含 $Ca(OH)_2$ 和钙矾石等结晶，导致混凝土强度、抗渗性和耐久性减弱，如图 5-10（a）所示。

混凝土受压时的破坏是一种复杂的变化过程。普通混凝土的粗集料强度及弹性模量一般都比水泥石大，当单向受压时，集料的上下两面将产生压应力 σ^-，而侧面周围产生拉应力 σ^+。由于力的传递，在集料上下方形成正倒两个圆锥体，锥面作用有剪应力 τ，如图 5-10（b）所示。

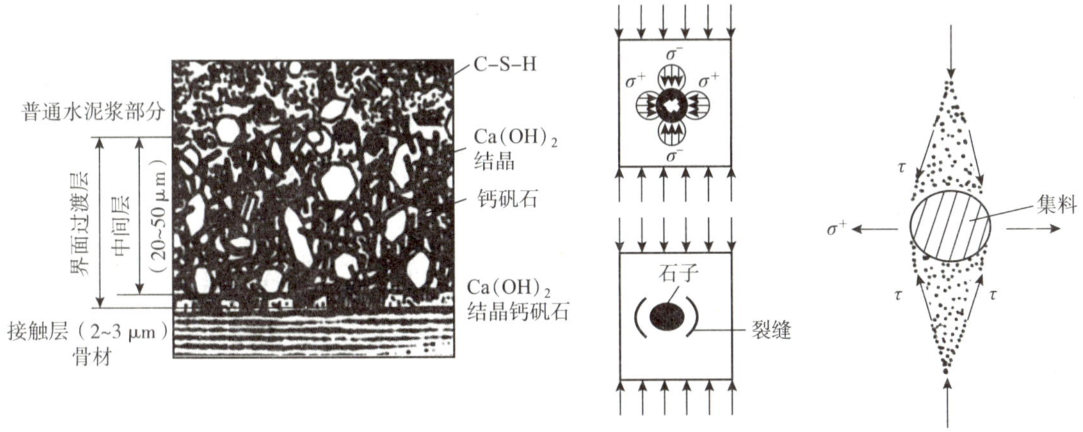

（a）水泥浆与集料界面模型　（b）集料受压模型

图 5-10　集料与水泥浆界面形态

在界面，缝隙尖端产生应力集中现象，其最大拉应力远超过水泥石的抗拉强度，导致原始黏结裂缝进一步扩展，经不断延伸、汇合形成连通，最后导致结构破坏。以混凝土单轴受力为例，给出的受压变形曲线如图 5-11（a）所示。

混凝土内裂缝发展分四个阶段如图 5-11（a）所示，其相应裂缝形态如图 5-11（b）所示。

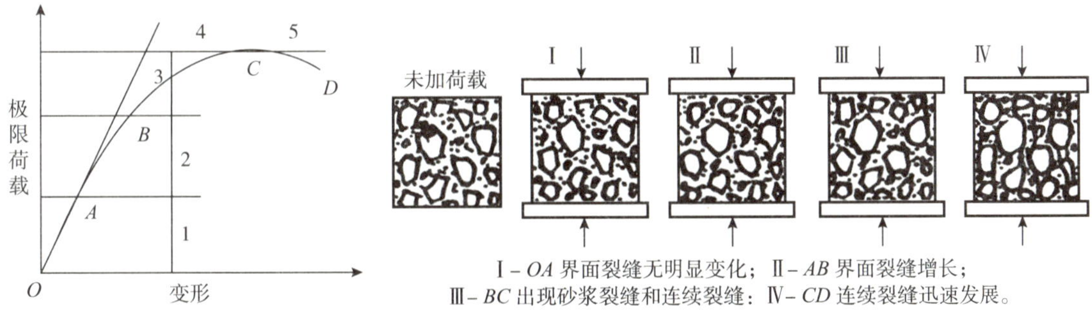

（a）混凝土受压变形曲线　（b）不同受力阶段裂缝示意图

图 5-11　混凝土受力状态

第Ⅰ阶段（*OA* 段）直线变化阶段，荷载在破坏荷载的 30% ～ 50% 以下，特点是当荷载保持不变或卸载时，即不再产生新的裂缝，混凝土基本处于弹性工作阶段，也称局部断裂的稳定裂缝阶段。

第Ⅱ阶段（*AB* 段）曲线逐渐偏离直线变化阶段，荷载为破坏荷载的 30% ～ 50%，已有裂缝的长度和宽度随之传播延伸扩展，但只要荷载不超过其破坏荷载的 70% ～ 90%，这种裂缝的传播延伸就会随荷载保持不变甚至卸载时马上停止，属稳定裂缝传播阶段。

第Ⅲ阶段（*BC* 段）荷载加至破坏荷载的 70% ～ 90%，主要是裂缝急剧增加发展，并与邻近黏结裂缝连成通缝，成为常值荷载下可以自行继续传播扩展的非稳定裂缝。

第Ⅳ阶段（*CD* 段）达到破坏荷载 *C* 点以后通缝急速发展，承载能力下降，变形迅速增大直至破坏。

图 5-11 中 *B*、*A* 点可分别作为混凝土破坏准则上限和下限的依据，分别称为临界点和比例极限点。通常，混凝土在 *B* 水平以下的长期荷载作用下不会发生破坏，在 *A* 水平以下的重复荷载作用下不会发生破坏。*C* 点为曲线峰值点，*D* 点为下降段与收敛段的反弯点。

（二）混凝土强度与强度等级

通常所说的混凝土强度是指抗压强度，这是因为在混凝土强度所包括的抗压、抗拉、抗弯和抗剪等强度中，尤以抗压强度为最大。在工程中混凝土主要承受压力，特别是在钢筋混凝土的设计中有效地利用了抗压强度。此外，根据抗压强度还可判断混凝土质量的好坏和估计其他强度。因此，抗压强度是混凝土最重要的性质。

1. 抗压强度

（1）立方体抗压强度

抗压强度是指立方体单位面积上所能承受的最大值，也称立方体抗压强度，用 f_{cu} 表示，其计量单位为 N/mm^2 或 MPa。它是以边长为 150 mm 的立方体试件为标准试件，在标准养护条件（温度 20 ± 2 ℃，相对湿度 95% 以上）下养护 28 d，测得的抗压强度。

测定混凝土立方体抗压强度时，也可采用非标准尺寸的试件，其尺寸应根据混凝土中粗集料的最大粒径而定，但其测定结果应乘以相应系数换算成标准试件，见表 5-13。

表 5-13　混凝土试件尺寸及强度的尺寸换算系数

骨料最大粒径 /mm	试件尺寸 /mm	强度的尺寸换算系数
≤ 31.5	100 × 100 × 100	0.95
≤ 40	150 × 150 × 150	1.00
≤ 63	200 × 200 × 200	1.05

注：对强度等级为 C60 及以上的混凝土试件，其强度的尺寸换算系数可通过试验确定。

混凝土的强度等级按立方体抗压强度标准值划分。混凝土的强度等级采用符号 C 与立方体抗压强度标准值 $f_{cu,k}$ 表示，计量单位仍为 MPa。立方体抗压强度标准值系指按标准方法制作、养护的边长为 150 mm 的立方体试件在 28 d 龄期，用标准试验方法测得的具有 95% 保证率的抗压强度。普通混凝土强度等级分为 C15、C20、C25、C30、C35、C40、C45、C50、C55、C60、C65、C70、C75、C80 共十四个等级。例如，强度等级 C30 表示立方体抗压强度标准值为 30 MPa 的混凝土。

（2）圆柱体试件抗压强度

国际上有不少国家以圆柱体试件的抗压强度作为混凝土的强度特征值。我国虽然采用立方体强度体系，但在检验结构物实际强度而钻取芯样时仍然遇到圆柱体试件的强度问题。

圆柱体抗压强度试验一般采用高径比为 2 : 1 的试件。其他高径比试件的试验结果应进

行修正，式为

$$f_{\lambda-2}=\frac{2}{1.5+\frac{1}{\lambda_x}}f_{\lambda-x} \quad (5\text{-}4)$$

式中　$f_{\lambda-2}$——换算成高径比为 2∶1 时的混凝土强度，MPa；

$f_{\lambda-x}$——吨式件测得的强度值 MPa；

λ_x——试件的实际高径比。

如需把圆柱体强度换算成立方体试件强度可用公式计算为

$$f_{cc}=1.25f_{\lambda-2} \quad (5\text{-}5)$$

式中　f_{cc}——换算成边长等于圆柱体直径的立方体强度，MPa。

钻芯法是直接从材料或构件上钻取试样而测得抗压强度的一种检测方法（《钻芯法检测混凝土强度技术规程》CECS 03:2007）。常规芯样直径为 φ100 mm 和 φ150 mm。其折算成立方体抗压强度按公式计算为

$$f_{cu}=\frac{4F}{\pi d^2 k} \quad (5\text{-}6)$$

式中　F——芯样破坏荷，N；

d——芯样直径，mm；

k——换算系数，对于 $\varphi150\times150$ mm 芯样，$k=0.95$；$\varphi100\times100$ mm 芯样 k 值按表 5-14 取值。

表 5-14　φ100 芯样不同高径比（$\frac{H}{d}$）的 k 值

$\frac{H}{d}$	混凝土强度范围 /MPa		
	35 ～ 45	25 ～ 35	15 ～ 25
1.00	1.00	1.00	1.00
1.25	0.98	0.94	0.90
1.50	0.96	0.91	0.86
1.75	0.94	0.89	0.84
2.00	0.92	0.87	0.82

（3）轴心抗压强度

混凝土的立方体抗压强度只是评定强度等级的一个标志，但它不能直接用来作为设计依据。在结构设计中实际使用的是混凝土轴心抗压强度，即棱柱体抗压强度上。此外，在进行弹性模量，徐变等项试验时也需先进行轴心抗压强度试验，以定出试验所必须的参数。

测定轴心抗压强度，采用 150 mm × 150 mm × 300 mm 的棱柱体试件作为标准试件。当采用非标准尺寸的棱柱体试件时，高宽比 $\frac{h}{a}$ 应在 2 ～ 3 范围内。大量试验表明，立方体抗压强度 f_{cu} 为 10 ～ 55 MPa 时，轴心抗压强度 f_{cp} 与立方体抗压强度 f_{cu} 之比为 0.7 ～ 0.8。一般为 $f_{cp}=0.76f_{cu}$。

2. 抗拉强度

混凝土在轴向拉力作用下，单位面积所能承受的最大拉应力称轴心抗拉强度，用 f_{ts} 表示。

混凝土是一种脆性材料，抗拉强度比抗压强度小得多，仅为 1/20 ～ 1/10。混凝土工作时一般不依靠其抗拉强度，但混凝土抗拉强度对抵抗裂缝的产生有重要意义，是混凝土抗裂度的重要指标。

目前，我国仍无测定抗拉强度的标准试验方法。劈裂强度是衡量混凝土抗拉性能的一个相对指标，其测值大小与试验所采用的垫条形状、尺寸、有无垫层、试件尺寸、加荷方向和粗集料最大粒径有关。其强度按下式计算

$$f_{ts}=\frac{2F}{\pi A}=0.637\frac{F}{A} \tag{5-7}$$

式中 f_{ts}——混凝土劈裂强度，MPa；

F——破坏荷载，N；

A——试件劈裂面面积，mm^2，标准件为 150 mm 边长的立方体。

轴心抗拉强度 f_{ts} 与 150 mm 边长立方体抗压强度的关系为

$$f_{ts}=0.56f_{cu}^{2/3} \tag{5-8}$$

3. 影响混凝土强度的因素

由混凝土破坏过程分析可知，混凝土强度主要取决于集料与水泥石间的黏结强度和水泥石的强度，而水泥石与集料的黏结强度和水泥石本身强度又取决于水泥的强度、水灰比及集料等，此外还与外加剂、养护条件、龄期、施工条件，甚至试验测试方法有关。

（1）水泥强度

水泥是混凝土中的胶凝材料，是混凝土中的活性组分，其强度大小直接影响混凝土强度的高低。在配合比相同的条件下，所用水泥强度越高，水泥石的强度以及它与集料间的黏结强度也越大，进而制成的混凝土强度也越高。

（2）水灰比

当水泥品种及强度等级一定时，混凝土强度主要取决于水灰比，这一规律通常称为水灰比定则。根据混凝土结构特征分析可知，多余水在水泥硬化后在混凝土内部形成各种不同尺寸的孔隙。这些孔隙会大大减少混凝土抵抗荷载作用的有效断面，特别是在孔隙周围易产生应力集中现象。因此，水灰比越小，水泥石强度及其与集料的黏结强度越大，混凝

土强度越高。但水灰比过小，混凝土拌合物过于干硬，不易浇筑，反而使混凝土强度下降。试验证明，混凝土强度与灰水比（即水灰比倒数）呈直线关系，如图 5-12 所示。

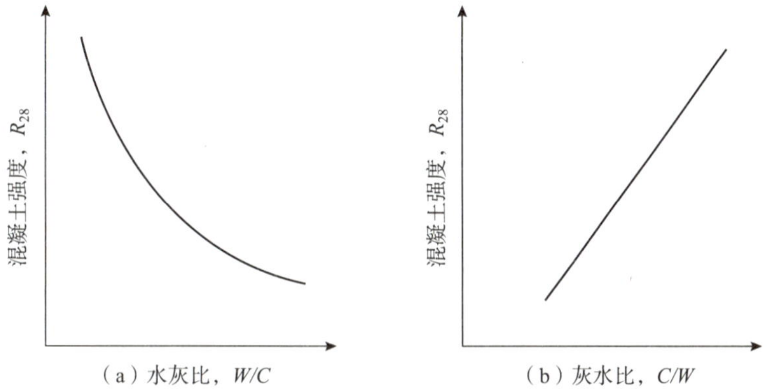

图 5-12 混凝土强度与水灰比及灰水比的关系

根据工程实践可建立混凝土强度与水泥强度及灰水比间经验公式，即 Bolomey 公式，见式

$$f_{cu,o}=\alpha_a f_{ce}\left(\frac{C}{W}-\alpha_b\right) \tag{5-9}$$

式中 $f_{cu,o}$——混凝土 28 d 龄期的抗压强度，MPa；

f_{ce}——水泥的实际强度，MPa；

C/W——灰水比，水灰比倒数；

α_a、α_b——回归系数，与集料种类及水泥品种有关，如果按照复合材料学理论分析，经验分数 α_a 与水泥石有关，而 α_b 取决于集料种类和品质。对于碎石混凝土 $\alpha_a=0.48$，$\alpha_b=0.07$；对于卵石混凝土，$\alpha_a=0.48$，$\alpha_b=0.33$。对于高性能混凝土水灰比（或水胶比）不大于 0.40，泵送混凝土不宜大于 0.60。

实际上，在水灰比较大范围内，混凝土相对强度与水灰比间关系并非线性，可按下式进行估算，即

$$\left(\frac{f_{cu}}{f_c}\right)^n=\frac{W/C}{A+BW/C} \tag{5-10}$$

式中 A 和 B 为经验系数，当 $n=1$ 时，$A=0.93$，$B=3.45$；当 $n=0.5$ 时，$A=0.36$，$B=1.96$。

三、混凝土的变形性能

混凝土在硬化和使用过程中受多种因素影响而产生变形。这些变形或使结构产生裂缝，从而降低其强度和刚度；或使混凝土内部产生微裂缝，破坏混凝土微观结构，降低其耐久性。

（一）收缩

混凝土材料因物理化学作用而产生的体积缩小现象总称为收缩。按收缩原因分类，见表 5-15。混凝土收缩是指从成型后算起，经过 3 d 标准养护后在恒温恒湿条件下，不同龄期所测得的收缩值。其主要包括物理收缩、化学收缩、温度变形和碳化收缩。只有在大体积混凝土中，化学收缩才有实际意义。

表 5-15　混凝土收缩的分类

种类	主要特征	可能数值
沉缩	1. 混凝土拌合物在刚成型之后，固体颗粒下沉，表面泌水使混凝土体积减小，故又称“塑性收缩”； 2. 在沉缩大的混凝土中，有时可能产生沉降裂缝	一般约为 1%
化学收缩	1. 混凝土终凝之后，水泥在密闭条件下水化，水分不蒸发时所引起的体积缩小，又称自生收缩； 2. 发生于大体积混凝土内部； 3. 温度较高、水泥用量较大及水泥细度较细时，其值趋于增大	$4\times10^{-6}\sim100\times10^{-6}$
物理收缩	1. 混凝土置于未饱和空气中，由于失水所引起的体积缩小，又称干燥收缩； 2. 空气相对湿度越低，收缩发展得越快； 3. 水分损失随时间增加，取决于试件尺寸。因此，尺寸效应非常明显	$150\times10^{-6}\sim1\,000\times10^{-6}$
碳化收缩	1. 由于空气中二氧化碳的作用而引起体积缩小； 2. 在空气相对湿度为 55% 的情况下，碳化最激烈，碳化收缩也最显著； 3. 碳化作用后混凝土重量和收缩同时增加	干燥碳化产生的总收缩比物理收缩大

1. 物理收缩

物理收缩主要指湿胀干缩。它是因混凝土的干燥和吸湿引起其中含水量的变化，进而引起混凝土体积的变化。

湿胀是由于水泥凝胶体通过凝胶孔吸入水分，这些水分一方面破坏凝胶体颗粒的凝聚力，使颗粒分离；另一方面使凝胶体颗粒表面形成吸附水，降低颗粒表面张力。二者共同作用使混凝土产生体积膨胀，但湿胀变形量很小，对混凝土性能影响不大。

混凝土干缩主要是由混凝土中水泥石毛细孔失水所引起的。一方面毛细孔内水分蒸发使孔中的负压增大，产生收缩力使毛细孔缩小，混凝土产生收缩；另一方面凝胶体颗粒的吸附水蒸发，在分子引力作用下使颗粒间距离变小，产生收缩。混凝土干缩对混凝土的危害较大，使其表面出现较大的拉应力，引起表面开裂，影响混凝土耐久性。在一般工程中，通常采用混凝土的干缩值为 0.15 ～ 0.20 mm/m，单位用水量及水泥用量引起的混凝土干燥收缩的影响如图 5-13 所示。

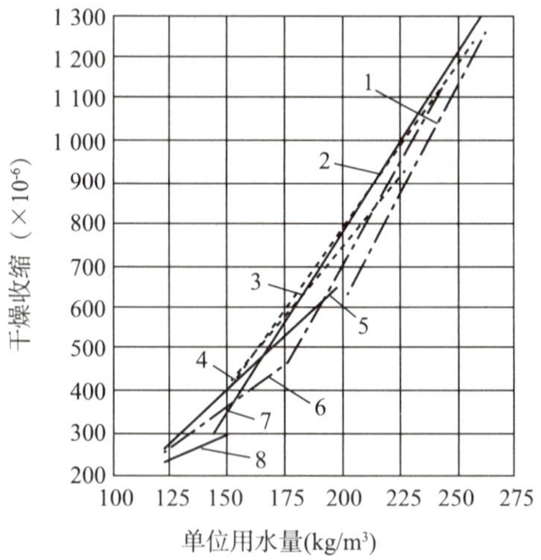

1–C ＝ 613 kg/m^3；2–C ＝ 558 kg/m^3；3–C ＝ 445 kg/m^3；4–C ＝ 390 kg/m^3；
5–C ＝ 334 kg/m^3；6–C ＝ 279 kg/m^3；7–C ＝ 500 kg/m^3；8–C ＝ 223 kg/m^3。

图 5-13　单位用水量及水泥用量引起混凝土干燥收缩的影响

2. 化学收缩

化学收缩是指水泥浆总体积在水化过程中不断减少的现象。水泥水化后的固相体积比水化前要大得多，但是对于水泥 - 水体系的总体系来说却要缩小得多，其原因是水化前后反应物与生成物的平均密度不同。实验表明，对硅酸盐水泥来说，每 100 g 水泥的减缩总量为 7 ～ 9 cm^3。若每立方米混凝土中水泥为 250 kg，则总减缩量可达 0.02 m^3，引起混凝土内孔隙率增加，见表 5-16。

表 5-16　熟料矿物 - 水体系中体积的变化

<table>
<tr><th rowspan="2">序号</th><th rowspan="2">反应式</th><th rowspan="2">分子量 /g</th><th rowspan="2">密度（g/cm^3）</th><th colspan="2">体系绝对体积 /cm^3</th><th colspan="2">固相绝对体积 /cm^3</th><th colspan="2">绝对体积的变化 /%</th></tr>
<tr><th>反应前</th><th>反应后</th><th>反应前</th><th>反应后</th><th>反应前</th><th>反应后</th></tr>
<tr><td rowspan="4">1</td><td rowspan="4">$2C_3S+6H_2O=$
$C_3SH_3+3Ca(OH)_2$</td><td>456.6</td><td>3.15</td><td rowspan="4">253.1</td><td rowspan="4">226.1</td><td rowspan="4">145.0</td><td rowspan="4">226.1</td><td rowspan="4">−10.67</td><td rowspan="4">+55.93</td></tr>
<tr><td>108.1</td><td>1.00</td></tr>
<tr><td>342.5</td><td>2.71</td></tr>
<tr><td>222.3</td><td>2.23</td></tr>
<tr><td rowspan="4">2</td><td rowspan="4">$2C_2S+4H_2O=$
$C_3SH_3+Ca(OH)_2$</td><td>344.6</td><td>3.26</td><td rowspan="4">177.8</td><td rowspan="4">159.6</td><td rowspan="4">105.7</td><td rowspan="4">159.6</td><td rowspan="4">−10.2</td><td rowspan="4">+50.9</td></tr>
<tr><td>72.1</td><td>1.00</td></tr>
<tr><td>342.5</td><td>2.71</td></tr>
<tr><td>74.1</td><td>2.23</td></tr>
<tr><td rowspan="4">3</td><td rowspan="4">$C_3A+3(CaSO_4 \cdot 2H_2O)$
$+25H_2O=$
$C_3A \cdot 3CaSO_4 \cdot 31H_2O$</td><td>270.18</td><td>3.04</td><td rowspan="4">761.91</td><td rowspan="4">691.11</td><td rowspan="4">311.51</td><td rowspan="4">691.11</td><td rowspan="4">−9.29</td><td rowspan="4">+121.86</td></tr>
<tr><td>516.51</td><td>2.32</td></tr>
<tr><td>450.40</td><td>1.00</td></tr>
<tr><td>1 237.0</td><td>1.79</td></tr>
</table>

续表

序号	反应式	分子量/g	密度（g/cm³）	体系绝对体积/cm³		固相绝对体积/cm³		绝对体积的变化/%	
				反应前	反应后	反应前	反应后	反应前	反应后
4	$C_3A+6H_2O=C_3AH_6$	270.18	3.04	196.98	150.11	88.88	150.11	-23.79	+68.89
		108.10	1.00						
		378.28	2.52						

3. 温度变形

混凝土材料也具有热胀冷缩性质，即温度变形。混凝土的温度膨胀系数约为 1×10^{-5}，即温度升高 1 ℃，膨胀 0.01 mm/m。

混凝土硬化初期，水泥水化释放出较多热量，使混凝土内部温度升高，内外温差达 50 ～ 70 ℃，造成内部膨胀而外部收缩，使外部混凝土产生拉应力。当超过混凝土本身极限拉应力时，混凝土就会产生裂缝。因此温度变形对大体积混凝土极为不利。为此，一般采用低熟水泥（或在水泥中掺入粉煤灰、矿渣等掺合料）、减少水泥用量、采用人工降温或对表面保温保湿等，以减少温差，控制裂缝产生和发展。

小贴士

对纵长混凝土结构应设置温度伸缩缝，并在内部配置温度钢筋。

4. 碳化收缩

碳化收缩是水泥石与 CO_2 作用所引起的一种体积收缩现象。尽管在正常空气中，CO_2 的浓度较低，但只要有适当的湿度，碳化收缩的数值就相当大。

碳化收缩的原因，一般认为是由于空气中 CO_2 与水泥石中水化物，特别是与 $Ca(OH)_2$ 的作用，置换出水分子，引起水泥石体积变化。一方面这些失去的水分会随相对湿度的减小而增大，另一方面 CO_2 与水化物作用又必须在一定湿度下进行。二者相互制约，必然存在一个适当相对湿度使碳化收缩值最大。

研究表明，当相对湿度为 100% 时不产生碳化收缩。随着湿度下降，碳化收缩值增大，湿度为 55% 时达到最大值，之后随之减小，直至湿度为 25% 时就不产生碳化收缩。

（二）弹性模量

混凝土是一种多相复合体系，其加荷和卸荷时表现出明显的弹塑性性质，这种性质常用其应力 - 应变的全曲线表达。但为得到用以描述在荷载作用下的变形、裂缝和破坏全过程的全曲线，必须采用适宜的试验方法，用足够刚度的试验机（即试验机回弹变形小于试件的压缩变形），在缓慢和平稳的加载过程中，量测试件的纵向和横向应变，绘制出典型应力 - 应变全曲线，如图 5-14 所示。

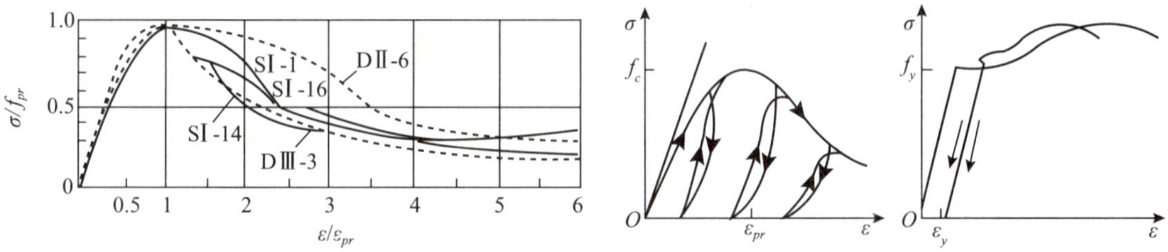

（a）多种形式的应力–应变曲线　　　　（b）钢材混凝土应力–应变曲线比较

图 5-14　混凝土的应力 – 应变全曲线

至今已有不少学者提出多种混凝土受压应力 – 应变全曲线方程，其数学函数形式常有多项式、指数式、三角函数式和有理分式等。但通常采用分段式表达，令 $y=\dfrac{\sigma}{f_{\rm pr}}$，$x=\dfrac{\varepsilon_{\rm pr}}{f_{\rm pr}}$，则

$$y=ax+(3-2a)x^2 \qquad x\leqslant 1 \tag{5-11}$$

$$y=\frac{x}{a(x-1)^2+x} \qquad x>1 \tag{5-12}$$

式中　$f_{\rm pr}$——曲线峰点棱柱强度；

$\varepsilon_{\rm pr}$——与 $f_{\rm pr}$ 相应的峰值应变；

a——$a=\left.\dfrac{{\rm d}y}{{\rm d}x}\right|_{x=0}=\dfrac{{\rm d}\sigma/{\rm d}\varepsilon}{f_{\rm pr}\varepsilon_{\rm pr}}=\dfrac{E_0}{E_{\rm p}}$，为初始切线模量和峰值割线模量的比值。对 C20 ～ C40，$a=2.00$。

初始切线模量是应力 – 应变曲线原点处切线的斜率，不易测准。切线模量是该曲线上任意一点的切线斜率，但它仅适用于很小的荷载变化范围，割线模量是应力 – 应变曲线上任一点与原点连线的斜率，表示选择点的实际变形，并且较易测准，常被工程上采用。根据我国有关标准规定，取 40% 轴心抗压强度应力下的割线模量作为混凝土弹性模量值。我国《混凝土结构设计规范》（GB 50010—2010）采用计算公式为

$$E_{\rm e}=\frac{10^2}{2.2+\dfrac{34.7}{f_{\rm cu}}} \tag{5-13}$$

式中　$E_{\rm e}$——混凝土弹性模量，kN/mm^2；

$f_{\rm cu}$——混凝土强度等级值，N/mm^2。

当混凝土强度等级为 C15 ～ C60 时，其弹性模量为 1.75×10^4 ～ 3.60×10^4 MPa。

在重复荷载作用下混凝土的应力 – 应变曲线与钢材（以软钢为代表）明显不同，具体内容如下。

（1）钢材有明显屈服特征；而混凝土却没有。

（2）钢材在屈服后卸载和再加载会出现新屈服点高于卸载应力和极限变形能力降低现

象（即称为冷作硬化现象）；而混凝土恰恰相反。

（3）在重复荷载作用下，钢材屈服后加载线与卸载线重合，并为直线；而混凝土形成明显“滞回环”，刚度退化，残余变形不断积累。

（4）钢材符合连续介质的假设，受力过程泊松比保持常数；而混凝土因内部微裂缝发展使泊松比随应力值而变化，甚至发生体积膨胀现象。

（三）徐变

在持续的恒定荷载作用下，混凝土的变形随时间变化，如图 5-15 所示。从图中看出，加荷载后立即产生一个瞬时弹性变形，而后随时间增长变形逐渐增大。这种在恒定荷载作用下依赖时间而增长的变形称为徐变，有时也称蠕变。当卸荷时，混凝土立即产生一反向的瞬时弹性变形，称为瞬时恢复；其后还有一个随时间而减少的变形恢复，称为徐变恢复。最后残留不能恢复的变形称为残余变形。徐变恢复有时也称弹性后效。

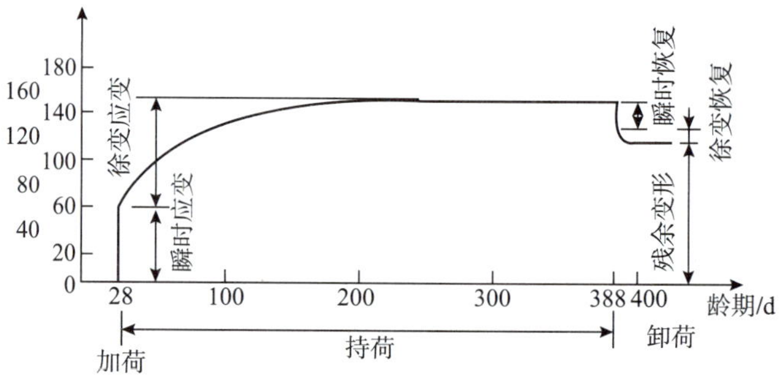

图 5-15　混凝土徐变与徐变恢复

混凝土徐变主要是水泥石的徐变，集料起限制作用。一般认为，混凝土徐变是由于水泥石中凝胶体在长期荷载作用下的黏性流动引起的。加载初期，由于毛细孔较多，凝胶体在荷载作用下移动，故初期徐变增长较快。以后由于内部移动和水化的进展，毛细孔逐渐减少，同时水化物结晶程度也不断提高，使得黏性流动困难，造成徐变越来越慢。混凝土徐变一般可达数年，其徐变应变值一般可达 3×10^{-4} ～ 15×10^{-4}，即 0.3 ～ 1.5 mm/m。

对于水泥混凝土结构来说，徐变是一个很重要的性质。徐变可使钢筋混凝土构件截面中的应力重新分布，从而消除或减少内部应力集中现象。对于大体积混凝土，徐变能消除一部分温度应力；但对于预应力钢筋混凝土构件，要求尽可能少的徐变值，因为徐变会造成预应力损失。

四、混凝土的耐久性

（一）耐久性

混凝土耐久性是混凝土在实际使用条件下抵抗各种破坏因素作用，长期保持强度和外观完整性的能力。其主要包括抗冻性、抗渗性、抗碳化性以及抗碱集料反应等。

1. 抗冻性

混凝土抗冻性是其在使用环境中能承受多次冻融循环而不破坏、强度不急剧降低的性能。当毛细孔内水分结冰时，体积增大，需要扩展空隙或排出多余水分，否则冰晶会损坏水泥浆体。水压力取决于结冰位置到逸出边界的距离、材料的渗透性及结冰速率。经验显示，饱和水泥浆体若毛细孔距逸出边界超过 75 ～ 100 μm，则会产生破坏压力，这一间距可用引气剂调整。水泥浆基体引气的混凝土仍可能受损，主要取决于骨料对冰冻的反应，如骨料的孔隙特性。通常，在特定条件下，大颗粒骨料可能受冻害，而小颗粒同种骨料则不然。冻融是混凝土破坏的重要因素，因此抗冻性是评定混凝土耐久性的主要指标。

由于抗冻试验方法不同，试验结果评定指标也不相同，我国常采用慢冻法和快冻法两种。慢冻法是我国常用的抗冻试验方法，采用气冻水融的循环制度，每次循环周期为 8 ～ 12 h；快冻法每次冻融循环所需时间只有 2 ～ 4 h，特别适用于抗冻要求较高的混凝土。

2. 抗渗性

混凝土抗渗性是指混凝土抵抗压力水渗透的能力。混凝土渗透性主要是内部孔隙形成连通渗水通道所致。因此，它直接影响混凝土抗冻性和抗侵蚀性。混凝土的渗透能力主要取决于水胶比（该比值决定毛细孔的尺寸、体积和连通性）和最大骨料粒径（影响粗骨料和水泥浆体之间界面过渡区的微裂缝）。

影响混凝土渗透性的因素与影响混凝土强度的因素有相似之处，因为强度和渗透性都是通过毛细管孔隙率而相互建立联系的。通常，减小水泥浆体中大毛细管空隙（如大于 100 nm）的体积可以降低渗透性；采用低水胶比、充足的胶凝材料用量以及正确的振捣和养护也有可能做到这一点。

适当地注意骨料的粒径和级配、热收缩和干缩应变，过早加载或过载都是减少界面过渡区微裂缝的必要步骤；而界面过渡区的微裂缝是正式施工现场混凝土渗透性大的主要原因。流体流动途径的曲折程度也决定渗透性的大小，渗透性同时还受混凝土构件厚度的影响。

混凝土抗渗性用抗渗等级表示。它是以 28 d 龄期的标准试件，按规定方法试验所能承受的最大静水压力表示，有 P4、P6、P8、P10、P12 和大于 P12 六个等级，分别表示能抵抗 0.4 MPa、0.6 MPa、0.8 MPa、1.0 MPa、1.2 MPa 及以上的静水压力而不渗透。抗渗混凝土最大水灰比要求见表 5-17。

表 5-17　抗渗混凝土最大水灰比要求

抗渗等级	C20 ～ C30	＞ C30
P6	0.6	0.55
P8 ～ P12	0.55	0.50
＞ P12	0.50	0.45

3. 抗碳化性

空气中的 CO_2 气体渗透到混凝土内，与其碱性物质起化学反应后生成碳酸盐和水，使混凝土碱度降低的过程，称为混凝土碳化，也称中性化。其化学反应式为

$$Ca(OH)_2+CO_2=CaCO_3+H_2O \tag{5-14}$$

水泥水化生成大量的氢氧化钙，pH 值为 12 ～ 13。碱性介质对钢筋有良好的保护作用，在钢筋表面生成难溶的 Fe_2O_3，称为钝化膜。碳化后，使混凝土碱度降低，混凝土失去对钢筋的保护作用，造成钢筋锈蚀。

在正常的大气介质中，混凝土的碳化深度可用下式

$$D=a\sqrt{t} \tag{5-15}$$

式中 D——碳化深度，mm；

a——碳化速度系数，对普通混凝土 $a=\pm 2.32$；

t——碳化龄期，d。

影响混凝土碳化的因素很多，不仅有材料、施工工艺、养护工艺，还有周围介质因素等。碳化作用只有在适中的湿度下才会较快进行，如图 5-16 所示。

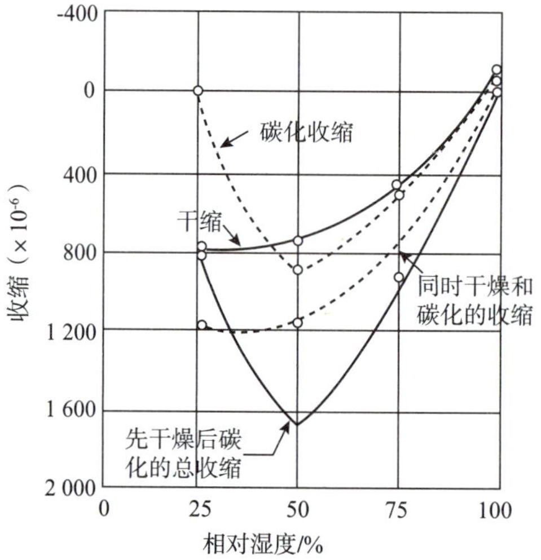

图 5-16　不同相对湿度下的干缩和碳化收缩

过高湿度（如 100%）会使混凝土孔隙充满水，CO_2 不易扩散到水泥石中或水泥石中钙离子通过水扩散到表面，碳化过程不易进行。过低湿度（如 25%）会使孔隙中没有足够的水使 CO_2 生成碳酸，碳化也不易进行。不同龄期不同碳化浓度的混凝土碳化深度可用下式

$$D_2=D_1\sqrt{\frac{t_2C_2}{t_1C_1}} \tag{5-16}$$

式中 D_2——预测某龄期混凝土的自然碳化深度，mm；

D_1——快速碳化试验时的混凝土碳化深度，mm；

t_1——混凝土快速碳化龄期，年；

t_2——预测的自然碳化龄期，年；

C_1——快速碳化时 CO_2 的浓度；

C_2——预测构件周围介质的 CO_2 平均浓度。

普通混凝土在快速标准试验条件下（温度 20 ± 5 ℃，相对湿度 70% ± 5%、CO_2 浓度 20% ± 3%），28 d 碳化深度约为 5 ～ 20 mm，平均值约在 10 ～ 15 mm。在快速标准试验条件下，$C_1 = 0.2$，$C_2 = 0.000\,3$（大气 CO_2 浓度），则碳化 28 d 大致相当在自然环境中 50 年的碳化深度。

4. 抗碱集料反应

混凝土中的碱性氧化物（Na_2O 和 K_2O）与集料中二氧化硅成分产生化学反应时，由于所生成的物质不断膨胀，导致混凝土产生裂纹、崩裂和强度降低，甚至混凝土破坏现象，称为碱集料反应（简称 AAR）。一般分为碱—硅反应、碱—硅酸盐反应和碱—碳酸盐反应三种。

参与碱—硅反应的岩石主要有蛋白石、黑硅石、燧石、鳞石英、方石英、玻璃质火山岩、玉髓及微晶或变质石英，生成硅胶体，遇水膨胀，公式为

$$Na_2O + SiO_2 \xrightarrow{H_2O} Na_2O \cdot SiO_2 + H_2O \tag{5-17}$$

参与碱—硅酸盐反应的岩石是黏土质页岩和千板岩，其反应性质与碱—硅反应相似，只是反应速度较慢。

参与碱—碳酸盐反应的岩石是白云石质石灰岩，公式为

$$CaMg(CO_3)_2 + 2NaOH = Mg(OH)_2 + CaCO_3 + Na_2CO_3 \tag{5-18}$$

反应物 $Mg(OH)_2$ 和 Na_2CO_3 都会造成混凝土开裂。只是这一反应不是发生在集料与水泥浆的界面，而是集料颗粒的内部。

控制碱集料反应关键在于控制水泥及外加剂或掺合料的碱含量（一般控制每立方米混凝土不大于 0.75 kg 碱量）和可溶型集料。

（二）提高混凝土耐久性措施

耐久性对混凝土工程来说具有非常重要的意义，若耐久性不足，将会产生极为严重的后果，甚至对未来社会造成极为沉重的负担。影响混凝土耐久性的因素很多，而且各种因素间相互联系、错综复杂，但是主要包括前述的抗冻性、抗渗性、抗碳化性和抗碱集料反应，此外还有温湿度变化、氯离子侵蚀、酸气（SO_2、NO_x）侵蚀、硫酸盐腐蚀、盐类侵蚀以及施工质量等因素。

虽然混凝土在不同环境条件的破坏过程各不相同，但对于提高其耐久性措施来说，却

有许多共同之处。以耐久性为主的混凝土配合比设计应考虑如下基本法则。

1. 低用水量法则

低用水量法则是指在满足工作性条件下尽量减少用水量。混凝土用水量大的直接后果就是混凝土的吸水率和渗透性增大，干缩裂缝更易出现，集料与水泥石界面黏结力减小，混凝土干湿体积变化率增大，抗风化能力降低。一般高耐久性混凝土的用水量要求不大于165 kg/m^3。

2. 低水泥用量法则

低水泥用量法则是指在满足混凝土工作性和强度的条件下，尽量减少水泥用量，这是提高混凝土体积稳定性和抗裂性的重要措施。

3. 最大堆积密度法则

最大堆积密度法则是指优化混凝土中集料的级配，获取最大堆积密度和最小空隙率，尽可能减少水泥浆用量，以达到降低砂率、减少用水量和水泥量的目的。

4. 适当的水胶比法则

在一定范围内混凝土的强度与拌合物的水胶比成正比，但是为了保证混凝土的抗裂性能，其水胶比应适当，不宜过小，否则易导致混凝土自身收缩增大。

5. 活性掺合料与高效减水剂双掺法则

高耐久性混凝土的配制必须发挥活性掺合料与高效减水剂的叠加效应，以减少水泥用量和用水量、密实混凝土内部结构，使耐久性得以改善。

任务四 混凝土质量的控制与评定

任务描述

某大型高速公路项目正在施工中，其中关键的桥墩施工使用了高强度混凝土。虽然施工前严格按照质量控制规范进行了材料检验和配合比设计，但在施工过程中，送检的混凝土试块强度明显低于预期，且在现场浇筑的桥墩核心处取样检测时发现存在不均匀的气泡和微裂纹。这一问题不仅影响了桥墩的整体强度，也带来了安全隐患。

任务分析

针对高速公路桥墩施工中的混凝土质量问题，项目管理层需迅速展开全面的分析和质量控制措施。首先，需要对混凝土生产工艺进行检查，确保搅拌设备的性能和操作流程符合标准，尤其是混凝土的搅拌时间、温度和湿度控制。其次，应加强对原材料的质量控制，包括水泥、骨料、外加剂等，定期进行抽样检测以确保其符合技术规范。此外，施工现场的质量监测和试验至关重要，需增加对混凝土的流动性、硬化时间、强度和耐久性等关键性能指标的实时监测。本任务最终目标是建立一套有效的混凝土质量控制与评定体系，保证桥墩施工中混凝土的质量达标，确保高速公路项目的安全性和使用寿命。

任务实施

一、混凝土的质量控制

混凝土材料是典型的多相复合材料，影响其性能的因素众多，因此，实际工程中的质量控制则较为困难。为确保混凝土材料在工程中的质量稳定与性能可靠，应严格控制影响其质量的诸因素，如原材料、计量、搅拌、运输、成型、养护等。对于已经生产或使用的混凝土，准确评定其质量状况则更为重要，因为混凝土的实际性能是确定工程质量的最基本保障。评定混凝土质量最常用的指标是强度。

《混凝土质量控制标准》（GB 50164—2011）明确规定，混凝土的质量控制包括初步控制、生产控制和合格控制；其中初步控制主要包括组成材料的质量控制和混凝土配合比的确定与控制；生产控制主要包括生产过程中各组分的准确计量，混凝土拌合物的搅拌、运输、浇筑和养护等；合格控制主要包括按照生产批次对浇筑成型的混凝土的强度或其他性能指标进行检验评定和验收。

（一）强度分布规律——正态分布

影响混凝土强度的因素众多，如原材料因素、生产工艺因素、试验因素等，而且许多影响因素是随机的，故混凝土的强度也呈现出一定幅度内的随机波动性。大量试验结果表明，混凝土强度的概率密度分布接近正态分布，如图 5-17 所示。以混凝土强度的平均值为对称轴，距离对称轴越远的强度值出现的概率越小，曲线与横轴包围的面积为 1。曲线高峰为混凝土强度平均值的概率密度。概率分布曲线窄而高，则说明混凝土的强度测定值比较集中、波动小，混凝土的均匀性好，施工水平较高。反之，如果曲线宽而扁，则说明混凝土强度值离散性大，混凝土的质量不稳定，施工水平低。

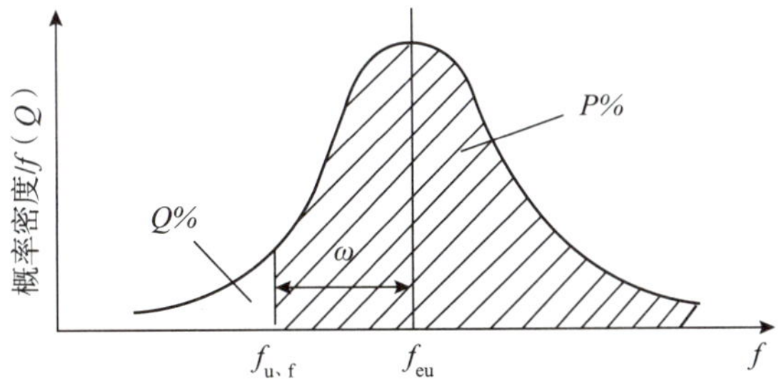

图 5-17　混凝土强度的概率分布

（二）强度平均值、标准差、变异系数

在生产中常用强度平均值、标准差、强度保证率和变异系数等参数来评定混凝土质量。

强度平均值为预留的多组混凝土试块强度的算术平均值，公式为

$$\overline{f}_{cu}=\frac{1}{n}\sum_{i=1}^{n}f_{cu,i} \tag{5-19}$$

式中　n——预留混凝土试块组数（每组 3 块）；

$f_{cu,\ i}$——第 i 组试块的抗压强度，MPa。

标准差又称均方差，其数值表示正态分布曲线上拐点至强度平均值（即对称轴）的距离，公式为

$$\sigma=\sqrt{\frac{\sum_{i=1}^{n}n\overline{f}_{cu,i}^{2}}{n-1}} \tag{5-20}$$

变异系数又称离散系数，以强度标准差与强度平均值之比来表示，公式为

$$C_{v}=\frac{\sigma}{\overline{f}_{cu}} \tag{5-21}$$

强度平均值只能反映强度整体的平均水平，而不能反映强度的实际波动情况。通常用标准差反映强度的离散程度，对于强度平均值相同的混凝土，标准差越小，则强度分布越集中，混凝土的质量越稳定，此时标准差的大小能准确地反映出混凝土质量的波动情况；但当强度平均值不等时，适用性较差。变异系数也能反映强度的离散程度，变异系数越小，说明混凝土的质量水平越稳定。对于强度平均值不同的混凝土，可用该指标判断其质量波动情况。

（三）强度保证率

强度保证率是指混凝土的强度值在总体分布中大于强度设计值的概率，可用图 5-17 中阴影部分的面积表示。《普通混凝土配合比设计规程》（JCJ 55—2011）规定，工业与民用建筑及一般构筑物所用混凝土的保证率不低于 95%。一般通过变量 $t=\frac{\overline{f}_{cu}-f_{cu,k}}{\sigma}$ 将混凝土强度的概率分布曲线转化为标准正态分布曲线，然后通过标准正态分布方程 $P(t)=\int_{t}^{+\infty}\varphi(t)\mathrm{d}t=\frac{1}{\sqrt{2\pi}}\int_{t}^{+\infty}e^{-\frac{t^{2}}{2}}\mathrm{d}t$，求得强度保证率，其中概率度 t 与保证率 $P(t)$ 的关系见表 5-18。

表 5-18　不同概率度 t 对应的强度保证率 $P(t)$

t	0.00	0.50	0.84	1.00	1.20	1.28	1.40	1.60
$P(t)$/%	50.0	69.2	80.0	84.1	88.5	90.0	91.9	94.5
t	1.645	1.70	1.81	1.88	2.00	2.05	2.33	3.00
$P(t)$/%	95.0	95.5	96.5	97.0	97.7	99.0	99.4	99.87

在《混凝土强度检验评定标准》（GB/T 50107—2010）中，根据混凝土的强度等级、标准差和保证率，可将混凝土的生产管理水平分为优良、一般和差三个级别，具体指标见表 5-19。

表 5-19　混凝土生产质量水平

评定标准 \ 生产场所 \ 强度等级 \ 生产质量水平		优良		一般		差	
		< C20	≥ C20	< C20	≥ C20	< C20	≥ C20
混凝土强度标准 σ/MPa	商品混凝土公司和预制混凝土构件厂	≤ 3.0	≤ 3.5	≤ 4.0	≤ 4.5	≤ 4.0	≤ 5.0
	集中搅拌混凝土的施工现场	≤ 3.5	≤ 4.0	≤ 4.5	≤ 5.5	≤ 4.5	≤ 5.5
强度不低于要求强度等级的百分率 P/%	商品混凝土公司、预制混凝土构件厂及集中搅拌混凝土的施工现场	≥ 95		> 85		≤ 85	

（四）设计强度、配制强度、标准差及强度保证率的关系

根据正态分布的相关知识可知，当所配制的混凝土强度平均值等于设计强度时，其强度保证率仅为 50%，显然不能满足要求，否则会造成极大的工程隐患。因此，为了达到较高的强度保证率，要求混凝土的配制强度 $f_{cu,O}$ 必须高于设计强度等级 $f_{cu,k}$。

由 $t=\dfrac{\overline{f}_{cu}-f_{cu,k}}{\sigma}$ 可得，$\overline{f}_{cu}=f_{cu,k}+t\sigma$。令混凝土的配制强度等于平均强度，即 $f_{cu,O}=\overline{f}_{cu}$，则可得下式

$$f_{cu,O}=f_{cu,k}+t\sigma \tag{5-22}$$

式（5-22）中，概率密度 t 的取值与强度保证率 $P(t)$ 一一对应，其值通常根据要求的保证率查表 5-18 获得。强度标准差 σ 一般根据混凝土生产单位以往积累的资料经统计计算获得。

《普通混凝土配合比设计规程》（JGJ 55—2011）规定，混凝土配制强度应按下式

$$f_{cu,O}=f_{cu,k}+1.645\sigma \tag{5-23}$$

在混凝土设计强度确定的前提下，保证率和标准差决定了配制强度的高低，保证率越高，强度波动性越大，则配制强度越高。

二、混凝土的质量评定

混凝土质量评价主要侧重于其强度检测，通常以抗压强度为主要指标。试块混凝土需在浇筑现场随机抽取，代表性强，取样频率及数量、试件尺寸、成型方法、养护条件、强度测试及代表值测定需符合现行国家标准。

根据《混凝土强度检验评定标准》（GB/T 50107—2010），混凝土强度应分批检验，同批次的强度等级和龄期相同，生产工艺条件和配合比基本一致。目前，混凝土强度合格评定常用两种方法：统计方法和非统计方法。

（一）统计方法

商品混凝土公司、预制混凝土构件厂家及采用现场集中搅拌混凝土的施工单位所生产的混凝土强度一般采用该种方法来评定。

根据混凝土生产条件不同，利用该方法进行混凝土强度评定时，应视具体情况按以下两种情况分别进行。

1. 标准差已知

当一定时期内混凝土的生产条件较为一致，且同一品种的混凝土强度变异性较小时，可以把每批混凝土的强度标准差 σ_0 作为一常数来考虑。进行强度评定，一般用连续的三组或三组以上的试块组成一个验收批，且其强度应同时满足要求如下

$$f_{cu} \geqslant f_{cu,k}+0.7\sigma_0 \tag{5-24}$$

$$f_{cu,min} \geqslant f_{cu,k}-0.7\sigma_0 \tag{5-25}$$

$$f_{cu,min} \geqslant 0.85f_{cu,k}\text{（当混凝土强度等级} \leqslant \text{C20 时）} \tag{5-26}$$

$$\text{或} f_{cu,min} \geqslant 0.9f_{cu,k}\text{（当混凝土强度等级} > \text{C20 时）} \tag{5-27}$$

式中 f_{cu}——同一个验收批的混凝土立方体抗压强度平均值，MPa；

$f_{cu,k}$——同一验收批的混凝土立方体抗压强度标准值，MPa；

$f_{cu,min}$——验收批混凝土立方体抗压强度的最小值，MPa；

σ_0——同一验收批的混凝土立方体抗压强度的标准差，MPa。

其中强度标准差 σ_0 应根据前一个检验期（不应超过三个月）内同一品种混凝土的强度数据按公式来确定，即

$$\sigma_0=\frac{0.59}{m}\sum_{i=1}^{m}\Delta f_{cu,i} \tag{5-28}$$

式中 m——前一检验期内用来确定强度标准差的总批数（$m \geqslant 15$）；

$\Delta f_{cu,i}$——统计期内，第 i 验收批混凝土立方体抗压强度代表值中最大值与最小值之差，MPa。

2. 标准差未知

当混凝土的生产条件不稳定，且混凝土强度的变异性较大，或没有能够积累足够的强度数据用来确定验收批混凝土立方体抗压强度的标准差时，应利用不少于 10 组的试块组成一个验收批，进行混凝土强度评定。其强度代表值必须同时满足下式的要求，即

$$m_{f_{cu}} - \lambda_1 S_{f_{cu}} \geqslant 0.9 f_{cu,k} \tag{5-29}$$

$$f_{cu,min} \geqslant \lambda_2 f_{cu,k} \tag{5-30}$$

式中 λ_1、λ_2——两个合格判定系数，应根据留置的试件组数来确定，具体取值见表 5-20；

$S_{f_{cu}}$——验收批内混凝土立方体抗压强度的标准差，MPa。

表 5-20 混凝土强度的合格判定系数

试件组数	10～14	15～24	≥25
λ_1	1.70	1.65	1.60
λ_2	0.90	0.85	0.85

（二）非统计方法

非统计方法主要用于评定现场搅拌批量不大或小批量生产的预制构件所需的混凝土。当同一批次的混凝土留置试块组数少于 9 时，进行混凝土强度评定，其强度值应同时满足下式的要求，即

$$m_{f_{cu}} \geqslant 1.15 f_{cu,k} \tag{5-31}$$

$$f_{cu,min} \geqslant 0.95 f_{cu,k} \tag{5-32}$$

由于缺少相应的统计资料，非统计方法的准确性较差，故对混凝土强度的要求更为严格。在生产实际中应根据具体情况选用适当的评定方法。对于用判定为不合格的混凝土浇筑的构件或结构应进行工程实体鉴定和处理。

（三）混凝土的无损检测

混凝土无损检测技术指在不破坏结构构件的情况下，通过测定与混凝土性能相关的物理量，推算强度、弹性模量等性能的技术。常用的有回弹法和超声法。回弹法利用混凝土表面硬度与回弹值的关系，通过混凝土回弹仪推算强度。超声法通过超声波（纵波）在混凝土中传播的波速反映混凝土质量，并利用超声波的“声时—振幅—波形”参数综合判断内部缺陷，通常采用混凝土超声仪进行检测。

任务五 其他混凝土

任务描述

在某城市新建的商业综合体项目中，项目团队决定采用多种类混凝土以满足不同区域的结构要求和功能需求。例如，基础部分使用普通混凝土，而商场主体采用高性能混凝土，屋顶花园则选用轻质泡沫混凝土和透水混凝土相结合，以达到美观、减重和排水的功能。然而，在各类混凝土的混合使用过程中，施工团队遇到了配合比不协调、强度不足和施工工艺不统一的问题，导致部分区域混凝土强度达不到设计标准，出现了渗水和开裂现象，引发了后续的质量隐患。

任务分析

针对商业综合体项目中多种类混凝土应用过程中出现的问题，学生能够了解到项目团队需进行全面的分析与优化措施。首先，应对不同种类混凝土的配合比进行详细审查，确保每种混凝土的配比能够适应其所处环境和承受的荷载，避免因强度不足或性能不佳导致的质量问题。其次，施工团队需要制定统一的施工标准和作业流程，确保在不同区域使用的混凝土能够有效配合，减少因施工方法不统一而造成的质量差异。再次，可考虑引入外加剂和改良材料，以提升混凝土的流动性和抗渗性，从而改善混凝土的总体性能。最后，需定期进行质量检测和数据反馈，以便及时调整材料配比和施工策略，确保各类混凝土在项目中实现预期的功能和性能目标，保障商业综合体的整体质量和安全性。

任务实施

一、轻骨料混凝土

干表观密度小于等于 1 950 kg/m^3 的水泥混凝土称为轻混凝土。轻混凝土包括轻骨料混凝土、多孔混凝土和大孔混凝土。用轻骨料、水泥和水配制的，干表观密度不大于 1 950 kg/m^3 的混凝土为轻骨料混凝土（又称轻集料混凝土）。粗、细骨料均为轻骨料者，称为全轻混凝土；细骨料全部或部分采用普通砂者，称为砂轻混凝土。轻骨料混凝土常用骨料的名称命名，如粉煤灰陶粒混凝土、黏土陶粒混凝土、膨胀珍珠岩混凝土等。

轻骨料混凝土按用途可分为：保温轻骨料混凝土、结构保温轻骨料混凝土、结构轻骨料混凝土三类，其强度等级和重度依次提高。

（一）轻骨料混凝土的主要技术性质

1. 表观密度

轻骨料混凝土按表观密度的大小划分为十四个等级，见表 5-21。

表 5-21　轻骨料混凝土的表观密度等级　　单位：kg/m³

表观密度等级	表观密度的变化范围	表观密度等级	表观密度的变化范围	表观密度等级	表观密度的变化范围
600	560 ~ 650	1 100	1 060 ~ 1 150	1 600	1 060 ~ 1 650
700	660 ~ 750	1 200	1 160 ~ 1 250	1 700	1 660 ~ 1 750
800	760 ~ 850	1 300	1 260 ~ 1 350	1 800	1 760 ~ 1 850
900	860 ~ 950	1 400	1 360 ~ 1 450	1 900	1 860 ~ 1 950
1 000	960 ~ 1 050	1 500	1 460 ~ 1 550		

2. 强度等级与分类

轻骨料混凝土强度等级与普通混凝土相似，按边长 150 mm 立方体试件，在标准试验方法条件下测得 28 d 龄期的具有 95% 保证率的抗压强度值（MPa）确定，分为 CL5.0、CL7.5、CL10、CL15、CL20、CL25、CL30、CL35、CL40、CL45 及 CL50 等若干个强度等级。强度等级为 CL5.0 的称为保温轻骨料混凝土；强度等级≤ CL15 的称为结构保温轻骨料混凝土；强度等级≥ CL15 的称为结构轻骨料混凝土。

影响轻骨料混凝土强度的因素很多，其中表观密度和轻骨料的性质及用量是最重要因素。表观密度越大，强度相对越大；轻粗骨料颗粒坚固者，所配出的混凝土强度较高；反之，则强度较低。全轻混凝土的抗压强度低于砂轻混凝土。中、低强度等级的轻骨料混凝土的抗拉强度与抗压强度的比值约为 1/5 ~ 1/7（约高于普通混凝土）。强度等级较高的混凝土，其拉压比值略有下降。轻骨料混凝土干燥后，抗拉强度明显降低。

3. 变形性质与导热性质

轻骨料混凝土与普通混凝土相比较，受力后变形较大，弹性模量较小。轻骨料混凝土的干缩性及徐变性均较普通混凝土大。轻骨料混凝土导热系数与表观密度及含水状态有关。干燥条件下的导热系数见表 5-22。

表 5-22　干燥条件下轻骨料混凝土导热系数

表观密度等级	600	700	800	900	1 000	1 100	1 200	1 300	1 400	1 500	1 600	1 700	1 800	1 900
导热系数 λ [W/（m·K）]	0.18	0.20	0.23	0.26	0.28	0.31	0.36	0.42	0.49	0.57	0.66	0.67	0.87	1.01

轻骨料混凝土除了应具有上述性质外，还应满足工程使用条件所要求的抗冻性、抗碳化等耐久性要求。

（二）轻骨料的主要技术性质

粒径大于 5 mm，松散堆积密度小于 1 000 kg/m^3 的骨料称为轻粗骨料，粒径小于 5 mm，松散堆积密度小于 1 200 kg/m^3 的称为轻细骨料（或轻砂）。轻骨料按来源的不同可分为三类：工业废料轻骨料，以工业废料为原料，经加工而成，如粉煤灰陶粒、膨胀矿渣、煤渣及其轻砂等；人造轻骨料，以地方材料为原料，经加工而成，如页岩陶粒、黏土陶粒、膨胀珍珠岩及其轻砂等；天然轻骨料，天然形成的多孔岩石经加工而成，如浮石、火山渣及轻砂等。轻骨料的颗粒形状有普通型、圆球型、碎石型。轻骨料的主要技术性质如下。

1. 堆积密度

按松散堆积密度划分堆积密度等级，共分为八级，见表 5-23。

表 5-23　轻粗骨料堆积密度等级

堆积密度等级	300	400	500	600	700	800	900	1 000
松散堆积密度（kg/m^3）	210～300	310～400	410～500	510～600	610～700	710～800	810～900	910～1 000

2. 强度

强度用筒压强度或强度标号两种方法表示。轻骨料混凝土的破坏大多是轻骨料本身先破坏，因此轻骨料本身的强度对混凝土的强度影响极大。

筒压强度是用“筒压法”测得的粗骨料在圆筒内的平均抗压强度，将骨料装入圆筒内，上面盖以压模，置于压力试验机上加压，当压模压入深度为 20 mm 时，其压力值除以承压面积，即为筒压强度。骨料强度越高，其筒压强度值也越大，故筒压强度是评定轻粗骨料质量的一项重要指标。

粗骨料的强度标号是通过标准方法测得的轻骨料混凝土的合理强度值。在轻骨料混凝土中，骨料被较坚固的水泥石外壳包围，因此其强度随水泥砂浆强度的提高而增加。但轻骨料混凝土的强度也受到骨料本身强度的制约。当混凝土强度达到某个极限值后，即使水泥砂浆强度提高，混凝土强度的提升幅度也会减小，仅会有微小增加。这个极限值即为合理强度值，主要由粗骨料的强度决定。不同颗粒形态的轻粗骨料及其强度标号须符合相关技术要求。

除此之外，要求轻骨料级配合理，最大粒径在 40（用于保温）～ 20 mm（用于结构），且其空隙率不应大于 50%。轻粗骨料吸水率一般较大，吸水也较迅速，第一小时吸水率可达 24 h 吸水率的 60% ～ 95%，24 h 可接近吸水饱和。技术规范中规定，除天然轻粗骨料外，各种轻粗骨料的吸水率不应大于 22%。要求轻砂的细度模数不宜大于 4.0，砂中大于 5 mm 的粗颗粒含量（按质量计）不宜大于 10%。

二、防水混凝土

防水混凝土又称抗渗性混凝土，是指具有较高抗渗性的混凝土，其抗渗性等级不小于W6。配制防水混凝土的常用方法有以下三种。

（一）普通防水混凝土

普通防水混凝土主要通过较多的水泥浆和砂浆来降低混凝土中的孔隙率，特别是开口孔隙率，并减少粗骨料表面的水隙，增大粗骨料间距（即增加了粗骨料表面的水隙间距）等，来实现防水目的。配制时，应优先采用普通硅酸盐水泥或火山灰质硅酸盐水泥，水泥用量不宜小于 320 kg/m^3；混凝土的水胶比不宜大于 0.55，砂率以 35% ～ 45% 为宜；粗骨料的最大粒径不宜大于 40 mm，要求采用Ⅱ类及以上的砂、石子配制，并应级配良好。

普通防水混凝土的抗渗等级可达 W6 ～ W12，其施工简便，但对施工控制与施工质量要求严格，适用于一般工业、民用建筑及公共建筑的地下防水工程。

（二）外加剂防水混凝土

外加剂防水混凝土是利用外加剂来显著降低混凝土的孔隙率或改变混凝土的孔结构（如切断、堵塞等），或使孔隙表面具有憎水性。外加剂防水混凝土的质量可靠，是目前主要使用的防水混凝土。

1. 防水剂防水混凝土

防水剂防水混凝土常用的有氯化铁、氯化铝防水剂，掺量为 3%，它能与水泥的水化产物氢氧化钙反应，生成的氢氧化铝凝胶能堵塞毛细孔隙，具有很高的抗渗性。但掺量大时，会增大混凝土的干缩，并促进钢筋锈蚀。适用于水中结构的无筋、少筋厚大防水混凝土工程及一般地下防水工程，抹砂浆修补。

2. 引气剂防水混凝土

引气剂可在混凝土内部形成大量的微小封闭气泡，这些气泡可切断连通的毛细孔隙。同时这些气泡的存在大大改善了混凝土拌和物的黏聚性和保水性，减少了混凝土内的连通孔隙和由于泌水在粗骨料表面所造成的水隙。引气剂防水混凝土具有较高的抗渗性。引气剂防水混凝土的水胶比应为 0.5 ～ 0.6，混凝土的含气量应为 3% ～ 5%。

引气剂抗渗混凝土的优点在于对骨料的要求不严格，但其缺点是引入空气后，抗压强度会略有降低，尤其是当含气量过大时，干缩率也较高，因此养护过程需要特别注意，并且严禁采用蒸汽养护。为了克服引气剂抗渗混凝土在早期强度降低和均匀性较差的缺点，可以考虑将引气剂与三乙醇胺或减水剂复合使用。引气剂抗渗混凝土适合用于北方高寒地区以及抗冻性要求较高的防水工程和普通防水工程，但不适合耐磨性要求较高的防水工程。

3. 减水剂防水混凝土

减水剂可降低混凝土的拌和用水量和水灰比，既可降低混凝土的毛细孔隙含量，又可减少毛细孔的孔径。常用的各种减水剂均可使用，也可使用引气减水剂。减水剂防水混凝土的抗渗性较高。适用于钢筋密集或捣固困难的薄壁型防水结构物，也适用于对混凝土凝结时间和流动性有特殊要求的防水工程。

（三）膨胀水泥防水混凝土

膨胀水泥防水混凝土，是以膨胀水泥作为胶结材料配制而成。它依赖水泥在水化硬化过程中生成的大量结晶体（如钙矾石、氢氧化钙），使混凝土体积产生适度膨胀，进而减少或抵消混凝土的收缩，增强混凝土的抗裂性能，最终提升其防水能力。这种方法从混凝土内部因素着手，有效改善其防水性，适用于地下工程、地上防水建筑、山洞、非金属油罐以及关键工程的后浇缝。

膨胀水泥防水混凝土配制要点：水泥用量 350 ～ 390 kg/m^3；水灰比 0.50 ～ 0.52（最好加入减水剂，水灰比可降至 0.43 ～ 0.47）；砂率 35% ～ 38%，砂宜用中砂，细度模数 2.4 ～ 2.6；骨料级配同普通防水混凝土的要求；坍落度 40 ～ 60 mm。膨胀水泥防水混凝土的膨胀率要求不大于 0.1%，自应力值为 0.2 ～ 0.7 MPa；其配筋率为 0.2% ～ 1.5%。膨胀水泥混凝土具有胀缩可逆性和良好的自密作用，必须特别注意加强养护。膨胀水泥对温度很敏感，一般宜在不低于 5 ℃的条件下施工。

三、纤维混凝土

（一）钢纤维混凝土

目前常用的钢纤维有低碳钢钢纤维和不锈钢钢纤维，前者主要用于普通钢纤维混凝土，后者主要用于耐热钢纤维混凝土。钢纤维的外形有平直形、端钩形、大头形、异形等多种，较合适的钢纤维尺寸是断面积为 0.1 ～ 0.4 mm，长度为 20 ～ 30 mm，合适的长径比是 60 ～ 80，最大不超过 100。

钢纤维掺量以体积率表示，一般为 0.5% ～ 2.0%，最大不超过 3%。钢纤维混凝土的强度等级不应低于 CF20，最大骨料不宜大于 20 mm 和钢纤维长度的 2/3，砂率一般不会低于 50%，一般选用强度等级为 42.5 MPa、52.5 MPa 的普通硅酸盐水泥，配制高强高性能钢纤维混凝土，可选用强度等级为 62.5 MPa 硅酸盐水泥或明矾石水泥，一般常用普通减水剂或超塑化剂。如适当纤维掺量的钢纤维混凝土抗压强度可提高 15% ～ 25%，抗拉强度可提高 30% ～ 50%，抗弯强度可提高 50% ～ 100%，韧性可提高 10 ～ 50 倍，抗冲击强度可提高 2 ～ 9 倍。耐磨性、耐疲劳性等也有明显增加。

钢纤维混凝土广泛应用于道路工程、机场地坪及跑道、防爆及防振结构，以及要求抗裂、抗冲刷和抗气蚀的部位和构件。

（二）合成纤维混凝土

目前常用的合成纤维主要有聚丙烯纤维和碳纤维等。

聚丙烯纤维（也称丙纶纤维），可单丝或以捻丝形状掺于水泥混凝土中，直径为

20 ～ 100 μm，纤维长度为 4 ～ 25 mm 的细纤维较好，通常掺入量为 0.05% ～ 0.15%。聚丙烯纤维的价格便宜，但其弹性模量仅为普通混凝土的 1/10，对混凝土增强效果并不显著，但可显著提高混凝土的韧性和抗冲击性，增强阻裂能力。聚丙烯纤维不锈蚀，其耐酸、耐碱性能也很好，但应包裹一定厚度的混凝土，避免产生氧化反应。聚丙烯纤维混凝土一般采用 42.5 MPa 或 52.5 MPa 硅酸盐水泥或普通硅酸盐水泥，采用骨料最大粒径为 10 mm 的碎石，水泥：砂：石 =（1：2：2）～（1：2：4），水灰比为 0.45 ～ 0.50。

碳纤维是由石油沥青或合成高分子材料经氧化、碳化等工艺生产出的。碳纤维属高强度、高弹性模量的纤维，作为一种新材料广泛应用于国防、航天、造船、机械工业等尖端工程。碳纤维增强水泥混凝土具有高强、高抗裂、高抗冲击韧性、高耐磨等多种优越性能。在飞机场跑道等工程中应用获得了很好的效果。然而碳纤维成本高，推广应用受到限制。

小贴士

合成纤维用于结构增强、增韧时，纤维混凝土的强度等级不应低于 CF20，粗骨料最大粒径不宜大于 20 mm。合成纤维用于增强混凝土结构的抗冲耐磨时其强度等级不宜低于 CF40。

项目小结

本项目主要介绍了建筑混凝土的相关知识。首先介绍了混凝土概述；其次介绍了普通混凝土的构成；再次介绍了混凝土的技术性质；接着介绍了混凝土质量的控制与评定；最后介绍了其他混凝土。通过本项目的学习，读者能够获得一个系统而全面的混凝土知识体系，为建筑材料学习和实践之路奠定了坚实的基础。

项 目 工 单

实训记录表见表 5-24，实训评价见表 5-25。

表 5-24　实训记录表

班级		姓名		日期	
实训名称	混凝土材料与应用实训				
实训目标	1. 理解混凝土的基本概念及其构成成分，掌握普通混凝土的技术性质和应用场景，以及其他特种混凝土的特点和用途； 2. 学会混凝土的技术性质分析，掌握混凝土的强度、耐久性、抗渗性等重要指标，以及影响这些指标的主要因素； 3. 通过配合比设计与质量控制的实操训练，培养合理配置混凝土配合比的能力，确保混凝土在工程中的质量及性能符合设计要求				

续表

班级		姓名		日期	
实训过程记录					
实训注意事项					
实训总结					

表 5-25　实训评价

项目名称	评价内容	分值 / 分	评分
职业素养考核项目（30%）	安全与健康管理	10	
	诚信与责任心	10	
	环境保护与资源节约	10	
专业能力考核项目（70%）	混凝土基本性质掌握	10	
	混凝土配合比设计	10	
	混凝土施工工艺掌握	20	
	混凝土质量评定与控制	10	
	外加剂应用与效果评价	20	
合计		100	
教师评语		教师签字	

课 后 练 习

一、填空题

1. 砂子颗粒大小搭配的比例关系叫____________，常用____________表示。

2. 粗骨料颗粒越坚实、孔隙率越____________，其吸水率就越____________，品质也越好。

3. 混凝土拌合物的____________是一项综合技术性能，包括流动性、____________和保水性三方面的含义。

4. 空气中的 CO_2 气体渗透到混凝土内，与其碱性物质起化学反应后生成____________和水，使混凝土碱度降低的过程，称为混凝土碳化，亦称____________。

5. ____________可降低混凝土的拌和用水量和水灰比，既可降低混凝土的毛细孔隙含量，又可减少毛细孔的____________。

二、简答题

1. 简述混凝土的特点。

2. 简述细骨料中有害杂质含量的颗粒形状及表面特征。

3. 简述超声法。

项目六

建筑砂浆

项目导读

建筑砂浆不仅是砖石、砌块等建筑材料间的黏结剂，确保结构整体的稳定性和承载能力，还具有良好的填充和找平性能，能够填补材料间的缝隙，使墙面、地面等表面更加平整美观。此外，建筑砂浆还能提供一定的防水、防潮和保温功能，增强建筑物的耐久性和舒适度。

本项目主要介绍砌筑砂浆、抹面砂浆、预拌砂浆和其他砂浆的相关知识。

学习目标

知识目标

◇掌握砌筑砂浆、抹面砂浆、预拌砂浆以及其他砂浆的基本概念、特性及用途。

◇了解不同砂浆的配制原理及其在建筑工程中的应用规范。

能力目标

◇能够根据工程需求，选择合适的砂浆类型，并熟练掌握其使用方法。

◇能够在砂浆使用过程中遇到问题时，迅速找出原因并提出解决方案。

素质目标

◇培养学生严谨细致的工作态度，确保砂浆配制和使用的准确性。

◇提升学生团队合作意识，能够在团队中有效沟通，共同解决砂浆使用中的技术问题。

思政目标

培养学生的工程伦理意识，强调在砂浆的选用与使用过程中应承担的安全与环保责任，践行绿色建筑和可持续发展的理念。引导学生关注砂浆生产和使用过程中的环境影响，鼓励学生探索和应用环保型砂浆，以减少对自然资源的消耗和环境的污染。

任务一　砌筑砂浆

任务描述

在一座新建的住宅小区中，施工团队正在进行外墙砌筑工作。在施工的第二周，项目经理发现砌筑砂浆出现了明显的裂缝和剥落现象，影响了墙体的美观和承重性能。经过现场检查，施工人员发现使用的砂浆在配比时未严格遵循施工规范，导致水泥与砂的比例不当，同时砂的颗粒级配比不均匀。项目经理随即决定暂停施工，进行全面的材料检验和更换。在之后的几天内，项目团队对问题砂浆进行了分析，并重新选用了符合规范的砂浆材料，调整了施工工艺，确保新材料充分搅拌并保持适当的湿度。经过重新施工，外墙砌筑恢复了正常，工程进度也在后续被有效追赶。

任务分析

上述事件反映了砌筑砂浆在建筑工程中关键性的作用，特别是在材料配比和施工工艺的要求上。通过上述事件的发生，强调了材料选择与施工规范遵循的重要性。项目团队的迅速反应与纠正措施展示了对于施工质量的重视，也体现了在面对突发问题时，合理的处理流程和团队协作能力是确保工程顺利进行的关键。本任务为学生提供了宝贵的实践经验，突出了解砌筑砂浆质量对建筑结构安全和美观的重要性，同时也促使更深层次的思考，即如何在未来的工作中更好地进行材料管理与质量控制。

任务实施

一、砂浆的构成

建筑砂浆是一种用于将砌筑块体材料（如砖、石、砌块）黏结成整体的砂浆。它由无机胶凝材料、细骨料、水以及根据性能需求添加的其他成分按一定比例配制而成。砂浆常以抗压强度作为其主要技术性能指标，通常以薄层形式涂抹在多孔、吸水或不平整的基底上。因此，砂浆也被称为细骨料混凝土。

图 6-1　建筑砂浆

建筑砂浆在建筑工程中是一种用量大、用途广泛的建筑材料，如图 6-1 所示。在建筑工程中起黏结、衬垫和传递应力的作用。

建筑砂浆根据用途分为砌筑砂浆、抹面砂浆、装饰砂浆及特种砂浆。根据胶结材料的不同可分为水泥砂浆、石灰砂浆、混合砂浆和聚合物水泥砂浆等。

小贴士

砂浆与混凝土的区别仅在于不含粗集料，所以砂浆的许多性质与混凝土类似，有微混凝土之称。但由于组成材料的差异和完全不同的用途，砂浆又有其自身的一些特点。

（一）胶凝材料

胶凝材料又称胶结料，是一种在物理、化学作用下，能从浆体变成坚固的石状体，并能胶结其他物料，制成有一定机械强度的复合固体物质。在建筑材料中，凡是经过一系列物理、化学变化能将散粒状或块状材料黏结成整体的材料，统称为胶凝材料，用于砌筑砂浆的胶凝材料有水泥和石灰。

水泥是砂浆的主要胶凝材料，常用水泥品种包括普通水泥、矿渣水泥、火山灰水泥、粉煤灰水泥和复合水泥等。具体水泥品种的选择应依据设计要求、砌筑部位及环境条件。水泥砂浆所用水泥的强度等级不应超过 32.5 级，水泥混合砂浆则不应超过 42.5 级；若水泥强度过高，可添加混合材料。对于特殊用途，如构件接头、接缝或结构加固、修补裂缝，建议使用膨胀水泥。水泥品种的选择与混凝土相似。水泥标号应为砂浆强度等级的 4 ～ 5 倍，标号过高可能导致水泥用量不足，从而影响保水性。

石灰膏和熟石灰不仅作为胶凝材料使用，更重要的是提供良好的保水性。生石灰熟化成石灰膏时，需通过孔径不大于 3 mm × 3 mm 的网进行过滤，且熟化时间不得少于 7 d；磨细生石灰粉的熟化时间至少为 2 d。储存于沉淀池中的石灰膏，应采取措施防止其干燥、冻结和污染。脱水硬化的石灰膏不仅无法起到塑化作用，还会影响砂浆强度，因此严禁使用。磨细生石灰粉必须经过熟化成石灰膏后才能使用。在严寒地区，磨细生石灰粉可直接加入砌筑砂浆中，以利用其熟化热量，确保砂浆在低温状态下仍能保持流态，便于施工，这属于冬季施工措施。

（二）骨料

骨料是在混凝土中起骨架或填充作用的粒状松散材料。骨料作为混凝土中的主要原料，在建筑物中起骨架和支撑作用。按粒径大小可分为粗骨料和细骨料。

粗骨料是指在混凝土中粒径大于 4.75 mm 的岩石颗粒，普通混凝土中常用的粗骨料有碎石和卵石两种。碎石是天然岩石、卵石或矿山废石经机械破碎、筛分制成的，粒径大于 4.75 mm 的岩石颗粒。卵石是由自然风化、水流搬运和分选、堆积而成的，粒径大于 4.75 mm 的岩石颗粒。卵石和碎石颗粒的长度大于该颗粒所属相应粒级平均粒径的 2.4 倍者为针状颗粒；厚度小于平均粒径的 0.4 倍者为片状颗粒（平均粒径指该粒级上、下限粒径的平均值）。

细骨料是与粗骨料相对的建筑材料，粒径在 4.75 mm 以下的岩石颗粒称为细骨料，细骨料也叫机制砂，一般可以用冲击式破碎机或新型高效制砂机来生产，从而代替天然砂。细骨料的颗粒形状和表面特征会影响其与水泥的黏合性以及混凝土拌合物的流动性。山砂的颗粒具有棱角、表面粗糙但含泥量和有机物杂质较多，与水泥的结合性差。河砂、湖砂因长期受到水流作用，颗粒多呈现圆形，比较洁净且使用广泛，一般工程都采用这种砂。

（三）拌合用水

砂浆拌合用水与混凝土拌合用水的要求相同，应选用无有害杂质的洁净水来拌制砂浆。

（四）掺加料

为了改善砂浆的和易性，节约水泥，降低成本，可在砂浆中掺入适量掺加料。常用的掺加料有电石膏、粉煤灰、粒化高炉矿渣粉、硅灰、沸石粉等。

（五）外加剂

为了改善砂浆的某些性能，可在砂浆中掺入外加剂，如防水剂、增塑剂、早强剂等。外加剂的品种与掺量应通过试验确定。

二、砂浆的性质

扫一扫

砂浆的性质

（一）新拌砂浆的和易性

新拌砂浆的和易性是指砂浆是否容易在砖石等表面均匀、连续地铺展成薄层，并与基层紧密黏结的性质。和易性良好的砂浆在运输和施工过程中不易发生分层、离析或泌水现象，且易于在砖石表面涂抹成均匀、连续、饱满的薄层，与基层黏结性好，从而使砌体具有较高的强度和良好的整体性。砂浆的和易性主要包括流动性和保水性两个方面。

1. 流动性

新拌砂浆的流动性，又称为稠度，表示新拌砂浆在自重或外力作用下，易于产生流动的性质，通常用沉入度表示，单位为 mm，如图 6-2 所示。用砂浆稠度仪的圆锥体标准试锥在砂浆内自由沉入 10 s 时的沉入深度（mm）表示，沉入度越大，砂浆的流动性越大。若流动性过大，砂浆易分层、析水；若流动性过小，则不方便施工操作，灰缝不易填充，因此，新拌砂浆应具有适宜的稠度。影响砂浆流动性的因素，主要有胶凝材料的种类和用量、用水量以及细骨料的种类、颗粒、形状、粗细程度与级配；除此之外，也与掺入的混合材料及外加剂的品种、用量有关。

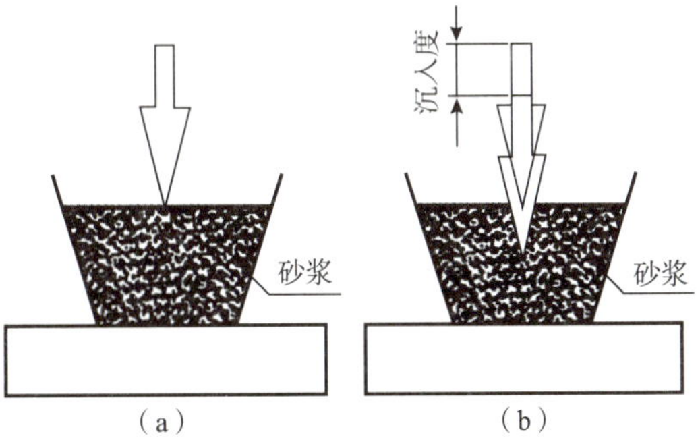

图 6-2　沉入度试验示意图

小贴士

砂浆稠度的选择要考虑砌体材料的种类、气候条件等因素。一般基底为多孔吸水材料或在干热条件下施工时，砂浆的流动性应大一些；而对于密实的、吸水较少的基底材料，或在湿冷条件下施工时，砂浆的流动性应小一些。

2. 保水性

保水性是指砂浆保持水分的能力。保水性不良的砂浆，在使用过程中会出现泌水、流浆的情况，使砂浆与基底黏结不牢，且由于失水影响砂浆正常的黏结硬化，使砂浆的强度降低。

影响砂浆保水性的主要因素是胶凝材料的种类和用量，砂的品种、细度和用水量。在砂浆中掺入石灰膏、粉煤灰等粉状混合材料，可提高砂浆的保水性。

（二）硬化后砂浆的技术性质

1. 强度

砌筑砂浆的强度用强度等级来表示。根据住房和城乡建设部《砌筑砂浆配合比设计规程》（JGJ/T 98—2010），水泥砂浆及预拌砌筑砂浆的强度等级可分为M5、M7.5、M10、M15、M20、M25、M30；水泥混合砂浆的强度等级可分为M5、M7.5、M10、M15。

砂浆强度等级是以边长为70.7 mm的立方体试块，在标准养护条件下（温度20 ± 2 ℃、相对湿度为95%以上），用标准试验方法测得28 d龄期的抗压强度值（单位为MPa）确定。一般情况下，多层建筑物墙体选用M2.5 ～ M15的砌筑砂浆；砖石基础、检查井、雨水井等砌体，常采用M5砂浆；工业厂房、变电所、地下室等砌体选用M2.5 ～ M10的砌筑砂浆；二层以下建筑常用M2.5以下砂浆；简易平房、临时建筑可选用石灰砂浆；一般高速公路修建排水沟使用M7.5强度等级的砌筑砂浆。

砂浆的强度不仅受其自身组成材料、配合比、施工工艺以及施工和硬化条件等因素的影响，还与砌体材料的吸水率密切相关。当砂中的泥及其他杂质含量较高时，也会对砂浆的强度产生不利影响。此外，不同用途的砂浆，其强度影响因素也有所不同。

2. 凝结时间

建筑砂浆的凝结时间，以贯入阻力达到0.5 MPa为评定依据。水泥砂浆不宜超过8 h，水泥混合砂浆不宜超过10 h，加入外加剂后应满足设计和施工的要求。

3. 黏结性

砌石砌体是靠砂浆把块状材料黏结成为坚固的整体。因此，为保证砌体的强度、耐久性及抗震性等，要求砂浆与基层材料之间应有足够的黏结力。一般情况下，砂浆的抗压强度越高，它与基层的黏结力越大。另外，砖石表面状态、清洁程度、湿润状况及施工养护条件等，都直接影响砂浆的黏结力。

4. 变形性

砌筑砂浆在承受荷载或温度变化时会产生变形，如果变形过大或不均匀，容易使砌体的整体性下降，产生沉陷或裂缝。抹灰砂浆变形过大也会使面层产生裂纹或剥离等质量问题。

影响砂浆变形性的因素很多，如胶凝材料的种类和用量，用水量，细骨料的种类、级配和质量，以及外部环境条件等。工程中要求砂浆具有较小的变形性。

三、砌筑砂浆的配合比

砌筑砂浆应根据工程类别及砌体部位的设计要求来选择砂浆的强度等级，再按所选择的砂浆强度等级确定其配合比。常用砌筑砂浆配合比见表 6-1 和表 6-2。

表 6-1　常用砌筑水泥石灰混合砂浆配合比

砂浆强度等级	水泥强度等级	每立方米材料用量								
		粗砂			中砂			细砂		
		水泥/kg	石灰/kg	砂/kg	水泥/kg	石灰/kg	砂/kg	水泥/kg	石灰/kg	砂/kg
M5	32.5	212	118	1 510	221	124	1 450	229	131	1 390
	42.5	162	168	1 510	169	176	1 450	175	185	1 390
M7.5	32.5	242	88	1 510	251	94	1 450	261	99	1 390
	42.5	185	145	1 510	192	153	1 450	200	160	1 390
M10	32.5	271	59	1 510	282	63	1 450	293	67	1 390
	42.5	207	123	1 510	216	129	1 450	224	136	1 390

表 6-2　常用砌筑水泥砂浆配合比

砂浆强度等级	水泥强度等级	每立方米材料用量					
		粗砂		中砂		细砂	
		水泥 /kg	砂 /kg	水泥 /kg	砂 /kg	水泥 /kg	砂 /kg
M5	32.5	276	1 585	284	1 522	292	1 459
	42.5	227	1 585	234	1 522	240	1 459
M7.5	32.5	299	1 585	308	1 522	317	1 459
	42.5	248	1 585	255	1 522	262	1 459
M10	32.5	322	1 585	332	1 522	341	1 459
	42.5	268	1 585	276	1 522	284	1 459

注：1. 表中给出的配合比仅供参考，施工配合比应由工地试验后提供。
2. 表中给出的砌筑水泥石灰混合砂浆配合比按施工水平一般等级考虑；石灰膏稠度为 120 mm；砂子含水量为 5%。

在确定砂浆配合比时，一般情况下可参考有关资料和手册选用，再经过试配、调整来确定施工配合比；也可按《砌筑砂浆配合比设计规程》（JGJ/T 98—2010）中的设计方法进行配合比设计。

（一）设计步骤

（1）计算砂浆的试配强度（$f_{m,0}$）应按下式

$$f_{m,0}=kf_2 \quad (6\text{-}1)$$

式中 $f_{m,0}$——砂浆的试配强度，精确至 0.1 MPa；

f_2——砂浆强度等级值，精确至 0.1 MPa；

k——系数。施工水平优良时，k 取 1.15；施工水平一般时，k 取 1.20；施工水平较差时，k 取 1.25。

（2）计算每立方米砂浆中的水泥用量 Q_c 计算公式为

$$Q_c=\frac{1\,000(f_{m,0}-\beta)}{\alpha f_{ce}} \quad (6\text{-}2)$$

式中 Q_c——每立方米砂浆的水泥用量，精确至 1 kg；

$f_{m,0}$——砂浆的试配强度，精确至 0.1 MPa；

f_{ce}——水泥的实测强度，精确至 0.1 MPa；

α、β——砂浆的特征系数，其中 α 取 3.03，β 取 −15.09。

在无法取得水泥的实测强度值时，可按照计算公式为

$$f_{ce}=\gamma_c f_{ce,k} \quad (6\text{-}3)$$

式中 $f_{ce,k}$——水泥强度等级值，MPa；

γ_c——水泥强度等级值的富余系数，宜按实际统计资料确定，无统计资料时可取 1.0。

（3）计算每立方米砂浆中的石灰膏用量 Q_D 计算公式为

$$Q_D=Q_A-Q_C \quad (6\text{-}4)$$

式中 Q_D——每立方米砂浆的石灰膏用量，精确至 1 kg；石灰膏使用时的稠度宜为（120 ± 5）mm；稠度不在规定范围时，其用量应按表 6-3 进行换算。

Q_A——每立方米砂浆中水泥和石灰膏总量，精确至 1 kg；可为 350 kg。

表 6-3　石灰膏不同稠度的换算系数

稠度 /mm	120	110	100	90	80	70	60	50	40	30
换算系数	1.00	0.99	0.97	0.95	0.93	0.92	0.90	0.88	0.87	0.86

（4）确定每立方米砂浆中的砂用量 Q_s。每立方米砂浆中的砂用量 Q_s，应按砂干燥状态（含水率小于 0.5%）的堆积密度值作为计算值，单位以 kg 计。

（5）按砂浆稠度选用每立方米砂浆中的用水量 Q_w。每立方米砂浆中的用水量，可根据砂浆稠度等要求选用，一般为 210 ～ 310 kg。

小贴士

混合砂浆中的用水量，不包括石灰膏或黏土膏中的水；当采用细砂或粗砂时，用水量分别取上限或下限；稠度小于 70 mm 时，用水量可小于下限；施工现场气候炎热或干燥季节，可酌量增加用水量。

（6）配合比的试配、调整与确定。

① 按计算或查表所得配合比进行试拌时，应按《建筑砂浆基本性能试验方法标准》（JGJ/T 70—2009）测定其拌合物的稠度和保水率。当不能满足要求时，应调整材料用量，直到符合要求为止。

② 试配时至少应采用三个不同的配合比，其中一个为基准配合比，其余两个配合比的水泥用量应按基准配合比分别增加和减少 10%。在保证稠度、保水率合格的条件下，可将用水量、石灰膏、保水增稠材料或粉煤灰等活性掺合料用量做相应调整。

③ 选定符合试配强度及和易性要求且水泥用量最低的配合比作为砂浆的试配配合比。

（7）配合比的校正。

① 应根据上述确定的砂浆配合比材料用量，按下式计算砂浆的理论表观密度值，即

$$\rho_t=Q_c+Q_D+Q_s+Q_w \tag{6-5}$$

式中 ρ_t——砂浆的理论表观密度值，精确至 10 kg/m^3。

② 应按下式计算砂浆配合比校正系数 δ，即

$$\delta=\frac{\rho_c}{\rho_t} \tag{6-6}$$

式中 ρ_c——砂浆的实测表观密度值，精确至 10 kg/m^3。

③ 当砂浆的实测表观密度值与理论表观密度值之差的绝对值不超过理论值的 2% 时，可将得出的试配配合比确定为砂浆设计配合比；当超过 2% 时，应将试配配合比中每种材料用量均乘以校正系数后，确定为砂浆设计配合比。

（二）现场配制水泥砂浆配合比的选用

（1）水泥砂浆的材料用量可按表 6-4 选用。

表 6-4 每立方米水泥砂浆材料用量（《砌筑砂浆配合比设计规程》（JGJ/T 98—2010））

强度等级	水泥 /kg	砂 /kg	用水量 /kg
M5	200 ～ 230	砂的堆积密度值	270 ～ 330
M7.5	230 ～ 260		
M10	260 ～ 290		
M15	290 ～ 330		
M20	340 ～ 400		

续表

强度等级	水泥 /kg	砂 /kg	用水量 /kg
M25	360 ～ 410	砂的堆积密度值	270 ～ 330
M30	430 ～ 480		

注：1. M15 及以下强度等级的水泥砂浆，水泥强度等级为 32.5 级，M15 以上强度等级的水泥砂浆，水泥强度等级为 42.5 级。
2. 当采用细砂或粗砂时，用水量分别取上限或下限。
3. 稠度小于 70 mm 时，用水量可小于下限。
4. 施工现场气候炎热或干燥季节，可酌量增加用水量。
5. 试配强度应按式（6-1）计算。

（2）水泥粉煤灰砂浆的材料用量可按表 6-5 选用。

表 6-5　每立方米水泥粉煤灰砂浆材料用量（《砌筑砂浆配合比设计规程》（JGJ/T 98—2010））

强度等级	水泥和粉煤灰总量 /kg	粉煤灰 /kg	砂 /kg	用水量 /kg
M5.0	210 ～ 240	粉煤灰掺量可占胶凝材料总量的 15% ～ 25%	砂子的堆积密度值	270 ～ 330
M7.5	240 ～ 270			
M10	270 ～ 300			
M15	300 ～ 330			

注：1. 表中水泥强度等级为 32.5 级。
2. 当采用细砂或粗砂时，用水量分别取上限或下限。
3. 稠度小于 70 mm 时，用水量可小于下限。
4. 施工现场气候炎热或干燥季节，可酌量增加用水量。
5. 试配强度应按式（6–1）计算。

任务二　抹面砂浆

任务描述

在一座住宅小区的外墙装修工程中，施工团队进入了抹面砂浆的施工阶段。施工人员开始对建筑的外墙进行最后的抹面作业，使用了一种新型的抹面砂浆，该砂浆声称具有更好的耐候性和抗裂性能。然而，在施工后的第三天，现场监理发现部分墙面出现了明显的裂缝和局部脱落，给后续的装修工作带来了麻烦。经过分析，监理发现砂浆配比未按照规定进行调整，同时由于工人在高温高湿的条件下施工，砂浆未能得到适当的固化。项目经理迅速做出反应，暂停了施工，并召集材料供应商与施工团队开会，讨论出现问题的原因并制订改进方案。最终，团队决定更换为传统配方的抹面砂浆，严格按照施工规范进行操作，经过重新施工，墙面质量得到了有效改善，工程进度也得以顺利推进。

任务分析

上述事件突显了抹面砂浆在建筑工程中质量控制的重要性，特别是在材料选择和施工条件方面的细致要求。事件中出现的问题，主要源于对新型材料的盲目应用和施工过程中对环境因素的忽视，反映出施工团队在材料理解和施工规范遵循方面的不足。项目经理的及时反应和协调不仅保证了工程质量的恢复，还增强了团队的应变能力和沟通合作意识。

任务实施

涂抹在建筑物和构件表面以及基底材料表面，兼具保护基层和满足使用要求的砂浆，统称为抹面砂浆（或称抹灰砂浆）。抹面砂浆主要用于苯板薄抹灰保温系统中保温层外的抗裂保护层，也被称为聚合物抹面抗裂砂浆。这种砂浆不仅能保护基层免受大气环境的侵蚀，提高其耐久性，还能牢固黏结在基层之上，使建筑物表面变得光滑、平整、美观，具备一定的装饰效果。

为了便于施工并保证抹灰质量，抹面砂浆要求有较好的和易性和黏结能力。因此，抹面砂浆中胶凝材料（包括掺合料）的用量通常比砌筑砂浆中的胶凝材料用量更多。为了确保抹灰质量、表面平整，避免出现干缩裂缝和脱落现象，施工时一般分两层或三层进行抹灰。根据各层抹灰的不同要求，所使用的砂浆和材料也会有所区别。

抹灰砂浆常分成底层、中层和面层三层涂抹，水泥抹灰砂浆每层厚度宜为 5 ～ 7 mm，水泥石灰抹灰砂浆每层厚度宜为 7 ～ 9 mm，并应待前一层达到六七成干后再涂抹后一层。

底层砂浆主要起到与基层的黏结作用，因此砂浆应具有良好的和易性和黏结力，并且要求基层表面比较粗糙，以增加与砂浆的黏结面积，增强黏结效果，施工稠度宜为 90 ～ 110 mm；中层砂浆主要起找平作用，可省去不做，施工稠度宜为 70 ～ 90 mm；面层砂浆主要起到保护和装饰作用，可以适当加入麻刀、纸筋等纤维增强材料，以提高其抗裂性，施工稠度宜为 70 ～ 80 mm；聚合物水泥抹灰砂浆的施工稠度宜为 50 ～ 60 mm；石膏抹灰砂浆的施工稠度宜为 50 ～ 70 mm。

一、抹面砂浆的特点

与砌筑砂浆相比，抹面砂浆的抹面层不承受荷载；抹面砂浆的抹面层与基底层要有足够的黏结强度，使其在施工中或长期自重的环境作用下不脱落、不开裂；抹面砂浆的抹面层多为薄层，并分层涂抹，面层要求平整、光洁、细致、美观；抹面砂浆多用于干燥环境，可大面积暴露在空气中。

二、抹面砂浆的组成

（一）胶凝材料

硅酸盐水泥、普通硅酸盐水泥、矿渣硅酸盐水泥、粉煤灰硅酸盐水泥等可作为抹面砂浆的胶凝材料。底层石灰膏需陈伏两周以上，罩面用石灰膏需陈伏一个月以上。

（二）砂子

宜用中砂或中砂与粗砂混合使用。在缺乏中砂、粗砂的地区，可以使用细砂，但不能单独使用粉砂。一般抹灰分三层（或两层）进行，即底层、中层和面层。

（三）加筋材料

加筋材料包括麻刀、纸筋、玻璃纤维等。麻刀是絮状短麻纤维，长约 30 mm。石灰膏麻刀灰由 100 份石灰膏加 1 份（质量比）麻刀拌合而成。纸筋灰由 100 份石灰膏掺加 3 份（质量比）纸筋拌合而成。玻璃纤维由 100 份石灰膏掺加 0.25 份（质量比）玻纤丝制成。

（四）胶料

为提高砂浆黏结力，拌制的砂浆有时掺加白乳胶或 107 胶，增加砂浆的黏着力。

三、抹面砂浆的配合比

根据《抹灰砂浆技术规程》（JGJ/T 220—2010）规定，抹灰砂浆的试配抗压强度和配合比如下。

（一）抹灰砂浆的试配抗压强度

抹灰砂浆的试配抗压强度公式

$$f_{m,0}=kf_2 \tag{6-7}$$

式中 $f_{m,0}$——砂浆的试配抗压强度，MPa，精确至 0.1 MPa；

f_2——砂浆抗压强度等级值，MPa，精确至 0.1 MPa；

k——砂浆生产（拌制）质量水平系数，取 1.15 ~ 1.25，砂浆生产（拌制）质量水平为优良、一般、较差时，k 值分别取 1.15、1.20、1.25。

（二）抹灰砂浆的配合比应以质量计量

1. 水泥抹灰砂浆

水泥抹灰砂浆（图 6-3）的强度等级分为 M15、M20、M25、M30 四级，拌合物的表观密度不宜小于 1 900 kg/m^3，保水率不宜小于 82%。水泥抹灰砂浆配合比按表 6-6 选用。

图 6-3 水泥抹灰砂浆

表 6-6　水泥抹灰砂浆配合比的材料用量（《抹灰砂浆技术规程》（JGJ/T 220—2010））

单位：kg/m^3

强度等级	水泥	砂	水
M15	330 ～ 380	1 m^3 砂的堆积密度值	250 ～ 300
M20	380 ～ 450		
M25	400 ～ 450		
M80	460 ～ 530		

2. 水泥粉煤灰抹灰砂浆

水泥粉煤灰抹灰砂浆的强度等级分为 M5、M10、M15 三个级别。配制水泥粉煤灰抹灰砂浆不应使用砌筑水泥，拌合物的表观密度不宜小于 1 900 kgm^3，保水率不宜小于 82%；粉煤灰取代水泥的用量不宜超过 30%；用于外墙抹灰时，水泥用量不宜少于 250 kg/m^3。水泥粉煤灰抹灰砂浆配合比按表 6-7 选用。

表 6-7　水泥粉煤灰抹灰砂浆配合比的材料用量（《抹灰砂浆技术规程》（JGJ/T 220—2010））

单位：kg/m^3

强度等级	水泥	粉煤灰	砂	水
M5	250 ～ 290	内掺、等量取代水泥量的 10% ～ 30%	1 m^3 砂的堆积密度值	270 ～ 320
M10	320 ～ 350			
M15	350 ～ 400			

3. 水泥石灰抹灰砂浆

水泥石灰抹灰砂浆的强度等级分为 M2.5、M5、M7.5、M10 四个级别，拌合物的表观密度不宜小于 1 800 kg/m^3，保水率不宜小于 88%。水泥石灰抹灰砂浆配合比按表 6-8 选用。

表 6-8　水泥石灰抹灰砂浆配合比的材料用量（《抹灰砂浆技术规程》（JGJ/T 220—2010））

单位：kg/m^3

强度等级	水泥	石灰膏	砂	水
M2.5	200 ～ 230	（350 ～ 400）$-Q_c$	1 m^3 砂的堆积密度值	180 ～ 280
M5	230 ～ 280			
M7.5	280 ～ 330			
M10	330 ～ 380			

注：Q_c 表示水泥用量。

4. 掺塑化剂水泥抹灰砂浆

掺塑化剂水泥抹灰砂浆的强度等级分为 M5、M10、M15 三个级别，拌合物的表观密度不宜小于 1 800 kg/m^3，保水率不宜小于 88%，且使用时间不应大于 2.0 h。掺塑化剂水泥抹灰砂浆配合比按表 6-9 选用。

表 6-9 掺塑化剂水泥抹灰砂浆配合比的材料用量（《抹灰砂浆技术规程》（JGJ/T 220—2010））

单位：kg/m³

强度等级	水泥	砂	水
M5	260 ~ 300	1 m³ 砂的堆积密度值	270 ~ 320
M10	330 ~ 360		
M15	360 ~ 410		

任务三 预拌砂浆

任务描述

在一座高层办公楼的建设项目中，施工团队选择了预拌砂浆作为外墙砌筑材料。预拌砂浆因其便利性和一致性被项目经理看中，原计划在短时间内完成外墙砌筑，以加快工程进度。然而，在施工过程中，工人发现预拌砂浆在实际使用时出现了流动性不足的问题，导致涂抹不均匀，甚至在部分区域出现了空鼓现象。项目经理随即展开调查，发现供应商提供的预拌砂浆在运输和存储过程中未得到适当的维护，导致砂浆水分流失，影响了砂浆的正常使用。为解决这一问题，项目经理决定改变存储和使用策略，确保砂浆在施工前保持在适宜的湿度条件下。通过改进后的操作，预拌砂浆的施工质量得到了显著提升，确保了后续工程的顺利进行。

任务分析

上述事件展示了预拌砂浆在现代建筑工程中的应用优势及潜在挑战，尤其是材料存储和保质期管理的关键性。事件反映了材料在运输和存储过程中可能出现的问题，如水分控制不当，对砂浆性能的直接影响。项目经理的及时发现和快速反应，显示了在面对突发材料问题时的应变能力，并通过调整操作策略，确保了工程质量的恢复。本任务可以帮助学生了解预拌砂浆在使用前的适当处理和后续追踪的重要性。

任务实施

根据《预拌砂浆术语》（GB/T 31245—2014）相关定义，预拌砂浆是指专业生产厂家生产的湿拌砂浆或干混砂浆。湿拌砂浆是指由专业生产厂生产，采用经筛分处理的干燥骨料、胶凝材料、填料、掺合料、外加剂、水以及按性能确定的其他成分，按照预先确定的比例和加工工艺经计量、拌制后，用搅拌车送至施工现场，并在规定时间内使用的拌合物。干混砂浆是指由专业生产厂生产，采用经筛分处理的干燥骨料、胶凝材料、填料、掺合料、外加剂以及按性能确定的其他成分，按照规定配比加工制成的一种混合物，分袋装砂浆和散装砂浆。

一、预拌砂浆的分类

（一）预拌砂浆的分类

1. 湿拌砂浆按用途划分

湿拌砂浆按用途可分为湿拌砌筑砂浆、湿拌抹灰砂浆、湿拌地面砂浆和湿拌防水砂浆。

2. 湿拌砂浆分类

湿拌砂浆按强度等级、抗渗等级、稠度和保塑时间的分类应符合表 6-10 的规定。

表 6-10　湿拌砂浆分类（《预拌砂浆》（GB/T 25181—2019））

项目	湿拌砌筑砂浆	湿拌抹灰砂浆		湿拌地面砂浆	湿拌防水砂浆
		普通抹灰砂浆	机喷抹灰砂浆		
强度等级	M5、M7.5、M10、M15、M20、M25、M30	M5、M7.5、M10、M15、M20		M15、M20、M25	M15、M20
抗渗等级	—	—		—	P6、P8、P10
稠度 /mm	50、70、90	70、90、100	90、100	50	50、70、90
保塑时间 /h	6、8、12、24	9、8、12、24		4、6、8	6、8、12、24

注：稠度可根据现场气候条件或施工要求确定。

3. 干混砂浆的分类

干混砂浆的分类也称干拌砂浆或干粉砂浆，是主要的供应形式，按用途可分为两大类：一是普通干混砂浆，包括干混砌筑砂浆、干混抹灰砂浆、干混地面砂浆和干混普通防水砂浆；二是特种干混砂浆，包括干混陶瓷砖黏结砂浆、干混界面砂浆、干混填缝砂浆、干混修补砂浆、干混聚合物水泥防水砂浆、干混自流平砂浆、干混耐磨地坪砂浆和干混饰面砂浆。

4. 部分干混砂浆分类

干混砌筑砂浆、干混抹灰砂浆、干混地面砂浆和干混普通防水砂浆按强度等级、抗渗等级的分类应符合表 6-11 的规定。

表 6-11　部分干混砂浆分类（《预拌砂浆》（GB/T 25181—2019））

项目	干混砌筑砂浆		干混抹灰砂浆			干混地面砂浆	干混普通防水砂浆
	普通砌筑砂浆	薄层砌筑砂浆	普通抹灰砂浆	薄层抹灰砂浆	机喷抹灰砂浆		
强度等级	M5、M7.5、M10、M15、M20、M25、M30	M5、M10	M5、M7.5、M10、M15、M20	M5、M7.5、M10	M5、M7.5、M10、M15、M20	M15、M20、M25	M15、M20
抗渗等级	—	—	—	—	—	—	P6、P8、P10

注：1. 普通砌筑砂浆：灰缝厚度＞5 mm 的砌筑砂浆。

2. 薄层砌筑砂浆：灰缝厚度≤5 mm 的砌筑砂浆。

3. 普通抹灰砂浆：砂浆层厚度＞ 5 mm 的抹灰砂浆。

4. 薄层抹灰砂浆：砂浆层厚度≤ 5 mm 的抹灰砂浆。

5. 地面砂浆：用于建筑地面及屋面找平层的预拌砂浆。

6. 防水砂浆：用于有抗渗要求部位的预拌砂浆。

（二）预拌砂浆的标记

1. 湿拌砂浆的标记

湿拌砂浆的标记示例如图 6-4 所示。

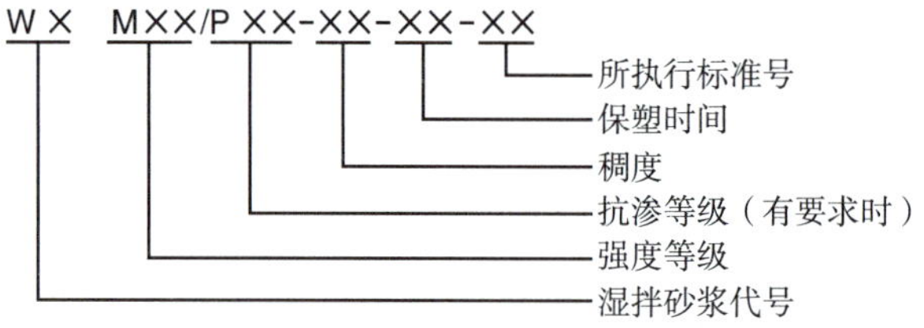

图 6-4　湿拌砂浆的标记示例

（1）湿拌砌筑砂浆的强度等级为 M10，稠度为 70 mm，保塑时间为 12 h，其标记为：WM M10-70-12-GB/T 25181—2019。

（2）湿拌防水砂浆的强度等级为 M15，抗渗等级为 P8，稠度为 70 mm，保塑时间为 12 h，其标记为：WW M15/P8-70-12-GB/T 25181—2019。

2. 干混砂浆的标记

干混砂浆的标记示例如图 6-5 所示。

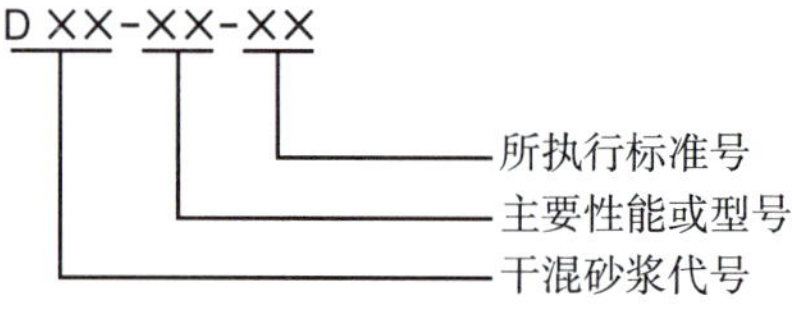

图 6-5　干混砂浆的标记示例

（1）干混砌筑砂浆的强度等级为 M10 其标记为：DM-M10-GB/T25181—2019。

（2）用于混凝土界面处理的干混界面砂浆的标记为：DIT-C-GB/T 25181—2019。

二、预拌砂浆所用材料

预拌砂浆所用原材料不应对人体、生物及环境造成有害的影响，并应符合国家有关安全和环保相关标准的规定。

（一）水泥

预拌砂浆宜采用散装的通用硅酸盐水泥，且应符合《通用硅酸盐水泥》（GB 175—2023）的规定。采用其他水泥时，应符合相应标准的规定。

（二）骨料

预拌砂浆采用的细骨料应符合《建设用砂》（GB/T 14684—2022）的规定，且不应含有粒径＞ 4.75 mm 的颗粒。天然砂的含泥量应＜ 5.0%，泥块含量应＜ 2.0%。细骨料最大粒径应符合相应砂浆品种的要求。

（三）矿物掺合料

粉煤灰、粒化高炉矿渣粉、天然沸石粉、硅灰应分别符合相关的规定。采用其他品种矿物掺合料时，应经过试验验证。矿物掺合料的掺量应符合相关标准的规定，并应通过试验确定。

（四）预拌砂浆其他材料

外加剂、添加剂、填料、拌合水等应符合相关标准的规定或经过试验验证。

三、预拌砂浆的性能

（一）湿拌砂浆

1. 湿拌砌筑砂浆拌合物

湿拌砌筑砂浆拌合物的体积密度≥ 1 800 kg/m^3。

2. 湿拌砂浆的性能

湿拌砂浆的性能应符合表 6-12 的规定。

表 6-12 湿拌砂浆的性能指标（《预拌砂浆》（GB/T 25181—2019））

项目		湿拌砌筑砂浆	湿拌抹灰砂浆		湿拌地面砂浆	湿拌防水砂浆
			普通抹灰砂浆	机喷抹灰砂浆		
保水率 /%		≥ 88.0	≥ 88.0	≥ 92.0	≥ 88.0	≥ 88.0
压力泌水率 /%		—	—	＜ 40	—	—
14 d 拉伸黏结强度 /MPa		—	M5：≥ 0.15 ＞ M5：≥ 0.2	≥ 0.20	—	≥ 0.20
28 d 收缩率 /%		—	≤ 0.20		—	≤ 0.15
抗冻性	强度损失率 /%	≤ 25				
	质量损失率 /%	≤ 5				

小贴士

有抗冻要求时，应进行抗冻性试验。

3. 湿拌砂浆的抗压强度

湿拌砂浆的抗压强度应符合表 6-13 的规定。

表 6-13　湿拌砂浆抗压强度（《预拌砂浆》（GB/T 25181—2019））

强度等级	M5	M7.5	M10	M15	M20	M25	M30
28 d 抗压强度 /MPa	≥ 5.0	≥ 7.5	≥ 10.0	≥ 15.0	≥ 20.0	≥ 25.0	≥ 30.0

4. 湿拌防水砂浆抗渗压力

湿拌防水砂浆抗渗压力应符合表 6-14 的规定。

表 6-14　湿拌防水砂浆抗渗压力（《预拌砂浆》（GB/T 25181—2019））

抗渗等级	P6	P8	P10
28 d 抗渗压力 /MPa	≥ 0.6	≥ 0.8	≥ 1.0

（二）干混砂浆

1. 外观

干混砂浆外观的粉状产品应均匀、无结块。双组分产品液料组分经搅拌后应呈均匀状态、无沉淀；粉料组分应均匀、无结块。

2. 干混普通砌筑砂浆拌合物

干混普通砌筑砂浆拌合物的体积密度≥ 1 800 kg/m^3。

3. 干混砌筑砂浆、干混抹灰砂浆、干混地面砂浆、干混普通防水砂浆的性能

干混砌筑砂浆、干混抹灰砂浆、干混地面砂浆、干混普通防水砂浆的性能应符合表 6-15 的规定。

表 6-15　部分干混砂浆性能指标（《预拌砂浆》（GB/T 25181—2019））

项目		干混砌筑砂浆		干混抹灰砂浆			干混地面砂浆	干混普通防水砂浆
		普通砌筑砂浆	薄层砌筑砂浆	普通抹灰砂浆	薄层抹灰砂浆	机喷抹灰砂浆		
保水率 /%		≥ 88.0	≥ 99.0	≥ 88.0	≥ 99.0	≥ 92.0	≥ 88.0	≥ 88.0
凝结时间 /h		3 ~ 12	—	3 ~ 12	—	—	3 ~ 9	3 ~ 12
2 h 稠度损失率 /%		≤ 30	—	≤ 30	—	≤ 30	≤ 30	≤ 30
压力泌水率 /%		—	—	—	—	< 40	—	—
14 d 拉伸黏结强度 /MPa		—	—	M5 ≥ 0.15 M10、M15、M20 ≥ 0.2	≥ 0.30	≥ 0.20	—	≥ 0.20
28 d 收缩率 /%		—	—	≤ 0.20			—	≤ 0.15
抗冻性	强度损失率 /%	≤ 25						
	质量损失率 /%	≤ 5						

小贴士

有抗冻要求时，应进行抗冻性试验。

4. 干混砌筑砂浆、干混抹灰砂浆、干混地面砂浆、干混普通防水砂浆的抗压强度

干混砌筑砂浆、干混抹灰砂浆、干混地面砂浆、干混普通防水砂浆的抗压强度应符合表 6-13 的规定。干混普通防水砂浆的抗渗压力应符合表 6-14 的规定。

项目小结

本项目主要介绍了建筑砂浆的相关知识。首先介绍了砌筑砂浆；其次介绍了抹面砂浆；最后介绍了预拌砂浆。通过本项目的学习，读者能够认识到建筑砂浆作为建筑材料的重要组成部分，在确保工程质量、提升建筑美观度和功能性方面发挥着不可替代的作用。同时，读者也可以提升在实际工程中灵活应用砂浆的能力。

项 目 工 单

实训记录表见表 6-16，实训评价见表 6-17。

表 6-16　实训记录表

班级		姓名		日期	
实训名称	建筑砂浆应用与性能测试实训				
实训目标	1. 掌握砌筑砂浆、抹面砂浆、预拌砂浆以及其他特种砂浆的组成成分、制备工艺及其在建筑工程中的应用技术； 2. 通过实验操作，掌握砂浆的性能测试方法，包括稠度、强度、黏结力等关键指标的测试，并能分析测试结果对工程质量的影响； 3. 结合实际工程需求，训练学生能够根据不同施工环境和功能要求，合理选用和调配合适的砂浆类型，确保砂浆性能满足设计要求				
实训过程记录					
实训注意事项					
实训总结					

表 6-17　实训评价

项目名称	评价内容	分值 / 分	评分
职业素养考核项目（30%）	安全意识与操作规范	10	
	细致与责任心	10	
	环境与健康意识	10	
专业能力考核项目（70%）	砂浆基本性质掌握能力	10	
	砂浆配合比设计能力	10	
	砂浆性能测试能力	20	
	施工工艺与应用能力	10	
	特种砂浆应用能力	20	
合计		100	
教师评语		教师签字	

课后练习

一、填空题

1. 砂浆的＿＿＿＿＿＿是指砂浆是否容易在砖石等表面铺成均匀、连续的薄层，且与基层紧密＿＿＿＿＿＿的性质。砂浆的和易性包括流动性和保水性。

2. 湿拌砂浆按用途可分为＿＿＿＿＿＿、湿拌抹灰砂浆、＿＿＿＿＿＿和湿拌防水砂浆。

3. 砌筑砂浆在承受＿＿＿＿＿＿或温度变化时会产生变形，如果变形过大或不均匀，容易使砌体的整体性下降，产生沉陷或＿＿＿＿＿＿。

4. 胶凝材料又称＿＿＿＿＿＿，是一种在物理、化学作用下，能从浆体变成坚固的石状体，并能胶结其他物料，制成有一定机械强度的＿＿＿＿＿＿物质。

5. 新拌砂浆的流动性，又称为＿＿＿＿＿＿，表示新拌砂浆在自重或外力作用下，易于产生流动的性质，通常用＿＿＿＿＿＿表示。

二、简答题

1. 简述干混砂浆的分类。

2. 简述抹面砂浆的特点。

3. 简述新拌砂浆的保水性。

项目七

金属材料

项目导读

金属材料以其独特的物理和化学性质，为建筑工程提供了稳定、耐久且多功能的解决方案。除此之外，金属材料还为建筑结构提供了坚实的支撑，还以其卓越的耐久性、抗腐蚀性和可加工性，为建筑设计带来了无限的可能性和创新空间。本项目主要介绍建筑钢材、铝和铝合金以及新型金属材料。

学习目标

知识目标

◇掌握建筑钢材、铝和铝合金以及新型金属材料的基本性质、分类、应用领域和加工工艺。

◇理解不同金属材料在建筑工程中的性能要求、选择原则及相关的国家或行业标准。

能力目标

◇能够根据工程需求，合理选择和应用建筑钢材、铝和铝合金以及新型金属材料。

◇具备对金属材料进行质量检测和评估的能力，确保其在工程中的可靠使用。

素质目标

◇培养学生对金属材料发展的敏锐洞察力，关注行业动态和技术创新，保持持续学习的态度。

◇增强学生安全第一的意识，了解金属材料在工程应用中的安全规范和环保要求，做到绿色施工。

思政目标

通过学习金属材料在国家重大工程中的应用案例，增强学生民族自豪感和责任感，激发学生为国家的建设和发展贡献力量的热情。同时，理解并践行可持续发展理念，在工程实践中注重资源的节约和环境的保护。

任务一 建筑钢材

任务描述

在一座多层停车场的建设中，施工方选用了一种高强度建筑钢材用于支撑结构的搭建。在施工进入中期时，质检员发现部分钢材在焊接过程中出现了裂缝，且这些钢材的屈服强度低于设计要求。经过进一步检测，发现该批钢材的化学成分不符合标准，特别是碳含量偏高，导致材料脆性增大。项目经理立刻暂停了相关部分的施工，并联系了钢材供应商进行调查。为了不影响整体工期，项目团队决定对已安装的钢材进行加固处理，同时更换了不合格的钢材批次。

任务分析

上述事件强调了建筑钢材质量对结构安全和施工进度的重要影响。由于钢材在生产过程中化学成分控制不当，导致了施工中的质量问题，暴露了材料进场检验和质量控制环节的薄弱。项目团队迅速采取补救措施，确保了工程质量和进度，体现了高效的项目管理能力。本任务帮助学生了解工程人员在材料选择和使用过程中必须严格执行质量检验程序，尤其是对关键结构材料。

任务实施

一、钢材的冶炼与分类

（一）钢的冶炼

钢是由生铁或废钢冶炼而成的。生铁是由铁矿石、焦炭和少量石灰石等在高温的作用下进行还原反应和其他化学反应，铁矿石中的氧化铁形成金属铁，然后吸收碳而形成的。生铁的主要成分是铁，但含有较多的碳以及硫、磷、硅、锰等杂质，杂质使得生铁的性质硬而脆，塑性很差，抗拉强度很低，使用受到很大限制。炼钢的目的就是通过冶炼将生铁中的含碳量降至2.06%以下，其他杂质含量降至一定的范围内，以显著改善其技术性能，提高质量。

将生铁或废钢在熔融状态下进行氧化，除去过多的碳及杂质得到钢液。钢液加入脱氧剂锰、硅等进行脱氧，然后才能浇铸成合格的钢锭，轧制成各种钢材。

（二）钢的分类

钢的品种繁多，分类方法很多，主要有以下几种。

1. 按化学成分分类

（1）碳素钢。碳素钢的化学成分主要是铁，其次是碳，故也称铁碳合金。碳素钢按含碳量多少又可分为低碳钢（含碳量小于 0.25%）、中碳钢（含碳量 0.25% ～ 0.60%）和高碳钢（含碳量大于 0.6%）。低碳钢在建筑中应用最广。

（2）合金钢。合金钢是指在炼钢过程中有意识地加入一种或多种能改善钢材性能的合金元素而制得的钢种。常用合金元素有硅、锰、钛、钒、铌、铬等。按合金元素总含量的不同，合金钢可分为低合金钢（合金元素总含量小于 5%）、中合金钢（合金元素总含量为 5% ～ 10%）和高合金钢（合金元素总含量大于 10%）。低合金钢在建筑中应用最多。

2. 按脱氧程度分类

因为在炼钢过程中不可避免地产生部分氧化状态的铁，并残留在钢水中，降低了钢的质量，所以，在铸锭过程中要加入适量的还原剂，进行脱氧处理，使氧化状态的铁还原为单质铁，通常把这个过程称为脱氧。冶炼时脱氧程度不同，钢的质量差异很大，通常可分为以下几种。

（1）沸腾钢。炼钢时仅加入锰铁进行脱氧，脱氧不完全。这种钢水浇入锭模时，会有大量的 CO 气体从钢水中外逸，引起钢水呈沸腾状，故称为沸腾钢，代号为 F。沸腾钢组织不够致密，成分不太均匀，硫、磷等杂质偏析较严重，故质量较差。但因其成本低、产量高，被广泛用于一般建筑工程。

（2）镇静钢。炼钢时采用锰铁、硅铁和铝锭等作脱氧剂，脱氧完全，且同时能起去硫作用。这种钢水铸锭时能平静地充满锭模并冷却凝固，故称为镇静钢，代号为 Z。镇静钢虽成本较高，但其组织致密，成分均匀，性能稳定，故质量好，其适用于预应力混凝土等重要的结构工程。

（3）半镇静钢。脱氧程度介于沸腾钢和镇静钢之间，为质量较好的钢，其代号为 b。

（4）特殊镇静钢。比镇静钢脱氧程度还要彻底的钢，质量最好，适用于特别重要的结构工程，代号为 TZ。

3. 按有害杂质含量分类

按钢中有害杂质磷（P）和硫（S）含量的多少，钢材可分为以下四类。

（1）普通钢：磷含量不大于 0.045%；硫含量不大于 0.050%。

（2）优质钢：磷含量不大于 0.035%；硫含量不大于 0.035%。

（3）高级优质钢：磷含量不大于 0.025%；硫含量不大于 0.025%。

（4）特级优质钢：磷含量不大于 0.025%；硫含量不大于 0.015%。

4. 按主要用途分类

（1）结构钢。结构钢按照其用途又可分为工程结构钢（建筑工程、桥梁、船舶、车辆等）和机械制造用结构钢（轴、齿轮、各种连接件等）。

（2）工具钢。工具钢主要用于制造刀具、模具等各种工具，其含碳量一般较高。

（3）特殊性能钢。特殊性能钢具有某种特殊物理或化学性能的钢种，包括不锈钢、耐热钢、耐磨钢等。

二、钢材的主要技术性能

钢材的力学性能和工艺性能是设计和施工人员选用钢材的主要依据，也是钢材生产和控制材质的重要参数。钢材从加工到使用所表现出来的性能主要包括以下几个方面，如图 7-1 所示。

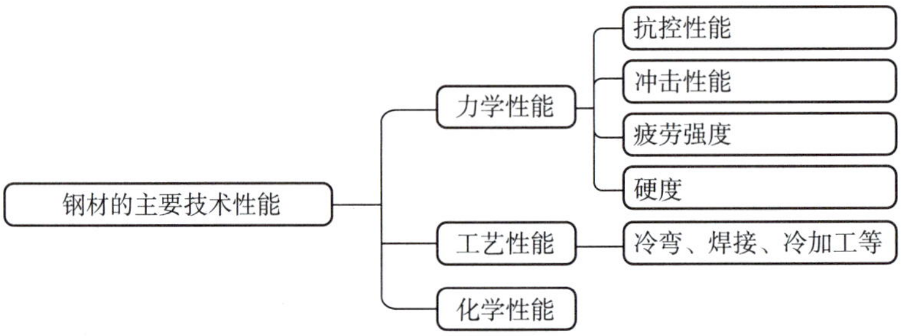

图 7-1　钢材的主要技术性能

（一）钢材的力学性能

1. 拉伸性能

（1）两类表现

通过试验机测试、分析，钢材存在两类表现，具体内容如下。

① 低碳钢（软钢）：硬度低，强度低，有屈服现象。

② 高碳钢、合金钢（硬钢）：硬度高，强度高，无屈服现象。

将低碳钢制成一定规格的试件，使用万能试验机（能测试拉、压、弯、剪各种力学性能），进行拉伸试验。根据低碳钢一次性拉伸试验，绘出如图 7-2 所示的钢材的应力 - 应变关系曲线，并获得钢材的力学性能指标。

（2）低碳钢拉伸的四阶段

低碳钢拉伸的应力 - 应变关系曲线与四阶段如图 7-2 所示。

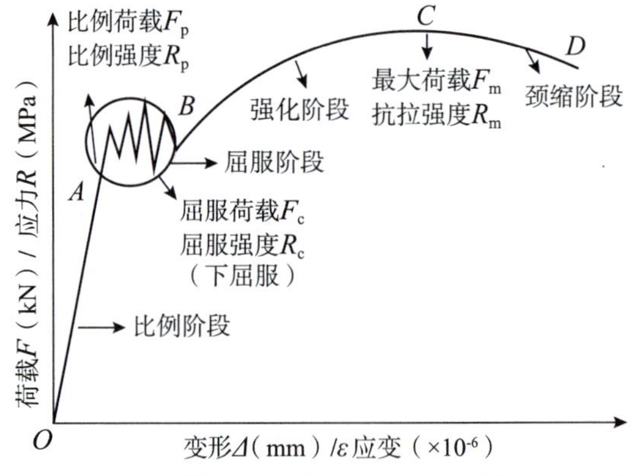

图 7-2　低碳钢拉伸的应力 - 应变关系曲线与四阶段

① 弹性阶段（*OA*）

力撤销后变形恢复，弹性阶段的最高点 *A* 所对应的应力值称为弹性极限 σ。这个阶段钢材在静荷载作用下，应力与应变成正比，其斜率称为弹性模量，用 *E* 表示，$E=o/\varepsilon$（单位为 MPa）。

② 屈服阶段（*AB*）

当荷载继续增大，钢材开始丧失对变形的抵抗能力，并产生大量塑性变形的应力。屈服点 σ（屈服强度），呈弹塑性，开始大变形，钢筋失效。国标规定以下屈服点的应力作为钢材的屈服强度。屈服强度为结构设计的依据。

③ 强化阶段（*BC*）

出现最大值抗拉强度 σb。从屈服到断裂有强度储备，给生命财产安全的时间。钢材在拉力的作用下能承受的最大拉应力，本阶段的最高点，即试件拉断前的最大应力 σb（或 *Rm*），称为抗拉强度。

④ 颈缩断裂阶段（*CD*）

当应力达到抗拉强度后，在试件薄弱处的断面将显著缩小，塑性变形急剧增加，产生颈缩现象并很快断裂。

（3）强度指标

① 屈服强度：$\sigma_s=\dfrac{F_s}{A_0}$。（即单位面积 mm² 上受多大的一个力就屈服了）。

② 抗拉强度：$\sigma_b=\dfrac{F_b}{A_0}$。（即单位面积 m^2 上受多大的一个力就拉断了）。

③ 屈强比：$\dfrac{\sigma_s}{\sigma_b}$，反映利用率与可靠程度。数值小则利用率低，但可靠程度大；数值大则利用率高，但可靠性差。一般钢材屈强比数值为 0.60 ～ 0.75。

④ 伸长率如图 7-3 所示，计算公式为

$$\delta=\frac{L-L_o}{L_o}\times 100\% \tag{7-1}$$

式中　δ——钢材的伸长率，%；

L_o——试件原标距长度，mm；

L——试件拉断后标距间的长度，mm。

δ 越大，说明钢材塑性越好，塑性变形能力越强。

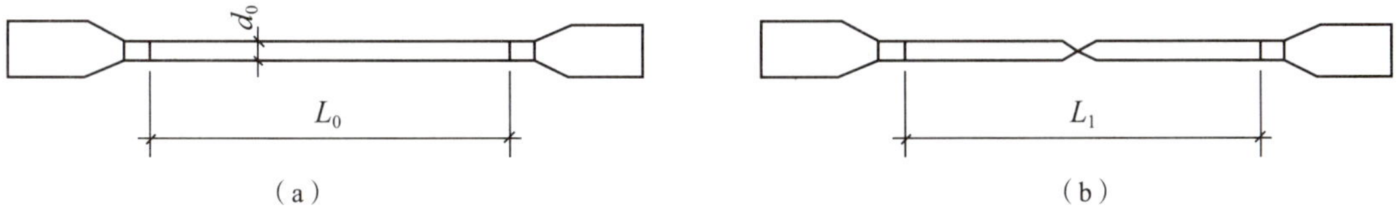

图 7-3　钢材的伸长率

2. 冲击韧性

冲击韧性也称韧性，是指钢材抵抗冲击荷载而不破坏的能力，用于重要结构的钢材，特别是承受冲击振动荷载的结构所用钢材，必须保证冲击韧性。

3. 疲劳强度

钢材在交变应力的反复作用下，往往在应力远小于其抗拉强度时就发生破坏，这种现象称为疲劳强度。疲劳破坏的危险应力用疲劳极限来表示，它是指疲劳试验时试件在交变应力作用下，在规定周期基数（如百万次）内不发生断裂所能承受的最大应力。构件承受交变荷载时必须考虑疲劳强度，如吊车梁、吊钩等。

4. 硬度

硬度是在表面局部体积内，抵抗其他较硬物体压入产生塑性变形的能力，通常与抗拉强度有一定的关系。目前测定钢材硬度的方法很多，最常用的有布氏硬度，用 HB 表示。

（二）钢材的工艺性能

1. 弯曲性能（冷弯性能）

冷弯性能是指钢材在常温下承受弯曲变形的能力，是建筑钢材的重要工艺性能。出现裂缝前能承受的弯曲程度越大（弯心小、弯角大），钢材的弯曲性能越好。塑性好，伸长率大的钢材，其冷弯性能必然好。钢材的冷弯性能指标是用弯曲角度和弯心直径对试件厚度（直径）的比值来衡量的。试验时采用的弯曲角度越大，弯心直径对试件厚度（直径）的比值越小，表示对冷弯性能的要求越高。

钢材的冷弯性能和伸长率都是塑性变形能力的反映，冷弯性能能体现钢材质量是否有杂质偏析、微裂纹等缺陷。

2. 焊接性能

钢材构件的可焊性与操作水平以及钢材的成分、组织有关。可焊性的好坏，主要取决于钢材的化学成分。焊件必须做试验，目的是检验焊缝的强度、质量如何，有无变形、开裂现象。

3. 冷加工性能

（1）冷轧。冷轧是指将圆钢在轧钢机上轧成断面形状规则的钢筋，以提高钢筋的强度及与混凝土的黏结力。钢筋在冷轧时，纵向与横向同时产生变形，因而能较好地保持其塑性和内部结构的均匀性。

（2）冷拉与冷拔。一般情况下，冷拉钢筋的屈服点可提高 20% ～ 25%，冷拔钢丝的屈服点可提高 40% ～ 60%。

（三）钢材的化学性能

钢材的化学成分主要是指碳、硅、锰、硫、磷等，在不同情况下还需考虑氧、氮及各种合金元素。

1. 碳（C）

碳是决定钢材性能的重要元素。当含碳量小于 0.8% 时，随着含碳量的增加，钢的伸长率、断面收缩率和冲击韧性逐渐下降，但硬度增大，抗拉强度在含碳量小于 0.8% 时随着含碳量的增加逐渐提高，当含碳量大于 0.8% 时则逐渐下降。

此外，随着含碳量的增加，钢材的焊接性能、冷弯性能和抗大气锈蚀性能下降。一般工程所用碳素钢均为低碳钢，其含碳量小于 0.25%。

2. 硅（Si）、锰（Mn）

硅和锰是在钢的精炼过程中为了脱氧去硫而加入的元素。当硅含量小于 1% 时，可提高钢的强度，但对钢的塑性和韧性无明显影响。当锰含量过高时，将会显著降低钢的焊接性能。当硅含量大于 1% 时，会使钢变脆，降低其可焊性和耐锈蚀性能。

3. 硫（S）、磷（P）

硫和磷是钢中的有害元素，分别以 FeS 和 FeP 的形式存在。FeS 熔点低，钢材热加工或焊接时，易使其内部产生裂纹，引起钢材断裂，这种现象称为热脆性。热脆性严重降低了钢的可焊性、热加工性、冲击韧性、耐疲劳性、抗腐蚀性等性能。工程中规定，硫的含量一般不得超过 0.055%。

一般认为，磷的偏析作用强烈，会使钢材在低温时变脆而引发裂纹，显著降低了钢材的可焊性。但是磷可提高钢的强度、耐磨性和耐蚀性，尤其在与铜等合金元素共存时效果更为明显。工程中规定，磷含量一般不得超过 0.045%。

4. 钛（Ti）、钒（V）

钛是较强的脱氧剂，钢中加入少量的钛，可显著提高钢的强度，而塑性略有降低。

钒是弱的脱氧剂，钒加入钢中可减弱碳和氮的不利影响，细化晶粒，提高强度，改善韧性，减少冷脆性，但降低可焊性。

三、钢材的技术标准与选用

建筑中常用的钢材可分为钢筋混凝土结构用钢和钢结构用钢两大类。前者主要是钢筋、钢丝和钢绞线，后者主要是型钢和钢板。

（一）钢筋混凝土结构用钢

混凝土材料的抗压性能很好，抗拉性能却很差，所以混凝土中一般要配置钢筋，称为钢筋混凝土结构，素混凝土结构用得很少。钢筋和混凝土协同工作，利用混凝土抗压、钢筋抗拉，充分发挥二者的优势。同时，混凝土包裹在钢筋外部，可使钢筋免于锈蚀或高温软化，从而使钢筋混凝土结构有着良好的耐久性和耐火性能。另外，混凝土和钢筋之间有良好的黏结力，因为二者的温度线膨胀系数很接近，故温度变化时，混凝土和钢筋之间不会产生较大变形而影响黏结。

钢筋混凝土结构用钢材主要由碳素结构钢和低合金高强度结构钢轧制而成，主要品种有以下五种。

1. 热轧钢筋

热轧钢筋是建筑中用量最多的钢筋品种，广泛应用于混凝土结构和预应力混凝土结构中，不但要求有较高的强度，而且要求有良好的塑性、韧性和焊接性能。热轧钢筋按照表面形状的不同可以分为光圆钢筋和带肋钢筋两大类，光圆钢筋的表面比较光滑，带肋钢筋表面有凹凸不平的刻痕，可以增加钢筋与混凝土之间的机械咬合力，主要有螺旋纹刻痕、人字纹刻痕和月牙纹刻痕等。带肋钢筋有月牙肋钢筋和等高肋钢筋等，如图 7-4 所示。

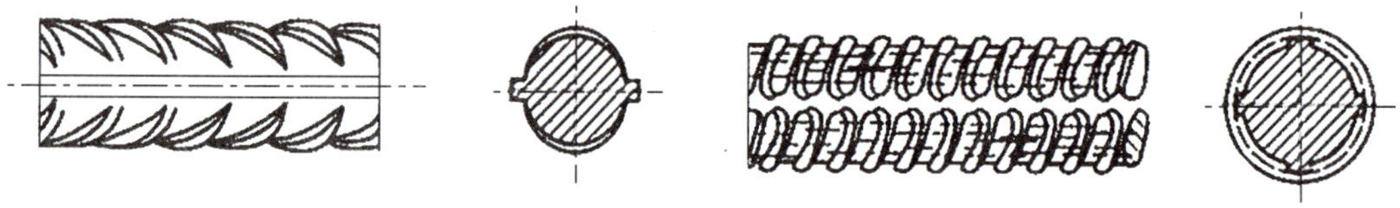

（a）月牙肋钢筋　　（b）等高肋钢筋

图 7-4　带肋钢筋

（1）热轧光圆钢筋

热轧光圆钢筋是指经热轧成型，横截面通常为圆形，表面光滑的成品钢筋。热轧光圆钢筋按屈服强度特征值分为 235 级、300 级，钢筋牌号由 HPB 和屈服强度特征值构成，分为 HPB235 和 HPB300 两种。钢筋的公称直径范围为 6 ～ 22 mm。根据《钢筋混凝土用钢 第 1 部分：热轧光圆钢筋》（GB 1499.1—2024）的规定，各牌号钢筋的力学性能和工艺性能应分别符合表 7-1 的要求。

表 7-1　热轧光圆钢筋的力学性能和工艺性能

牌号	下屈服强度 R_{el} /MPa	抗拉强度 R_m /MPa	断后伸长率 A /%	最大力总延伸率 A_{gt}/%	冷弯试验 180°
HPB	≥ 300	≥ 420	≥ 25	≥ 10.0	≥ $d=a$

注：d 为弯芯直径；a 为钢筋公称直径。

钢筋牌号及化学成分（熔炼分析）应符合表 7-2 的规定。其强度相对较低，但塑性、韧性很好，伸长率达到 25%，容易弯曲成型和实施焊接，主要用作混凝土结构中的箍筋，也可以用作中、小型混凝土结构的受力钢筋，还可作为冷轧带肋钢筋和冷拔低碳钢丝的原材料。

表 7-2　钢筋牌号及化学成分（熔炼分析）

牌号	化学成分（质量分数）/%				
	C	Si	Mn	P	S
HPDB	≤ 0.25	≤ 0.55	≤ 1.50	≤ 0.045	≤ 0.045

（2）热轧带肋钢筋

钢筋牌号的构成及其含义见表 7-3，热轧带肋钢筋是由低合金钢轧制而成的，表面的刻痕增加了钢筋与混凝土之间的黏结力，有效地防止钢筋在混凝土中的滑移。

表 7-3　钢筋牌号的构成及其含义

类别	牌号	牌号构成	英文字母含义
普通热轧钢筋	HRB400	由 HRB+ 屈服强度特征值构成	HRB——热轧带肋钢筋的英文（hot rolled ribbed bars）缩写； E——“地震”的英文（earthquake）缩写
	HRB500		
	HRB600		
	HRB400E	由 HRB+ 屈服强度特征值 +E 构成	
	HRB500E		
细晶粒热轧钢筋	HRBF400	由 HRBF+ 屈服强度特征值构成	HRBF——在热轧带肋钢筋的英文，（hot rolled ribbed bars）缩写后面加“细”（fine）的首位字母； E——“地震”的英文（earthquake）缩写
	HRBF500		
	HRBF400E	由 HRBF+ 屈服强度特征值 +E 构成	
	HRBF500E		

热轧带肋钢筋分为普通热轧带肋钢筋（按热轧状态交货的钢筋）和细晶粒热轧带肋钢筋（在热轧过程中，通过控轧和控冷工艺形成的细晶粒钢筋）两类，是钢筋混凝土结构中使用的主要钢筋类别。热轧带肋钢筋按屈服强度特征值分为 400 级、500 级、600 级。普通热轧带肋钢筋牌号由 HRB 和屈服强度特征值构成，分为 HRB400、HRB500、HRB600、HRB400E 和 HRB500E 五种，细晶粒热轧带肋钢筋牌号由 HRBF 和屈服强度特征值构成，分为 HRBF400、HRBF500、HRBF400 E 和 HRBF500E 四种。钢筋的公称直径范围为 6 ~ 50 mm；根据《钢筋混凝土用钢第 2 部分：热轧带肋钢筋》（GB 1499.2—2024）的规定，钢筋的下屈服强度 R_{el}、抗拉强度 R_m、断后伸长率 A、最大力总延伸率 A_{gt} 等力学性能特征值应符合表 7-4 的规定。

表 7-4 所列各力学性能特征值，除 R^0_{el}/R_{el} 可作为交货检验的最大保证值外，其他力学特征值可作为交货检验的最小保证值。

表 7-4　力学性能特征值

牌号	下屈服强度 R_{el}/MPa	抗拉强度 R_m/MPa	断后伸长率 A/%	最大力总延伸率 A_{gt}/%	R^0_m/R^0_{el}	R^0_{el}/R_{el}
HRB400、HRBF400	≥ 400	≥ 540	≥ 16	≥ 7.5	—	—
HRB400E、HRBF400E			—	≥ 9.0	≥ 1.25	≤ 1.30
HRB500、HRBF500	≥ 500	≥ 630	≥ 15	≥ 7.5	—	—
HRB500E、HRBF500E			—	≥ 9.0	≥ 1.25	≤ 1.30
HRB600	≥ 600	≥ 730	≥ 14	≥ 7.5	—	—

注：R^0_m 为钢筋实测抗拉强度；R^0_{el} 为钢筋实测下屈服强度。

低碳钢热轧圆盘条是由碳素结构钢经热轧而成并成盘供应的光圆钢筋，在建筑中应用也非常广泛，主要用作中、小型钢筋混凝土结构的受力钢筋和箍筋，以及作为拉丝等深加工钢材的原材料。根据《低碳钢热轧圆盘条》（GB/T 701—2008）的规定，盘条的力学性能和工艺性能应分别符合表 7-5 的要求。

表 7-5　低碳钢热轧圆盘条的力学性能和工艺性能

牌号	力学性能		冷弯试验 180° D——弯心直径 A——试样直径
	抗拉强度 R_m（σ_b）/MPa	断后伸长率 A/%	
Q195	≤ 410	≥ 30	$D=0$
Q215	≤ 435	≥ 28	$D=0$
Q235	≤ 500	≥ 23	$D=0.5A$
Q275	≤ 540	≥ 21	$D=1.5A$

注：1. 经供需双方协商并在合同中注明，可做冷弯试验。
　　2. 直径＞ 12 mm 盘条，冷弯性能指标由供需双方协商确定。

2. 冷轧带肋钢筋

冷轧带肋钢筋按延性高低分为两类：冷轧带肋钢筋 CRB、高延性冷轧带肋钢筋 CRB+。抗拉强度特征值 +H，C、R、B、H 分别为冷轧（coldrolled）、带肋（ribbed）、钢筋（bar）、高延性（high elongation）四个词的英文首位字母。钢筋分为 CRB550、CRB650、CRB800、CRB600H、CRB800H 五个牌号。CRB550、CRB600H 为普通钢筋混凝土用钢筋，CRB650、CRB800、CRB800H 为预应力混凝土用钢筋。根据《冷轧带肋钢筋》（GB 13788—2024）的规定，各牌号冷轧带肋钢筋的力学性能和工艺性能应符合表 7-6 的要求。

表 7-6　冷轧带肋钢筋的力学性能和工艺性能

分类		普通钢筋混凝土用		预应力混凝土用		
牌号		CRB550	CRB600H	CRB650	CRB650	CRB800H
规定塑性延伸强度 $R_{p0.2}$/MPa		≥ 500	540 ≥	≥ 585	≥ 720	≥ 720
抗拉强度 R_m/MPa		≥ 550	≥ 600	≥ 650	≥ 800	≥ 800
$R_m/R_{p0.2}$		≥ 1.05	≥ 1.05	≥ 1.05	≥ 1.05	≥ 1.05
断后伸长率 /%	A	≥ 11.0	≥ 14.0	—	—	—
	A_{100}	—	—	≥ 4.0	≥ 4.0	≥ 7.0
最大力总延伸率 /%	A_{gt}	≥ 2.5	≥ 5.0	≥ 4.0	≥ 4.0	≥ 4.0
弯曲试验 [a]180°		$D=3d$	$D=3d$	—	—	—
反复弯曲次数		—	—	3	3	4

续表

牌号		CRB550	CRB600H	CRB650	CRB650	CRB800H
应力松弛初始应相当于公称抗拉强度 70%	1 000 h，%	—	—	≤ 8	≤ 8	≤ 5

注：1.D 为弯心直径，d 为钢筋公称直径。

2. 当该牌钢筋作为普通钢筋混凝土使用钢筋使用时，对反复弯曲和应力松弛不做要求；当该牌号钢筋作为预应力混凝土用钢筋使用时应进行反复弯曲试验代替 180° 弯曲试验，并检测松弛率。

冷轧带肋钢筋具有强度高、塑性好、节约钢材、质量稳定、与混凝土的握裹力强、综合性能良好等优点。CRB550 宜用作普通钢筋混凝土构件的受力主筋、架立筋和构造筋，其他牌号宜用作中、小型预应力混凝土构件的受力主筋。

3. 冷轧扭钢筋

冷轧扭钢筋是采用低碳钢热轧圆盘条经专用钢筋冷轧扭机调直、冷轧并冷扭（或冷辊）一次成型具有规定截面形式和相应节距的连续螺旋状钢筋。冷轧扭钢筋按其截面形状不同分为Ⅰ型、Ⅱ型和Ⅲ型三种类型，按其强度级别不同分为 CTB550 级和 CTB650 级。根据《冷轧扭钢筋》（JG 190—2006）的规定，冷轧扭钢筋的力学性能和工艺性能指标应符合表 7-7 的要求。

表 7-7 冷轧扭钢筋的力学性能和工艺性能

强度级别	型号	抗拉强度 R_m (σ_b) /（N/mm^2）	伸长率 A/%	180° 弯曲试验（弯心直径 =3 a）	应力松弛率 /%（当 $\sigma_{con}=0.7f_{ptk}$）	
					10h	1000h
CTB550	Ⅰ	≥ 550	$A_{11.3}\geq 4.5$	受弯曲部位钢筋表面不得产生裂纹	—	—
	Ⅱ	≥ 550	$A\geq 10$		—	—
	Ⅲ	≥ 550	$A\geq 12$		—	—
CTB650	Ⅲ	≥ 650	$A_{100}\geq 4$		≤ 5	≤ 8

注：1. a 为冷轧扭钢筋标志直径。

2. A、$A_{11.3}$，分别表示以标距 $5.65\sqrt{S_0}$、$11.3\sqrt{S_0}$（S_0 为试样原始截面面积）的试样断后伸长率，A_{100} 表示标距为 100 mm 的试样断后伸长率。

3. σ_{con} 为预应力钢筋张拉控制应力，f_{ptk} 为预应力冷轧扭钢筋抗拉强度标准值。

冷轧扭钢筋具有刚度大、不易变形、与混凝土握裹力大、无须加工（预应力或弯钩）等优点，可直接用于混凝土工程，可节约 30% 钢材。使用冷轧扭钢筋可减小板的设计厚度、减轻自重，施工时可按需要将成品钢筋直接供应现场铺设，无须现场加工，改变了传统加工钢筋占用场地、不利于机械化生产的弊端。

4. 预应力混凝土用热处理钢筋

预应力混凝土用热处理钢筋是由普通热轧中碳低合金钢筋经淬火和回火调质处理后的钢筋，按直径有 6 mm、8 mm 和 10 mm 三种规格，按其外形有纵肋和无纵肋两种，但都有横肋。热处理钢筋具有高强度、高韧性和高黏结力及塑性降低等特点，适用于预应力混凝土构件的配筋，但其应力腐蚀及缺陷敏感性强，使用时应防止锈蚀及刻痕等。

5. 预应力混凝土用钢绞线

预应力混凝土用钢绞线是以数根高强度钢丝经绞捻（一般为左捻）、稳定化处理（在一定张力下进行的短时热处理，以减小应用时的应力松弛）等工序制成。预应力混凝土用钢绞线按结构分为用两根钢丝捻制的钢绞线 1×2、用三根钢丝捻制的钢绞线 1×3、用三根刻痕钢丝捻制的钢绞线 1×3Ⅰ、用七根钢丝捻制的标准型钢绞线 1×7、用七根钢丝捻制又经模拔的钢绞线（1×7）C。1×2、1×3、1×7 结构钢绞线外形，如图 7-5 所示。

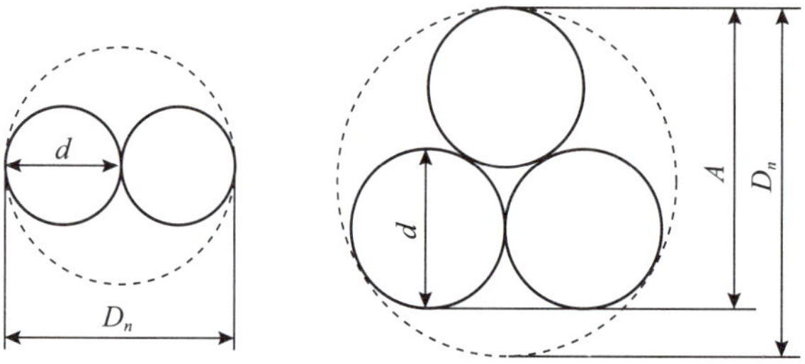

D_n- 钢绞线直径；d_0- 中心钢丝直径；d- 外围钢丝直径；A-1×3 结构钢绞线测量尺寸。

图 7-5 不同结构钢绞线外形示意图

预应力混凝土用钢绞线以盘卷供货，具有强度高、柔性好、安全可靠等优点，并且开盘后无须调直、接头，主要用于大跨度、重负荷的后张法预应力混凝土结构，特别是曲线配筋预应力混凝土结构。

（二）钢结构用钢

钢结构构件通常应直接选用各种型钢，型钢之间可以通过直接连接或附加连接钢板的方式进行连接。连接方式主要包括铆接、焊接和螺栓连接等。钢结构所用材料主要有热轧型钢、冷弯薄壁型钢、热（冷）轧钢板和钢管等，主要采用碳素结构钢和低合金高强度结构钢作为钢材。

1. 热轧型钢

常用的热轧型钢有角钢、槽钢、工字钢（等边角钢和不等边角钢）、H 型钢、T 型钢、L 型钢、Z 型钢等，如图 7-6 所示。我国建筑用热轧型钢主要采用碳素结构钢和低合金高强度结构钢来轧制。在碳素结构钢中主要用 Q235A（碳的质量分数为 0.14% ～ 0.22%），其特点是冶炼容易、成本低廉、强度适中、塑性和焊接性能较好，适合建筑使用。在低合金高强度结构钢中主要采用 Q345 和 Q390，可用于大跨度、承受动荷载的钢结构中。

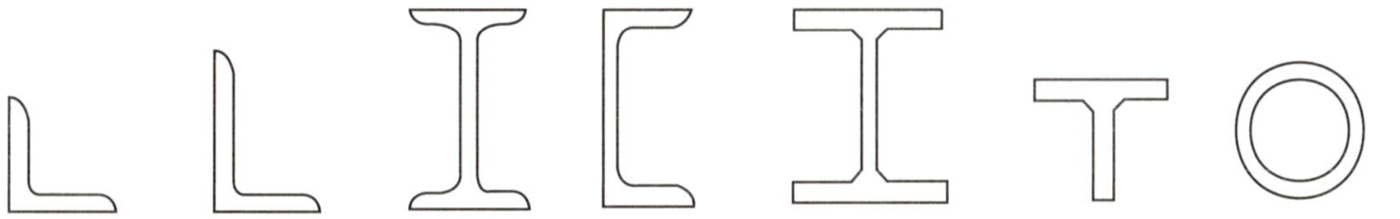

（a）角钢　（b）工字钢　（c）槽钢　（d）H型钢　（e）T型钢　（f）钢管

图 7-6　型钢示意图

角钢有两种，等边角钢和不等边角钢。不等边角钢在符号“∟”后加“长边宽 × 短边宽 × 厚度”来表示，如∟ 100×80×8；等边角钢在符号“∟”后加“边宽 × 厚度”来表示，如∟ 100×8，单位均为 mm。角钢主要用来作为承受轴向力的杆件和支撑杆件，也可作为受力杆件之间的连接件。

工字钢分为普通工字钢和轻型工字钢。普通工字钢的表示方法是在符号“I”后加截面高度的厘米数，如 I20 表示截面高度为 20 cm 的工字钢，20 号以上的工字钢，同一号数有三种腹板厚度，分别用 a、b、c 表示，其中 a 类腹板较薄，如 I36 a、I36 b、I36 c。轻型工字钢的腹板和翼缘厚度都较普通工字钢薄，因此在相同重量下其截面模量和回转半径较大。工字钢广泛用于各种建筑结构和桥梁以及主要用于承受横向弯曲的杆件，但不宜单独用作轴心承受压力杆件或双向弯曲的构件。

H 型钢是由工字钢发展而来的，优化了截面的分布，与工字钢相比，其翼缘内外两侧平行，便于与其他构件相连。H 型钢分为宽翼缘 H 型钢（代号 HW，翼缘宽度 B 与截面高度 H 相等）、中翼缘 H 型钢（代号 HM，B =（1/2 ～ 2/3）H）和窄翼缘 H 型钢（代号 HN，B =（1/3 ～ 1/2）H）。H 型钢可以剖分为 T 型钢供应，代号分别为 TW、TM 和 TN。H 型钢和 T 型钢的表示方法均为“高度 H× 宽度 B× 腹板厚度 t_1× 翼缘厚度 t_2”，如 HM390×300×10×16，对应的 T 型钢为 TM195×300×10×16，单位均为 mm。H 型钢有翼缘宽、侧向刚度大、抗弯能力强、连接构造简单、质量轻、节省钢材等优点。常用于承载压力大、截面稳定性好的大型建筑。其中宽翼缘和中翼缘适用于钢柱等轴心承受构件，窄翼缘适用于钢梁等受弯构件。

槽钢的表示方法与工字钢类似，如 I32 a 表示截面高度为 32 cm、腹板较薄的 a 类槽钢，轻型槽钢的翼缘和腹板厚度比普通槽钢薄。槽钢可用作承受轴向力的杆件、承受横向弯曲的梁及联系杆件。

2. 冷弯薄壁型钢

冷弯薄壁型钢通常采用 1.5 ～ 6 mm 厚度的薄钢板或钢带（一般采用碳素结构钢或低合金结构钢）经冷弯（轧）或模压而成，有角钢、槽钢等开口薄壁型钢及方形、矩形等空心薄壁型钢。

冷弯薄壁型钢是一种高效经济截面，由于其壁薄且刚度好，能够高效地发挥材料的作用。在相同的承载条件下，冷弯薄壁型钢可以减轻构件的质量并节约钢材，应用于建筑结构时，相比热轧型钢可节省 38% ～ 50% 的钢材。冷弯薄壁型钢适用于轻型钢结构，并且施工方便，能够降低综合成本。另一种形式的冷弯薄壁型钢是建筑用压型钢板，它使用厚度为 0.4 ~ 3 mm 的钢板、镀锌钢板或彩色涂层钢板，经过冷压（轧）成型为各种波形板。压型钢板具有轻质、高强度、良好的抗震性能、快速的施工速度以及美观的外形，主要用于围护结构、屋面板、楼板以及各种装饰板等。

3. 钢板和钢管

钢结构使用的钢板是由碳素结构钢和低合金高强度结构钢轧制而成的扁平钢材，以平板状态供货的称为钢板，以卷状态供货的称为钢带。钢板按轧制温度的不同，可分为热轧钢板和冷轧钢板两类；按厚度分，热轧钢板又可分为厚板（厚度大于等于 4 mm）和薄板（厚度小于 4 mm）两种；而冷轧钢板只有薄板（厚度小于 4 mm）一种。厚板可用作结构型钢的连接与焊接，组成钢结构承力构件，薄板可用作屋面或墙面等围护结构，或作为薄壁型钢的原料。

建筑用钢板或钢带的钢种主要是碳素结构钢，一些重型结构、大跨度结构、高压容器等也采用低合金高强度结构钢。钢板经冷压或冷轧成波形、双曲形、V 形等形状称为压型钢板。彩色钢板（又称有机涂层薄钢板）、镀锌薄钢板、防腐薄钢板都可以用于制作压型钢板。其特点是质量轻、强度高、外形美观，主要用于维护结构、楼板、屋面，还可用于保温材料、制成复合墙板等，用途十分广泛。

按照生产工艺，钢结构所用钢管有无缝钢管和焊接钢管两类，用符号“φ”后面加“外径 × 厚度”来表示，如 $\varphi 1\,400 \times 5$，单位为 mm。无缝钢管以优质碳素结构钢或低合金高强度结构钢为原料，采用热轧、冷拔无缝方法制造。热轧无缝钢管具有良好的力学性能和工艺性能，主要用于压力管道。焊接钢管采用优质或普通碳素钢钢板卷焊而成，表面有镀锌和不镀锌两种，按其焊接形式分为直缝焊钢管和螺旋焊钢管两类。焊接钢管价格相对较低、易加工，但一般抗压性能较差。

建筑中，钢管多用于制作桁架、塔桅、钢管混凝土等构件，也广泛用于高层建筑、厂房柱、塔柱、压力管道等工程中。

任务二 铝和铝合金

任务描述

在一个现代化办公楼项目中，工程师选择铝合金作为外立面材料，以实现轻量化和美观效果。然而，在施工期间，发现部分铝合金面板出现严重的腐蚀现象，影响建筑外观和结构安全。经调查发现，这批铝合金在生产过程中抗腐蚀处理不足，导致其在潮湿环境中迅速腐蚀。项目团队立即更换所有问题材料，并加强施工现场的防护措施。最终，外立面顺利完工，建筑按时交付使用。

任务分析

上述事件突显了铝和铝合金在建筑应用中的技术挑战，特别是在抗腐蚀方面。事件中，修复措施和防护加强展示了项目团队的灵活性和责任感。此事件强调了材料质量和工艺控制的重要性，提醒工程师和施工团队在选择和使用铝及铝合金材料时，必须严格检验和测试，确保它们满足长期使用性能和环境适应性要求。

任务实施

一、纯铝

铝在地壳中的含量仅次于氧和硅，约为 8.13%。炼铝的原料是铝矾土，主要成分为一水铝（$Al_2O_3 \cdot H_2O$）和三水铝（$Al_2O_3 \cdot 3H_2O$），另外还含少量氧化铁、石英和硅酸盐等。从铝矿石中提炼出氧化铝（Al_2O_3），再通过电解得到含少量铁、硫杂质的电解铝，经提纯后浇铸成铝锭。高纯度铝的纯度可达 99.996%，普通纯铝的纯度在 99.5% 以上。

铝是有色金属中的轻金属，密度为 2.7 g/cm^3，约为铜或钢的 1/3，具有良好的塑性、加工性、吸音性、抗撞击性，导热、导电、耐低温、抗核辐射等性能优良，在航天、航空、机械、建筑等各个领域得到十分广泛的应用。但纯铝在自然状态下形成的氧化铝膜很薄，耐腐蚀性有限；电位较低，电化学腐蚀问题极其突出；强度和硬度很低，不能满足使用要求。因此，一般不直接使用纯铝制品，而使用铝合金制品。

二、铝合金的类型及其特性

铝中加入适量的铜、镁、硅、锰、锌等合金元素制成铝合金，经冷加工或热处理后，强度可大幅度提高，与低合金钢的强度相当。铝合金克服了纯铝强度和硬度过低的不足，又仍能保持铝的轻质、易加工等优良性能，在建筑工程中尤其在装饰领域中应用越来越广泛，如图 7-7 所示。

铝合金根据化学成分及生产工艺分为铸造铝合金和变形铝合金，建筑用铝合金主要为变形铝合金。铸造铝合金要求具有良好的铸造性；变形铝合金要求具有良好的塑性，变形铝合金分为不能热处理强化铝合金和可以热处理强化铝合金两种。

图 7-7 铝合金

三、铝合金型材的生产

铝及铝合金铸锭的结晶组织粗大而不均匀，强度较低，塑性较差，一般作为塑性加工的坯料，通过塑性加工改善组织与性能，生产各种铝合金型材。

（一）按加工过程的温度特征分类

1. 热加工

热加工是铝及铝合金锭坯在再结晶温度以上所完成的塑性成型过程。常见的热加工方法有热挤压、热轧制、热锻压、热顶锻、液体模锻、半固态成形、连续铸轧、连铸连轧、连铸连挤等。

2. 冷加工

冷加工是在不产生回复和再结晶温度以下所完成的塑性成型过程。冷加工可得到表面光洁、尺寸精确、组织性能良好和能满足不同性能要求的产品。常见的冷加工方法有冷挤压、冷顶锻、管材冷轧、冷拉拔、板带箔、冷轧、冷冲压、冲弯、旋压等。

3. 温加工

温加工是介于冷、热加工之间的塑性成型过程，可以降低变形抗力、提高塑性。常见的温加工方法有温挤、温轧、温顶锻等。

（二）按变形过程的应力 – 应变状态分类

按工件在变形过程中的受力与变形方式（应力 – 应变状态），铝及铝合金的加工方法有轧制、挤压、拉拔、锻压、旋压及成型加工（如冷冲压、冷变、深冲）等。

四、铝合金的表面处理

铝合金的表面处理是解决或提高防护性、装饰性和功能性三方面的问题。防护性是提高铝材的抗蚀性，阳极氧化膜和喷涂有机聚合物涂层是常用的表面保护手段。装饰性从美观出发，进行表面着色处理，提高铝材的外观品质。功能性是赋予铝材表面的某些化学或物理特性，如增加硬度、提高耐磨损性、电绝缘性、亲水性等。铝合金表面处理有机械处理、化学处理、电化学处理、物理处理等方法。

五、铝合金结构

（一）围护结构

扫一扫

铝合金结构

通常把门、窗、护墙、隔墙和天棚吊顶等的框架称作围护结构中的线结构；把屋面、天花板、各类墙体、遮阳装置等称作围护结构中的面结构。一般线结构使用铝型材，面结构使用铝薄板。

（二）半承重结构

随着围护结构尺寸的扩大和负载的增加，一些结构需起到围护和承重的双重作用，称为半承重结构。半承重铝结构广泛用于跨度大于 6 m 的屋顶盖板和整体墙板、无中间构架屋顶、盛各种液体的罐、池等。

（三）承重结构

从单层房屋的构架到大跨度屋盖都可使用铝结构做承重件。从安全和经济技术的合理性考虑，往往采用钢柱和铝横梁的混合结构。

任务三　新型金属材料

任务描述

在某大型展览中心的建设中，设计团队决定采用一种新型金属复合材料——钛合金不锈钢复合板作为外墙装饰材料，以实现美观、耐腐蚀和强度的完美结合。然而，在施工安装阶段，施工人员发现部分复合板在切割和焊接过程中出现了分层和变形的现象，无法达到设计的平整度要求。经过调查，发现问题来源于材料供应商的生产工艺控制不当，导致复合材料的结合强度不足。项目团队立即停止使用问题批次材料，并与供应商协商更换合格产品。同时，施工团队针对已安装部分进行了加固处理，并增加了材料进场检验程序。最终，外墙施工顺利完成，达到了预期的设计效果。

任务分析

上述事件突显了新型金属材料在实际应用中的潜在风险，尽管这些材料在理论上具有出色的性能，但在生产和施工过程中需要更加严格的质量控制。钛合金不锈钢复合板在此次事件中暴露了分层和变形的质量问题，表明材料的选择和供应商的生产工艺对工程质量至关重要。此事件提醒项目团队在使用新型材料时，必须加强材料检验和施工工艺测试，确保其符合设计要求和施工标准。本任务帮助学生了解项目管理中风险预判和应急响应的重要性，以确保工程质量和进度不受影响。

任务实施

常用的金属材料品种较单一，普遍存在着不耐高温、易腐蚀、导热性高、低温脆性大等缺点。随着社会的发展和应用领域的扩大，人们对金属材料的各项性能提出了更高的要求，从而需要功能更强大、性能更优良的新型金属材料。

一、超高强度钢

用于承重结构的钢材主要是低碳钢和低合金钢，低碳钢的f_u=315～630 MPa；低合金钢的f_u=510～720 MPa。而高强度钢的f_u。要求达到900～1 300 MPa，超高强度钢材的f_u要求达到1 300 MPa以上，同时韧性和耐疲劳强度等力学性能也要求有较大幅度提高。目前已经开发出的超高强度钢材按合金元素的含量分为低合金系、中合金系和高合金系三类。

低合金超高强度钢是将马氏体系低合金钢进行低温回火制成，较多地用于航空业，在建筑上主要用作连接五金件等。中合金超高强度钢是添加铬 Cr、钼 Mo 等合金元素，并进行二次回火处理制成，耐热性能优良，可用作建筑上需要耐火的部位。高合金超高强度钢包括 9 Ni-4 Co 马氏体时效硬化钢、析出硬化不锈钢等品种，具有很高的韧性，焊接性能优异，适用于海洋环境和与原子能相关的领域。

二、低屈强比钢

钢材的屈强比（f_y/f_u）反映钢材具有的安全可靠性，屈强比值对于结构的抗震性能尤其重要。为了满足建筑物抗震安全，要求结构材料具有较高的屈服强度和较小的屈强比，保证在中等强度地震发生时不产生过大变形和破坏，应力有较充足的过程向极限强度发展。

超高强度钢的含碳量一般较高，硬度、脆性较大，无明显的屈服点，屈服发生后很快就到达强度极限，没有明显的塑性变形，不利于结构安全。在超高强度钢材中加入一部分较柔软的金属组织（铁素体），使钢材保持原有超高强度的同时，降低屈服强度，减小屈强比，并增加钢材的塑性和韧性，提高安全性。

三、新型不锈钢

不锈钢通常含有镍 Ni 元素，与普通钢材相比具有“不锈”的性能，但在较苛刻的环境条件下仍然会锈蚀。新型不锈钢不含镍 Ni 元素，是在 19 Cr-20 Mo 不锈钢中添加铌 Nb、钛 Ti、锆 Zr 等稳定性更好的元素，形成高纯度的贝氏体不锈钢，耐腐蚀性得到大幅度的提高，同时耐热性、耐腐蚀性、焊接加工性能也得到改善。一般用于 300 ℃以下的环境中的太阳能热水器、耐腐蚀配管等构件。对含 Cr 量较大的新型不锈钢可耐 500 ～ 700 ℃高温，用于火力发电厂或建筑物中的耐火覆盖层。

四、高耐蚀性金属及钛合金

大多数金属材料在海水环境中容易腐蚀，即使是不锈钢也可能会出现孔蚀。相比之下，金属钛因其表面具有致密的氧化膜，具备优异的耐海水腐蚀性能。此外，钛合金还具有质量轻、比强度高、耐腐蚀性强、装饰性好以及焊接性能优良等特点，已成为航天、航空、原子能发电、化工以及海水淡化等领域中不可或缺的材料。然而，由于钛合金价格昂贵，尚未实现广泛普及应用。由于腐蚀通常从材料表面开始，为了降低成本，可以考虑采用内部使用不锈钢或普通碳素钢，表面覆盖钛金属保护层的复合方法，以提升构件的耐腐蚀性能。这种方法能够在保证耐腐蚀性的同时，有效减少材料成本。

五、耐火钢

钢材在常温下具有很高的强度，但随着温度的升高，强度降低，变形严重。普通钢材的机械强度在 400 ℃温度时将降为室温强度的 1/3，在 1 000 ℃时降低为室温强度的 1/10。为了提高钢材的耐火性，经常是在钢材表面涂刷耐火涂料，或者在钢材表面覆盖耐火材料，但这种方法的施工工序繁杂，被覆盖的钢材难以达到结构轻巧、线条清晰、表面光泽等美观效果。耐火钢是在普通碳素钢中添加钼 Mo、钒 V、铬 Cr、铌 Nb 等合金元素，可使钢材在 400 ℃高温下的强度达到室温强度的 2/3。

项目小结

本项目主要介绍了建筑金属材料的相关知识。首先介绍了建筑钢材；其次介绍了铝和铝合金；最后介绍了新型金属材料。通过本项目的学习，读者能够全面掌握金属材料在建筑中的关键技术和应用要点，为建筑行业的材料选择与设计提供有力的科学依据，为未来的专业发展和职业实践奠定了坚实的基础。

项 目 工 单

实训记录表见表 7-8，实训评价见表 7-9。

表 7-8　实训记录表

班级		姓名		日期	
实训名称	建筑金属材料性能与应用实训				
实训目标	1. 掌握建筑钢材、铝及铝合金的基本性能、分类、生产工艺及其在建筑中的典型应用； 2. 了解新型金属材料的特点、种类及其在现代建筑中的创新应用，包括其性能优势和潜在市场； 3. 通过实验和案例分析，学会金属材料的选择原则，能够根据工程需求合理选用金属材料，以优化建筑结构和性能				
实训过程记录					
实训注意事项					
实训总结					

表 7-9 实训评价

项目名称	评价内容	分值 / 分	评分
职业素养考核项目（30%）	安全操作与管理	10	
	严谨性与准确性	10	
	环保与资源节约	10	
专业能力考核项目（70%）	金属材料基本性能掌握能力	10	
	材料识别与分类能力	10	
	金属材料焊接与连接能力	20	
	新型金属材料的认知与应用能力	10	
	材料性能测试与分析能力	20	
合计		100	
教师评语		教师签字	

课 后 练 习

一、填空题

1. 碳素钢的化学成分主要是________，其次是碳，故也称________。

2. 钢材在________的反复作用下，往往在应力远小于其抗拉强度时就发生破坏，这种现象称为________。

3. 钢材在常温下具有很高的强度，但随着温度的升高，强度________，________严重。

4. ________是提高铝材的抗蚀性，________和喷涂有机聚合物涂层是常用的表面保护手段。

5. 钢结构构件一般应直接选用各种型钢，型钢之间可直接连接或附加连接钢板进行连接，连接方式主要有铆接、________及________等。

二、简答题

1. 简述炼钢的目的。

2. 通过试验机测试、分析，钢材存在哪些表现？

3. 简述预应力混凝土用热处理钢筋。

项目八

墙体材料

项目导读

墙体材料在建筑材料中不仅构成了建筑的基本骨架，为建筑提供了稳定的结构支撑，还承担着保温、隔热、隔音等多重功能，直接影响建筑的居住舒适度和能源效率。在选择和应用墙体材料时，需综合考虑其性能、美观度和可持续性，以确保建筑的整体品质和长期价值。本项目主要介绍砌墙砖、砌块、建筑板材和其他新型墙体材料。

学习目标

知识目标

◇掌握砌墙砖、砌块、建筑板材及新型墙体材料的基本性质与应用。

◇了解各类墙体材料的选择原则、施工工艺及质量控制标准。

能力目标

◇能够根据工程需求，分析并选择合适的墙体材料。

◇熟练掌握墙体材料的施工工艺，具备实际操作能力。

素质目标

◇培养学生持续学习的习惯，关注墙体材料领域的新技术、新材料。

◇提升学生团队协作与沟通能力，在项目中有效协作，共同解决问题。

思政目标

培养学生树立绿色建材与可持续发展理念，深入理解环保、节能和资源循环利用的重要性，在墙体材料的选择与应用中积极践行这些原则，提高学生对社会和环境的责任感，同时倡导并推动绿色建筑和可持续发展的实践。

任务一 砌 墙 砖

任务描述

在一个大型住宅社区的建设项目中，施工团队采购了一批新型环保隔热砖用于砌墙。施工过程中，砌墙师傅们发现砖块之间黏结不牢固，砌筑完成后不久就出现了墙体开裂现象。经质量检测，发现问题砖块的含水率严重超标，导致砖块干燥后收缩变形，影响了墙体的稳定性。项目管理团队立即停工整改，要求更换合格砖块，并对已砌墙体进行加固修复。最终，墙体建筑质量得到了保证，项目顺利推进。

任务分析

上述事件凸显了砌墙砖在建筑工程中的关键作用，即使是新型环保材料，其质量也必须严格把控。砖块的含水率超标导致的墙体开裂问题，表明在材料采购和施工过程中需要加强质量管理。此事件提醒工程管理人员必须对所有进场建筑材料进行严格检测，确保其符合设计规范和施工标准。同时，也强调了施工现场的质量监控和问题处理能力，避免因材料质量问题对项目进度和工程安全造成负面影响。

任务实施

在房屋建筑中，墙体承担着承重、围护和分隔空间的功能，而屋面作为建筑物的最顶层防护结构，具有防风雨、保温隔热的作用。因此，合理选择墙体和屋面材料，对建筑物的功能、安全性和经济性等方面都具有重要影响。

目前，用于墙体的材料种类繁多，总体可分为砌墙砖、墙用砌块和墙用板材三大类。屋面材料则主要以瓦（板）材为主。这些材料的选择和应用直接影响建筑物的整体性能和成本控制。

一、烧结砖

（一）烧结普通砖

国家标准《烧结普通砖》（GB/T 5101—2017）规定，凡以黏土、页岩、煤矸石和粉煤灰等为主要原料，经成型、焙烧而成的实心或孔洞率不大于 15% 的砖，称为烧结普通砖（图 8-1）。烧结普通砖分烧结黏土砖、烧结页岩砖、烧结煤矸石砖、烧结粉煤灰砖等，

图 8-1 烧结普通砖

通常尺寸为 240 mm × 115 mm × 53 mm。

1. 烧结普通砖的分类

（1）烧结普通砖按主要原料烧结砖可以分为：黏土砖（N）、页岩砖（Y）、煤矸石砖（M）和粉煤灰砖（F）。

（2）烧结普通砖按焙烧窑中气氛分红砖和青砖两种。在氧化气氛的焙烧窑中烧成的红色黏土质砖为红砖，在还原气氛的焙烧窑中烧成的青灰色黏土质砖为青砖。青砖较红砖耐碱，耐久性好。

（3）烧结普通砖按焙烧方法分内燃砖和外燃砖。近年来，我国普遍采用了内燃砖。它是煤渣、粉煤灰等可燃工业废渣以适当比例掺入制坯黏土原料中作为内燃原料，当砖坯焙烧到一定温度时，内燃料在坯体内也进行燃烧，这样烧成的砖叫作内燃砖。内燃法制砖除可节省外投燃料和部分黏土用量（可节约原料黏土 5% ～ 10%）外，由于焙烧时热源均匀，内燃原料燃烧后留下许多封闭小孔，因此砖的表观密度减小，强度提高约 20%，导热系数降低，隔热、保温性能增强。

（4）烧结普通砖按火候分有正火砖、欠火砖和过火砖。在砖的焙烧过程中，由于窑内温度分布难以完全均匀，除正常焙烧（正火砖）外，常会出现欠火砖和过火砖。欠火砖色泽较浅，敲击声音沉闷，吸水率高，强度低且耐久性差；而过火砖色泽较深，敲击声音清脆，吸水率低，强度较高，但存在弯曲变形的问题。这两种情况下的砖均为不合格产品。

2. 生产工艺

烧结砖的生产过程为：配料→调制→制品成型→干燥→焙烧→成品。

3. 性能

（1）形状尺寸

普通黏土砖为长方体，其标准尺寸为 240 mm × 115 mm × 53 mm（通常将 240 mm × 115 mm 的平面称为大面，将 240 mm × 53 mm 的平面称为条面，将 115 mm × 53 mm 的平面称为顶面），加上砌筑用灰缝的厚度，则 4 块砖长，8 块砖宽，16 块砖厚分别恰好为 1 m，故每 1 m^3 砖砌体需用砖 512 块。

（2）强度等级

普通黏土砖的强度等级根据 10 块砖的抗压强度平均值、标准值或最小值划分，共分为 MU30、MU25、MU20、MU15、MU10 五个等级，在评定强度等级时，若强度变异系数 $\delta \leqslant 0.21$ 时，采用平均值——标准值方法；若强度变异系数 $\delta > 0.21$ 时，则采用平均值——最小值方法。

（3）抗风化性能

抗风化性能是普通黏土砖重要的耐久性指标之一，对砖的抗风化性能要求应根据各地区的风化程度而定，各地区的风化程度划分详见《烧结普通砖》（GB/T 5101—2017）。砖的抗风化性能通常用抗冻性、吸水率及饱和系数三项指标划分。其中抗冻性是指经 15 次冻融循环后不产生裂纹、分层、掉皮、缺棱、掉角等冻坏现象；且重量损失率小于 2%，强度损失率小于规定值。

（4）石灰爆裂

原料中若夹带石灰或内燃料（粉煤灰、炉渣）中带入 CaO，在高温熔烧过程中会生成过火石灰。过火石灰在砖体内吸水膨胀，导致砖体膨胀破坏，这种现象称为石灰爆裂。《烧结普通砖》（GB/T 5101—2017）规定，优等品不允许出现最大破坏尺寸大于 2 mm 的爆裂区域；一等品不允许出现最大破坏尺寸大于 10 mm 的爆裂区域；合格品中每组砖样 2 ～ 15 mm 的爆裂区不得大于 15 处，其中 10 mm 以上的区域不多于 7 处，且不得出现大于 15 mm 的爆裂区。

（5）泛霜

泛霜是指砖内可溶性盐类在砖的使用过程中，逐渐于砖的表面析出一层白霜。这些结晶的白色粉状物不仅影响建筑物的外观，而且结晶的体积膨胀也会引起砖表层的疏松，同时破坏砖与砂浆层之间的黏结。

《烧结普通砖》（GB/T 5101—2017）还规定，优等品不允许有泛霜现象，合格品中不允许出现严重泛霜，且不得夹杂欠火砖、酥砖和螺旋纹砖。

（6）质量等级

根据国家标准《烧结普通砖》（GB/T 5101—2017）的规定，普通黏土砖的技术要求包括形状、尺寸、外观质量、强度等级和耐久性等方面。根据尺寸偏差和外观质量、泛霜和石灰爆裂分为优等品（A）、一等品（B）和合格品（C）三个等级。普通黏土砖的孔隙率约为 30%，吸水率为 18% ～ 20%，表观密度为 1 800 kg/m^3 左右。

4. 烧结砖的应用

烧结普通砖既有一定的强度，又有较好的隔热、隔声性能，冬季室内墙面不会出现结霜现象，而且价格低廉。虽然不断出现各种新的墙体材料，但烧结砖在今后一段时间内，仍会作为一种主要材料用于砌筑工程中。

烧结普通砖可用于建筑维护结构，砌筑柱、拱、烟囱、窑身、沟道及基础等；可与轻骨料混凝土、加气混凝土、岩棉等隔热材料配套使用，砌成两面为砖、中间填以轻质材料的轻体墙；可在砌体中配置适当的钢筋或钢筋网成为配筋砌筑体，代替钢筋混凝土柱、过梁等。

烧结普通砖优等品可用于清水墙的砌筑，一等品、合格品可用于混水墙的砌筑，中等泛霜的砖不能用于潮湿部位。

小贴士

烧结普通砖中的黏土砖，由于制砖取土大量毁坏良田、消耗能源、污染环境，并且黏土砖具有自重大、成品尺寸小、施工效率低、抗震性能差等不足。因此，国家为促进墙体材料结构调整和技术进步，提高建筑工程质量和改善建筑功能，出台了一系列政策，大力推广墙体材料改革，以空心砖、工业废渣砖及砌块、轻质板材等来代替实心黏土砖。

（二）烧结多孔砖

烧结普通砖有自重大、体积小、生产能耗高、施工效率低等缺点，用烧结多孔砖和烧结空心砖代替烧结普通砖，如图 8-2 所示，可使建筑物自重减轻 30% 左右，节约黏土 20% ～ 30%，节省燃料 10% ～ 20%，墙体施工功效提高 40%，并改善砖的隔热隔声性能。通常在相同的施工性能要求下，用空心砖砌筑的墙体厚度比用实心砖砌筑的墙体减薄半砖左右，所以推广使用多孔砖和空心砖是加快我国墙体材料改革，促进墙体材料工业技术进步的重要措施之一。

图 8-2 烧结多孔砖示意图

烧结多孔砖和烧结空心砖的生产工艺与烧结普通砖相同，但由于坯体有孔洞，增加了成型的难度，因而对原料的可塑性要求很高。

1. 烧结多孔砖

烧结多孔砖以黏土、页岩、煤矸石、粉煤灰、淤泥（江河湖淤泥）及其他固体废弃物等为主要原料，经焙烧而成，主要用于建筑物承重部位。

烧结多孔砖的特性如下。

（1）多孔砖的技术性能应满足《烧结多孔砖和多孔砌块》（GB/T 13544—2011）的要求。根据其尺寸规格分为 190 mm × 190 mm × 90 mm（M 型）和 240 mm × 115 mm × 90 mm（P 型）。圆孔直径必须≤ 22 mm，非圆孔内切圆直径≤ 15 mm，手抓孔一般为（30 ～ 40）mm ×（75 ～ 85）mm。烧结多孔砖具体尺寸示意图如图 8-3 所示。

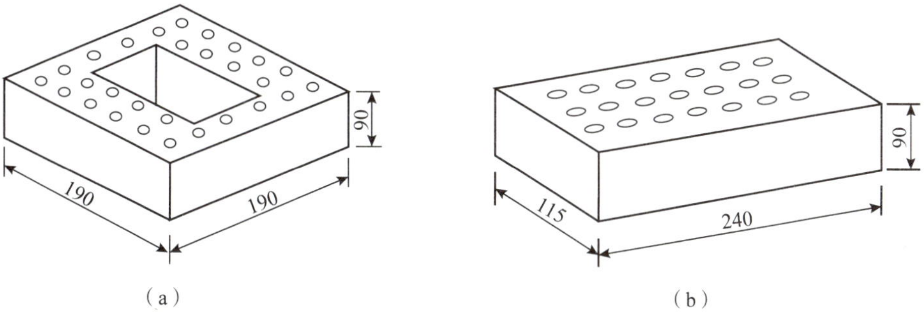

图 8-3 烧结多孔砖具体尺寸示意图

（2）孔型。根据《烧结多孔砖和多孔砌块》（GB 13544—2011）规定，所有烧结多孔砖孔型均为矩形孔或矩形条孔。孔四个角应做成过渡圆角，不得做成直尖角。方向尺寸必须平行于砖的条面。

（3）孔洞率。孔洞率即砌块的孔洞和槽的体积总和与按外围尺寸算出的体积之比的百分率。烧结多孔砖的孔洞率可以直接用有孔的面的圆的总面积除以所在面的矩形面积的百分比计算。孔洞排列要求如下。

① 所有孔宽应相等。孔采用单向或双向交错排列。

② 孔洞排列上下、左右应对称，分布均匀，手抓孔的长度方向尺寸必须平行于砖的条面。

（4）《烧结多孔砖和多孔砌块》（GB 13544—2011）规定，根据抗压强度，烧结多孔砖分为 MU30、MU25、MU15、MU20、MU10 五个强度等级。密度等级分为 1 000、1 100、1 200、1 300 四个等级。

2. 烧结空心砖

烧结空心砖是指以页岩、煤矸石或粉煤灰为主要原料，如图 8-4 所示，经焙烧而成的具有竖向孔洞（孔洞率不小于 25%，孔的尺寸小而数量多）的砖。烧结空心砖由两两相对的顶面、大面及条面组成直角六面体，在中部开设有至少两个均匀排列的条孔，条孔之间由肋相隔，条孔与大面、条面平行，其间为外壁，条孔的两开口分别位于两顶面上，在所述的条孔与条面之间分别开设有若干孔径较小的边排孔，边排孔与其相邻的边排孔或相邻的条孔之间为肋。烧结空心砖自重较轻，强度较低，多用于非承重墙，如多层建筑的内隔墙或框架结构的填充墙等。

图 8-4　烧结空心砖

空心砖规格尺寸较多，有 290 mm × 190 mm × 90 mm 和 240 mm × 180 mm × 115 mm 两种类型，砖的壁厚应大于 10 mm，肋厚应大于 7 mm。

空心砖的技术性能应满足《烧结空心砖与空心砌块》（GB/T 13545—2014）的要求。根据大面和条面抗压强度分为 5.0、3.0、2.0 三个强度等级，同时按表观密度分为 800、900、1 000、1 100 四个密度级别，并根据尺寸偏差、外观质量、强度等级和耐久性等分为优等品（A）、一等品（B）和合格品（C）三个等级。

二、非烧结砖

不经焙烧而制成的砖均为非烧结砖，如碳化砖、免烧免蒸砖、蒸养（压）砖等。目前，应用较广的是蒸养（压）砖。这类砖是以含钙材料（石灰、电石渣等）和含硅材料（砂质、煤粉灰、煤矸石灰渣、炉渣等）与水拌合，经压制成型，在自然条件下或人工水热合成条件（蒸养或蒸压）下，反应生成以水化硅酸钙、水化铝酸钙为主要胶结料的硅酸盐建筑制品。主要品种有蒸压灰砂砖、粉煤灰砖、炉渣砖等。

（一）蒸压灰砂砖

1. 蒸压灰砂砖的材料性质

蒸压灰砂砖和蒸压粉煤灰砖是以粉煤灰或其他矿渣或灰砂为原料，添加石灰、石膏以及骨料，经胚料制备、压制成型、高效蒸汽养护等工艺制成。蒸压砖成套设备包括：搅拌机、消化机、蒸压砖机、轮碾机、蒸压釜等主要设备，以及箱式给料机、螺旋输送机、爬斗、骨料称、胶带输送机、养护小车、摆渡车等辅助设备。蒸压砖的抗冻性、耐蚀性、抗压强度等多项性能都优于实心黏土砖的人工石材。砖的规格尺寸与普通实心黏土砖完全一致，为 240 mm × 115 mm × 53 mm，所以用蒸压砖可以直接代替实心黏土砖，是国家大力发展、应用的新型墙体材料。

蒸压灰砂砖的主要材料是砂（约占 90%）和石灰（接近 10%），以及一些配色原料，经过坯料制备、压制成型、蒸压养护三个阶段制成，砖体有实心和空心两种。

2. 蒸压灰砂砖的性能

蒸压灰砂砖既具有良好的耐久性能，又具有较高的墙体强度。

（1）耐久性

① 抗冻性。抗冻性是指砖抵抗反复冻融作用的能力。蒸压灰砂砖如果按规定生产达到产品标准要求时，能够经受抗冻性试验，蒸压灰砂砖的抗冻性与其自身强度有关，强度高者抗冻性好。

② 耐水性。耐水性包括干湿循环作用后和长期浸泡水中时其强度的变化，经干湿循环作用或长期在水中，蒸压灰砂砖的抗压强度均有所增长。

③ 吸水性。与烧结普通砖相比，其吸水速度与烧结普通砖相近。

④ 自然条件下强度变化。蒸压灰砂砖是在高温、蒸压下进行反应形成的。水化反应比较充分，因此具有稳定的强度和性能。在大气中出釜，前期强度有较多增长，以后不再提高，保持稳定。在潮湿环境和水中长期浸泡，强度亦会增强。

⑤ 耐高温性。蒸压灰砂砖不能长期受热 200 ℃以上，200 ℃以下强度基本没有影响。

⑥ 耐化学腐蚀性。MU15 以上的灰砂砖在酸碱溶液中浸泡强度变化不大。

根据分析，蒸压灰砂砖可用于工业与民用建筑的墙体和基础部分，但在用于基础和其他建筑部位时，其强度需达到 MU15 及以上等级。此外，蒸压灰砂砖不宜用于长期受热超过 200 ℃、频繁急热急冷或受酸性介质侵蚀的建筑部位。在地面以下或防潮层以下砌筑时，蒸压灰砂砖所要求的最低材料强度等级应与普通烧结砖相同。

（2）强度

根据《砌体结构设计规范》（GB 50003—2011）可以看出，蒸压灰砂砖的抗压强度设计值与烧结普通砖的抗压强度设计值相同，不同点是蒸压灰砂砖的强度等级没有 C30；跨度不小于 7.5 m 的梁下灰砂砖砌体调整系数取 0.9，这与烧结普通砖有区别，在施工质量控制等级为 B 级时，《砌体结构设计规范》（GB 50003—2011）给出了蒸压灰砂砖的抗剪强度设计值与烧结普通砖的抗剪强度设计值，不难看出蒸压灰砂砖的抗剪强度为烧结普通砖的 0.7 倍。

（3）收缩性

由《砌体结构设计规范》（GB 50003—2011）可以看出，蒸压灰砂砖的收缩率、线膨胀系数要大于烧结普通砖砌体。

使用过程中总的趋势是体积发生收缩。其收缩变化规律是：出釜后的最初 3 天内收缩最大，平均每天收缩值为 0.019 mm/m；3 ～ 30 天平均每天的收缩值为 0.005 mm/m；30 天以后平均每天的收缩值为 0.003 mm/m；大约在 60 天后，平均每天的收缩值小于 0.001 mm/m，直至稳定。

在不同地区使用时，由于温度、湿度不同，同样的蒸压灰砂砖其平衡的收缩值不同。同时在温度、湿度变化后体积仍然要变化。

小贴士

与烧结普通砖砌体比较，蒸压灰砂砖砌体的收缩值要大得多，而且影响因素、变化规律都不相同。

（二）蒸压（养）粉煤灰砖

蒸压粉煤灰砖是利用电厂废料粉煤灰为主要原料，掺入适量的石灰和石膏或再加入部分炉渣等，经配料、拌合、压制成型、常压或高压养护而成的实心砖。蒸压粉煤灰砖的尺寸与普通实心黏土砖完全一致，为 240 mm × 115 mm × 53 mm，所以用蒸压砖可以直接代替实心黏土砖。

根据《蒸压粉煤灰砖》（JC/T 239—2014）中规定：按抗压强度和抗折强度划分为 MU30、MU25、MU20、MU15、MU10 五个强度等级。按外观质量、尺寸偏差、强度和干燥收缩值分为优等品（A）、一等品（B）、合格品（C），优等品应不低于 MU15，粉煤灰砖抗压强度和抗折强度见表 8-1。

表 8-1　粉煤灰砖抗压强度和抗折强度

强度等级	抗压强度 /MPa		抗折强度 /MPa	
	平均值	单块最小值	平均值	单块最小值
MU10	≥ 10.0	≥ 8.0	≥ 2.5	≥ 2.0
MU15	≥ 15.0	≥ 12.0	≥ 3.7	≥ 3.0
MU20	≥ 20.0	≥ 16.0	≥ 4.0	≥ 3.2

续表

强度等级	抗压强度 /MPa		抗折强度 /MPa	
	平均值	单块最小值	平均值	单块最小值
MU25	≥ 25.0	≥ 20.0	≥ 4.5	≥ 3.6
MU30	≥ 30.0	≥ 24.0	≥ 4.8	≥ 3.8

粉煤灰砖可用于工业与民用建筑的墙体和基础，但用于基础或易受冻融合干湿交替作用的建筑部位，必须使用一等品或优等品。粉煤灰砖不得用于长期受热（200 ℃以上）、受急冷急热和有酸性介质侵蚀的建筑部位。为避免或减少收缩裂缝的产生，用粉煤灰砖砌筑的建筑物，应适当增设圆梁及伸缩缝。

（三）炉渣砖

炉渣砖是以煤燃烧后的炉渣（煤渣）为主要原料，加入适量的石灰或电石渣、石膏等材料混合、搅拌、成型、蒸汽养护等制成的砖。其尺寸规格与普通砖相同，呈黑灰色，体积密度为 1 500 ～ 2 000 kg/m^3，吸水率为 6% ～ 19%。

根据尺寸偏差、外观质量、强度级别分为优等品（A）、一等品（B）、合格品（C）。优等品的强度等级应不低于 15 级，一等品的强度级别应不低于 10 级，合格品的强度级别应不低于 7.5 级。

炉渣砖可用于工业与民用建筑的墙体和基础，但用于基础或用于易受冻融和干湿交替作用的建筑部位必须使用 15 级及其以上的砖。炉渣砖不得用于长期受热 200 ℃以上、受急冷急热和有酸性介质侵蚀的建筑部位。

任务二　砌　　块

任务描述

在一个城市更新的保障性住房建设项目中，建筑师决定使用新型轻质高强度砌块以加快施工进度并提升建筑的隔热性能。然而，在主体结构施工过程中，不少砌块在运输和安装时出现破损，部分墙体砌筑后不久即出现垂直裂缝。经技术调查，发现这些砌块在生产过程中未能充分养护，导致其韧性差，抗压强度低于设计要求。项目经理立即决定更换所有不合格砌块，并对已砌墙体进行缺陷修复和加强处理。

任务分析

上述事件反映了建筑材料生产过程对工程质量的重要性。新型轻质高强度砌块虽然在理论上具有优越性能，但因生产工艺问题导致其未能达到设计要求，进而影响了建筑墙体的结构安全和施工效率。此事件强调了建筑材料的选择与生产监控不可或缺，提醒项目团队应严格审查材料供应商的资质和产品检测报告，确保材料质量符合标准。同时，也凸显了施工前样品测试和施工过程中的实时质量监控的重要性，这有助于及时发现并解决潜在问题，确保工程顺利进行。

任务实施

砌块是用于砌筑的人造块材，作为一种新型墙体材料，其外形多为直角六面体，也包含各种异形砌块。在砌块系列中，主要规格的长度、宽度或高度中至少有一项超过 365 mm、240 mm 或 115 mm，但一般情况下，砌块的高度不超过其长度或宽度的 6 倍，且长度不超过高度的 3 倍。

一、蒸压加气混凝土砌块

蒸压加气混凝土砌块是以粉煤灰、石灰、水泥、石膏、矿渣等为主要原料，加入适量发气剂、调节剂、气泡稳定剂，经配料搅拌、浇筑、静停、切割和高压蒸养等工艺过程制成的一种多孔混凝土制品，如图 8-5 所示。

图 8-5　蒸压加气混凝土砌块

（一）砌块的技术要求

当砌块用作建筑主体材料时，其放射性核素限量应符合《建筑材料放射性核素限量》（GB 6566—2010）的规定。当建筑主体材料中天然放射性核素镭 -226、钍 -232、钾 -40 的放射性比活度同时满足 $I_{Ra} \leqslant 1.0$ 和 $I_r \leqslant 1.0$ 时，其产销与使用范围不受限制；对空心率大于 25% 的建筑主体材料，其天然放射性核素镭 -226、钍 -232、钾 -40 的放射性比活度同时满足 $I_{Ra} \leqslant 1.0$ 和 $I_r \leqslant 1.3$ 时，其产销与使用范围不受限制。

蒸压加气混凝土砌块

蒸压加气混凝土砌块选用时应考虑的主要技术指标：强度、干密度、干燥收缩值、抗冻性和导热系数、放射性。

（二）砌块的分级和规格

1. 分级

（1）砌块按尺寸偏差与外观质量、干密度、抗压强度和抗冻性分为优等品（A）、合格品（B）两个等级。

（2）砌块按强度分为 A1.0、A2.0、A2.5、A3.5、A5.0、A7.5 和 A10 七个级别。

（3）砌块按干密度分为 B03、B04、B05、B06、B07 和 B08 六个级别，蒸压加气混凝土砌块强度见表 8-2。

表 8-2　蒸压加气混凝土砌块强度

干密度级别		B03	B04	B05	B06	B07	B08
强度级别	优等品（A）	≤ A1.0	≤ A2.0	≤ A3.5	≤ A5.0	≤ A7.5	≤ A10.0
	合格品（B）			≤ A2.5	≤ A3.5	≤ A5.0	≤ A7.5

2. 常用规格尺寸

长度：600 mm。

宽度：100、120、125、150、180、200、240、250、300 mm。

高度：200、240、250、300 mm。

（三）砌块的特点与优势

蒸压加气混凝土砌块的单位体积重量是黏土砖的 1/3，保温性能是黏土砖的 3 ～ 4 倍，隔音性能是黏土砖的两倍，抗渗性能是黏土砖的 1 倍以上，耐火性能是钢筋混凝土的 6 ～ 8 倍。砌块的砌体强度约为砌块自身强度的 80%（红砖为 30%）。

蒸压加气混凝土砌块的施工特性也非常优良，它不仅可以在工厂内生产出各种规格；还可以像木材一样进行锯、刨、钻、钉；又由于它的体积比较大，因此施工速度也较为快捷，可作为一般建筑的填充材料。

小贴士

蒸压加气混凝土砌块不得使用在下列部位。

（1）建筑物 ±0.000 以下（地下室的室内填充墙除外）部位。

（2）长期浸水或经常干湿交替的部位。

（3）受化学侵蚀的环境，如强酸、强碱或高浓度二氧化碳等的环境。

（4）砌体表面经常处于 80 ℃以上的高温环境。

（5）屋面女儿墙。

二、粉煤灰混凝土砌块

粉煤灰砌块是以粉煤灰、石灰、石膏和骨料等为原料，加水搅拌、振动成型、蒸汽养护而成的密实棚块，有 880 mm × 380 mm × 240 mm 和 880 mm × 430 mm × 240 mm 两种规格。粉煤灰砌块适用于砌筑民用和工业建筑的墙体和基础。

砌块按其立方体试件的抗压强度分为 10 级和 13 级。砌块按外观质量、尺寸偏差和干缩性能分为一等品（B）和合格品（C），并按其产品名称、规格、强度等级、产品等级和标准编号顺序进行标记，如砌块的规格尺寸为 880 mm × 380 mm × 240 mm，强度等级为 10 级，产品等级为一等品（B）时，则标记为：FB880 × 380 × 240 — 10B — JC238。

三、混凝土小型空心砌块

混凝土小型空心砌块（简称混凝土小砌块）是以水泥、砂、石等普通混凝土材料制成的。其空心率为 25% ～ 50%。混凝土小型空心砌块适用于建筑地震设计烈度为 8 度及 8 度以下地区的各种建筑墙体，包括高层与大跨度的建筑，也可以用于围墙、挡土墙、桥梁和花坛等市政设施，应用范围十分广泛。

（一）分类

（1）按使用功能。混凝土小型空心砌块可以分为普通砌块、装饰砌块、保温砌块、吸音砌块等类型。

（2）按砌块的结构形态。混凝土小型空心砌块可以分为有封底砌块、不封底砌块、无槽砌块、有槽砌块。

（3）按空洞形态。混凝土小型空心砌块可以分为方孔砌块和圆孔砌块。

（4）按空洞的排列方式。混凝土小型空心砌块可以分为单排孔砌块、双排孔砌块、多排孔砲块。

（5）按骨料分。混凝土小型空心砌块可以分为普通混凝土小型空心砌块、轻集料小型空心砌块。

（二）规格

混凝土小型空心砌块主规格尺寸为 390 mm × 190 mm × 190 mm，其他规格尺寸可由供需双方协商。

（三）强度等级与质量等级

混凝土小型空心砌块按抗压强度可以分为 MU3.5、MU5、MU7.5、MU10、MU15、MU20 六个强度等级；按其尺寸偏差和外观质量分为优等品（A）、一等品（B）和合格品（C）三个质量等级。

（四）特性

1. 优点

混凝土小型空心砌块的优点有自重轻，热工性能好，抗震性能好，砌筑方便，墙面平整度好，施工效率高等。不仅可以用于非承重墙，较高强度等级的砌块也可用于多层建筑的承重墙。混凝土小型空心砌块的生产可充分利用我国各种丰富的天然轻集料资源和一些工业废渣原料，对降低砌块生产成本和减少环境污染具有良好的社会和经济双重效益。

2. 缺点

混凝土小型空心砌块的块体相对较重、易产生收缩变形、易破损、不便砍削加工等，处理不当，砌体易出现开裂、漏水、人工性能降低等质量问题。

四、泡沫混凝土砌块

泡沫混凝土又名发泡混凝土，是将化学发泡剂或物理发泡剂发泡后加入到胶凝材料、掺合料、改性剂、卤水等制成的料浆中，经混合搅拌、浇筑成型、自然养护所形成的一种含有大量封闭气孔的新型轻质保温材料。

（一）工艺

泡沫混凝土砌块属于气泡状绝热材料，突出特点是在混凝土内部形成封闭的泡沫孔，使混凝土轻质化和保温隔热化。泡沫混凝土砌块（又称免蒸压加气块）属于加气混凝土砌块的一种，其外观质量、内部气孔结构、使用性能等均与蒸压加气混凝土砌块基本相同。

泡沫混凝土砌块的内部气孔是不相互连通的，而蒸压加气砌块则具有连通的内部气孔。因此，泡沫混凝土砌块具有更好的保温性能、更低的渗水率和更优的隔声效果。蒸压加气混凝土砌块的生产采用内掺发泡剂（如铝粉），通过化学反应释放气体进行发泡；而泡沫混凝土砌块则是使用发泡机进行物理发泡，再将气泡与水泥浆混合。蒸压加气混凝土砌块采用蒸压工艺制造，而泡沫混凝土砌块则使用常温养护或干热养护。综上所述，泡沫混凝土砌块和蒸压加气混凝土砌块在外观、内部结构以及技术性能方面基本相似，主要差异在于发泡方式、制作方法和养护工艺。

（二）技术性能

泡沫混凝土砌块的密度为 200 ～ 1 200 kg/m^3，200 ～ 300 kg/m^3 为超低密度砌块，400 ～ 500 kg/m^3 为低密度砌块，600 ～ 800 kg/m^3 为中密度砌块，900 ～ 1 200 kg/m^3 为高密度砌块。

泡沫混凝土的绝干体积密度以 100 kg 为一个等级，从 200 kg 到 1 200 kg 共分为十一个等级（200、300、400、500、600、700、800、900、1 000、1 100、1 200（kg/m^3））。按此密度等级，其技术性能见表 8-3。

表 8-3　技术性能

体积密度级别		200	300	400	500	600	700	800	900	1 000	1 100	1 200
干燥收缩值	标准法 mm/m	≤ 0.50										
抗冻性	质量损失（%）	≤ 5.0										
导热系数（干态）（W/m.K）		≤ 0.07	≤ 0.08	≤ 0.10	≤ 0.12	≤ 0.14	≤ 0.16	≤ 0.18	≤ 0.20	≤ 0.22	≤ 0.24	≤ 0.26
抗压强度 /MPa		≥ 0.6	≥ 0.8	≥ 1.5	≥ 2.0	≥ 2.5	≥ 3.5	≥ 4.2	≥ 5.5	≥ 7.0	≥ 8.5	≥ 10.5

（三）优势

以粉煤灰、沙子、石粉、尾矿、建筑垃圾、电石粉为主要原料制成的泡沫混凝土砌块，其技术性能满足《泡沫混凝土砌块》（JC/T 1062—2022）国家标准要求。与黏土砖和空心砖相比，它具有强度高、不怕冲击，稳定性好，干燥收缩不易产生裂纹，隔声隔热性能良好而又耐水防潮等优点。它克服了黏土砖和空心砖不吸水、不能做外墙的致命弱点，内外墙都可以使用。

任务三 建筑板材

任务描述

在一个酒店建设项目中，设计团队决定使用新型高强度建筑板材作为内隔墙材料，以提高建筑的空间利用率和施工效率。施工过程中，工人们在安装时发现部分建筑板材表面出现划痕和凹陷，影响了最终的装饰效果。经过进一步检查，发现这些问题的根源在于建筑板材的运输和仓储不当，导致其在高温环境下变形，同时在搬运过程中受到压迫。

任务分析

上述事件揭示了建筑板材在施工过程中的脆弱性，尤其是在运输和储存环节。尽管选择了高强度的新型建筑板材，但若管理不当，仍可能导致材料损坏，从而影响施工进度和最终效果。此事件强调了在施工前需要对材料的储存和搬运流程进行全面评估，以确保在整个施工环节中保持材料的完好状态。同时，它也提醒项目管理团队在材料使用前进行仔细检查，确保每批材料都符合质量标准，防止因材料问题影响后续施工。

任务实施

在建筑物的屋面和墙体采用板材具有质量轻、施工速度快、造价低等优点。常用的板材有预应力空心墙板、玻璃纤维增强水泥板、轻质隔热夹芯板、网塑夹芯板和纤维增强低碱度水泥建筑平板等。

一、预应力空心墙板

预应力空心墙板是用高强度低松弛预应力钢绞线，52.5 MPa 强度等级早强水泥及砂、石为原料，经过张拉、搅拌、挤压、养护、放张、切割而成的混凝土制品。

预应力空心墙板板面平整，尺寸误差小，施工使用方便，减少了湿作业，加快了施工速度，提高了工程质量。该墙板可用于承重或非承重的外墙板及内墙板，并可根据需要增加保温吸声层、防水层和各种饰面层（彩色水刷石、剁斧石、喷砂和釉面砖等），也可以制成各种规格尺寸的楼板、屋面板、雨罩和阳台板等。

二、玻璃纤维增强水泥—多孔墙板

玻璃纤维增强水泥—多孔墙板是以低碱水泥为胶结料，抗碱玻璃纤维和中碱玻璃纤维加隔离覆被的网格布为增强材料，以膨胀珍珠岩、加工后的锅炉炉渣、粉煤灰为集料，按适当配合比经搅拌、灌注、成型、脱水、养护等工序制成的。

玻璃纤维增强混凝土（glass fiber reinforced concrete，GRC）多孔板主要用作建筑物隔墙，轻质，施工方便，绝热吸声效果好，适用于民用与工业建筑的分室、分户、厨房、厕浴间、阳台等非承重的内外墙体部位，抗压强度≥ 10 MPa 的板材，也可用于建筑加层和两层以下建筑的内外承重墙体部位。现在 GRC 广泛用于低层到高层住宅，写字楼到学校、医院、体育场馆、候车室、商场、娱乐场所和各种星级宾馆中，其耐火极限可达 3.0 h。采用双凹槽 GRC 平板和 L 型板、T 型板的后压力灌注安装方法，可解决传统 GRC 板和其他轻质隔墙板面抹灰层容易开裂的问题，增强了轻质隔墙的稳固性、抗裂性。

三、轻质隔热夹芯板

轻质隔热夹芯板外层是高强材料，内层是轻质绝热材料，通过自动成型机，用高强度黏结剂将两者黏合，经加工、修边、开槽、落料而成板材。

外层材料可为涂漆热浸镀锌钢板、热浸镀铝钢板、镀锌合金钢板、镀锌铝合金钢板、高耐候性热轧制钢板、冷轧不锈钢板等，芯材有聚苯乙烯泡沫塑料、硬质聚氨酯泡沫塑料、岩棉矿渣棉、玻璃棉等。夹芯板材的防火性能和隔热性能取决于芯材的性能，夹芯板材的耐久性能取决于表面涂层和板缝连接处的质量和性能。

轻质隔热夹芯板质量为 10 ～ 14 kg/m^2，导热系数多为 0.021 W/（m · K），具有良好的绝热和防潮等性能，又具备较高的抗弯和抗剪强度，并且安装灵活快捷，可多次拆装重复使用。常用于厂房、仓库和净化车间、办公楼、商场、影剧院等工业和民用建筑，以及房屋加层、组合式活动房、室内隔断、天棚、冷库等。

四、网塑夹芯板

网塑夹芯板是由呈三维空间受力的镀锌钢丝笼格作骨架，中间填以阻燃型发泡聚苯乙烯，内外侧浇筑细石混凝土或水泥砂浆层后组合而成的一种复合墙板。该板具有自重轻、强度高、保温、隔声、防火、抗震性能好和安装简便等优点，主要用于宾馆、办公楼等的内隔墙。

任务四 其他新型墙体材料

任务描述

某住宅项目为了提升建筑的环保性能，采用了新型墙体材料——轻质陶粒混凝土砌块。这种材料具有保温、隔音、轻质等特点，但在施工过程中，由于施工队伍初次接触，发现砌块之间的黏合剂未均匀涂抹，导致部分墙体出现轻微开裂。

任务分析

新型墙体材料如轻质陶粒混凝土砌块，虽然在环保和节能方面有优势，但在实际应用中，施工技术和材料的适用性需要特别关注。通过加强施工培训和技术指导，确保黏合剂均匀涂抹和施工质量的控制，可以有效解决新型材料在实际施工中的问题。这提醒人们在推广新型材料时，必须同时提高施工技术水平，以确保材料性能的充分发挥。

任务实施

一、纤维增强低碱度水泥建筑平板

纤维增强低碱度水泥建筑平板是以温石棉、中碱玻璃纤维或抗碱玻璃纤维等为增强材料，以低碱度硫铝酸盐水泥为胶结材料制成的建筑平板。根据《纤维增强低碱度水泥建筑平板》（JC/T 626—2008）规定，该类板长度为 1 200 mm、1 800 mm、2 400 mm、2 800 mm；宽度为 800 mm、900 mm、1 200 mm；厚度为 4 mm、5 mm、6 mm。平板质量轻、强度高、防潮、防火、不易变形，可加工性好。纤维增强低碱度水泥建筑平板与龙骨体系配合使用，适用于各类建筑物室内的非承重内隔墙和吊顶平板等。

二、GRC 轻质多孔隔墙条板

GRC 轻质多孔隔墙条板是以耐碱玻璃纤维为增强材料，以硫铝酸盐水泥为主要原料的预制非承重轻质多孔内隔墙条板。

根据《玻璃纤维增强水泥轻质多孔隔墙条板》（GB/T 19631—2005）规定，GRC 轻质多孔隔墙条板按板的厚度分为 90 型、120 型，按板型分为普通板、门框板、窗框板、过梁板。条板采用不同企口和开孔形式，规格尺寸应符合国家标准的规定。

三、石膏空心条板

石膏空心条板是以建筑石膏为胶凝材料，适量加入各种轻质骨料（如膨胀珍珠岩、膨胀蛭石等）和无机纤维增强材料，经搅拌、振动成型、抽芯模、干燥而成。

根据《石膏空心条板》（JC/T 829—2010）规定，石膏空心条板的长度为 2 100 ～ 3 600 mm，宽度为 600 mm，厚度为 60 ～ 120 mm。

石膏空心条板具有质轻、比强度高、隔热、隔声、防火、可加工性好等优点，且安装墙体时不用龙骨，简单方便，适用于各类建筑的非承重内墙，但若用于相对湿度大于 75% 的环境中，则板材表面应做防水等相应处理。

四、彩钢夹芯板

彩钢夹芯板是以隔热材料（岩棉、聚苯乙烯、聚氨酯）作芯材，以彩色涂层钢板为面材，用胶黏剂复合而成的，一般厚度为 50 ～ 250 mm，宽度为 1 150 mm 或 1 200 mm，长度为≤ 12 000 mm，长度也可根据需要调整。

彩钢夹芯板具有隔热、保温、轻质、高强、吸声、防震、美观等特点，是一种集承重、防水、装饰于一体的新型建筑用材。夹芯板应用于建筑领域不仅有节能效果，还有施工速度快，节省钢材用量的优点，大大降低建筑成本和使用成本，显著提高经济效益。需引起注意的是，发泡塑料作芯材的彩钢夹芯板因其市场价格较以岩棉等无机隔热保温材料为芯材的低，故在工程上得到广泛应用。但其芯材的可燃性往往引起忽视，在国家相关规定出台前，应在设计、施工、应用各环节对其防火性能可能带来的影响进行充分的考虑。

项目小结

本项目主要介绍了建筑墙体材料的相关知识。首先介绍了砌墙砖；其次介绍了砌块；然后介绍了建筑板材；最后介绍了其他新型墙体材料。通过本项目的学习，读者能够明确在选择和应用墙体材料时需综合考虑其性能、美观度和可持续性，以确保建筑的整体品质和长期价值。

项 目 工 单

实训记录表见表 8-4，实训评价见表 8-5。

表 8-4　实训记录表

班级		姓名		日期	
实训名称	建筑墙体材料性能与施工技术实训				

续表

班级		姓名		日期	
实训目标	1. 掌握砌墙砖、砌块、建筑板材及其他新型墙体材料的性能特点、分类及使用环境，了解其对建筑结构的影响； 2. 通过实际操作，掌握墙体材料的施工技术，包括砖砌、砌块安装、板材固定等关键工艺，并能根据施工现场情况进行工艺调整； 3. 研究其他新型墙体材料的特性及其在现代建筑中的应用前景，探索其在提高建筑能效和环保性能方面的潜力				
实训过程记录					
实训注意事项					
实训总结					

表 8-5　实训评价

项目名称	评价内容	分值 / 分	评分
职业素养考核项目（30%）	安全操作与职业道德	10	
	精细与耐心	10	
	创新与环保意识	10	
专业能力考核项目（70%）	墙体材料基本性能掌握能力	10	
	墙体材料应用能力	10	
	新型墙体材料认知与应用能力	20	
	墙体材料性能测试与分析能力	10	
	墙体缺陷与修补能力	20	
合计		100	
教师评语		教师签字	

课 后 练 习

一、填空题

1. 烧结砖的生产过程为：配料→______________→制品成型→干燥→______________→成品。

2. 孔洞率，即砌块的孔洞和槽的______________总和与按外围尺寸算出的体积之比的______________。

3. 混凝土小型空心砌块，简称______________，是以水泥、砂、石等普通混凝土材料制成的。其空心率为______% ～ 50%。

4. 纤维增强低碱度水泥建筑平板是以温石棉、中碱玻璃纤维或抗碱玻璃纤维等为______________，以低碱度硫铝酸盐水泥为______________制成的建筑平板。

5. ______________是指砖内可溶性盐类在砖的使用过程中，逐渐于砖的表面析出一层白霜。这些结晶的白色粉状物不仅影响建筑物的外观，而且结晶的体积膨胀也会引起砖表层的疏松，同时破坏砖与______________之间的黏结。

二、简答题

1. 简述网塑夹芯板。

2. 简述蒸压灰砂砖的耐久性能。

3. 与黏土砖和空心砖相比，简述泡沫混凝土砌块的优势。

项目九

建筑玻璃

项目导读

建筑玻璃不仅能够提供了围护结构，使自然光能够充分进入室内，创造明亮宜人的环境，还具备多种功能特性，有助于提升建筑的能源效率和居住舒适度。同时，建筑玻璃以其独特的光学性能和装饰效果来满足不同的审美需求，它既是建筑功能实现的重要组成部分，也是建筑美学表达的重要元素。本项目主要介绍玻璃生产工艺概述、玻璃的分类和建筑玻璃的品种、特性与光学装饰用途。

学习目标

知识目标

◇掌握玻璃生产工艺的基本流程和关键技术，了解玻璃生产的基本原理。

◇熟悉建筑玻璃的主要品种、特性及其在建筑中的光学装饰用途。

能力目标

◇能够根据建筑需求选择合适的建筑玻璃品种，并理解其应用特性。

◇具备分析建筑玻璃光学装饰效果的能力，能够提出合理的装饰方案。

素质目标

◇培养学生严谨的科学态度和细致入微的观察能力，注重玻璃生产及应用的每一个细节。

◇提升学生创新意识和审美能力，能够在建筑玻璃的应用中体现独特的设计理念和美学追求。

思政目标

增强学生对建筑材料行业可持续发展的认识，培养节能环保意识，理解在建筑设计和施工中选择环保、节能的玻璃材料的重要性，并能够在实践中积极推广和应用。

任务一　玻璃生产工艺概述

任务描述

某高层写字楼项目决定采用一种先进的玻璃工艺——智能变温玻璃。这种玻璃能够在不同环境温度下自动调节透光率，从而有效控制室内温度，减少对空调的依赖，节省能源。在项目初期，工程师团队对智能变温玻璃进行了详细的设计和计算，确保其效果符合节能目标。然而，在实际安装过程中，由于施工队伍对智能变温玻璃的操作和安装要求不熟悉，部分玻璃在安装后出现了功能失效的问题。例如，有些玻璃在安装时未按规定的操作程序进行，导致智能涂层受损，无法实现自动调节功能。

任务分析

智能变温玻璃作为一种先进的建筑材料，其在节能和舒适度方面的优势显而易见。但在实际应用中，由于这种新型材料的操作和安装要求较高，施工队伍的技术水平和操作规范显得尤为重要。本任务帮助学生了解加强施工技术的培训和优化安装流程，可以有效解决新型玻璃材料在实际应用中遇到的技术问题，确保材料性能的充分发挥。

任务实施

玻璃是一种处于玻璃态的无定形材料，通常由溶解的液态玻璃经过快速冷却而形成。由于冷却成型的时间极短，分子无法充分排列成晶体结构，因此玻璃被归类为非晶体的无机非金属材料。它具有透光、导热、不吸水以及一定硬度等特性。

一、玻璃的原料

普通玻璃的主要成分是硅酸盐（Na_2SiO_3、$CaSiO_3$、SiO_2），其主要成分是 SiO_2。它的原料比较复杂，但按作用可分为主要原料和辅助原料。主要原料构成玻璃的主体并确定玻璃的主要物化性能，辅助原料给玻璃的特殊性质和生产工艺带来便利。

（一）玻璃的主要原料

1. 石英

石英引入玻璃的主要成分是二氧化硅，它在燃烧过程中能熔融成玻璃主体，决定了玻璃的主要性质，相应的称为硅酸盐玻璃。

2. 石灰石

石灰石引入玻璃的主要成分是氧化钙，增强玻璃的化学稳定性和物理强度，但含量过多会使玻璃析晶并降低其耐热性能。

3. 纯碱

纯碱引入玻璃的主要成分是氧化钠，在煅烧过程中与酸性氧化物形成易熔的复盐，从而起到助熔的作用，使玻璃易于成型，但含量过多会使玻璃的热膨胀率增加，抗拉强度下降。

（二）玻璃的辅助原料

1. 澄清剂

澄清剂可以有效降低玻璃熔液的黏度，能够使化学反应所产生的气泡更容易逸出。常用的澄清剂有硝酸钠、硫酸钠、二氧化锰等。

2. 脱色剂

原料中的某些杂质如 Fe^{2+}、Fe^{3+}、Cu^{2+} 等会给玻璃带来颜色，脱色剂在玻璃中呈现出原来颜色的补色，从而使玻璃变成无色。常用的脱色剂有碳酸钠、氧化钴、氧化镍等。

3. 着色剂

某些金属氧化物能直接溶于玻璃熔液中使玻璃着色。如氧化铁会使玻璃呈现浅绿色、四氧化三铁会使玻璃呈现黄色、氧化镍会使玻璃呈现棕色等。

小贴士

> 根据玻璃的不同需求，还可加入一些其他原料，如白云石作为引入氧化镁的原料，能减少玻璃的热膨胀，提高透明度；长石作为引入氧化铝和氧化钾的原料，可以提高玻璃的耐久性等。

二、玻璃的配合料

玻璃原料需要按不同的组成和比例制备出配合料。配合料的制备需要遵循一定的原则，包括玻璃化学组成需要满足环保的要求、满足实际工艺的要求、满足玻璃的形成条件、满足预定性能的要求、价格低廉、原料易于获得等。

（一）设计与确定玻璃组成

首先，要列出设计玻璃的性能要求，包括热膨胀系数、热稳定性、化学稳定性、软化点、机械强度、光学电学性质等。其次，要拟定玻璃的组成，根据经验和文献，按照玻璃组成设计基本原则进行。最后，要试验、测试、确定组成。

（二）配合料计算

配合料计算是以玻璃的重量百分比组成和原料的化学成分为基础，计算出熔化 100 kg

玻璃所需要的各种原料的用量。先进行初步计算，得出结果后要进行校正，同时还需要考虑原料中的挥发损失。

（三）配合料的制备

1. 配合料的质量要求

制备的配合料要有合理的颗粒级配，同一原料要有适宜的颗粒度，各原料要有一定的粒度比值，并且要提高混合质量，防止料层分层。此外，配合料要具有一定的水分，这样有利于配合料混合均匀、减少飞扬。

2. 原材料的加工处理

（1）工艺流程。工艺流程可分为单系统流程、多系统流程和混合系统流程。单系统流程为各种矿物原料共同使用一个破碎、粉磨、筛分系统；多系统流程为每种原料各有一套破碎、粉磨、筛分系统；混合系统流程为用量较多的原料单独使用一个加工处理系统，用量小的性质相近的原料共用一个加工处理系统。

（2）原料干燥。原料干燥可采用回转干燥筒、离心脱水、蒸汽加热、热风炉干燥等。

（3）原料的破碎与粉磨。原料的破碎与粉磨应视原料大小、硬度和需要粉碎的程度来选择相应的设备和处理方法。石英硬度较高，可先将其在 1 000 ℃以上煅烧后，用颚式破碎机进行破碎；石灰石常用颚式破碎机进行破碎，然后用锤式破碎机进行粉碎；纯碱结块时用笼形碾或锤式破碎机粉碎。

（4）原料的筛分。筛分设备一般有六角筛、振动筛、摇动筛等，也有使用风力离心机进行筛分的。

（四）配合料的称量

配合料称量需要又快又准，称量精度一般要求为 1/500（精确称量时要求 1/1 000），称量方法包括分别称量法和累计称量法。分别称量法使用排式料仓，误差小、设备投资多、流程线长，利于自动化；累计称量法使用塔式料仓，误差大、设备投资少、流程线短，不利于实现自动化。

（五）配合料的混合

配合料混合的均匀程度不仅与机械设备有关，还与原料的特性如颗粒级配、密度、表面性质等有关。在工艺上，与配合料的加料量、加水量与加水方式、原料的加料顺序、混合时间以及是否加入碎玻璃等都有很大关系。

（1）加料量：一般为设备容积的 30% ～ 50%。

（2）加料顺序：按石英、水、石灰石、纯碱、澄清剂、脱色剂等顺序。

（3）混合时间：2 ～ 8 min 为宜，盘式混合机时间较短，转动式混合机时间相对较长。

（4）混合设备：按机构的不同可以分为转动式、盘式和桨叶式三大类。常用的混合设备有艾立赫式混合机、转鼓式混合机、桨叶式混合机、抄举式混合机等。

（六）配合料的质量检验

配合料的质量是根据均匀性、化学组成的正确性和含水量来评定的。

1. 均匀性

配合料的均匀性一般采用滴定法和电导法进行测定。滴定法是在配合料中随机取三个试样，每个试样约 2 g，将试样溶于热水，过滤，用标准盐酸溶液以酚酞为指示剂进行滴定。三个试样的滴定碱度平均偏差不超过 0.5% 为合格。电导法是利用碳酸钠、硫酸钠等在水溶液中能够电离形成电解质溶液的原理，在一定的电场作用下，离子移动传递电子，溶液显示导电的特性。根据导电率的变化来估计导电离子在配合料中的均匀程度。一般也是在配合料中随机取三个试样进行测定。

2. 化学组成的正确性

配合料化学组成的正确性是利用化学分析的方法分析各组成氧化物的含量，并与给定的玻璃组成进行比较。

3. 含水量

对于配合料中的水分，也需要测定。测定方法是取配料 2 ～ 3 g 放在称量瓶中称量，然后在 105 ℃的烘箱中干燥至恒重，在干燥器内冷却后再称量其质量。两次质量之差即为配合料的含水量。

三、玻璃的熔制

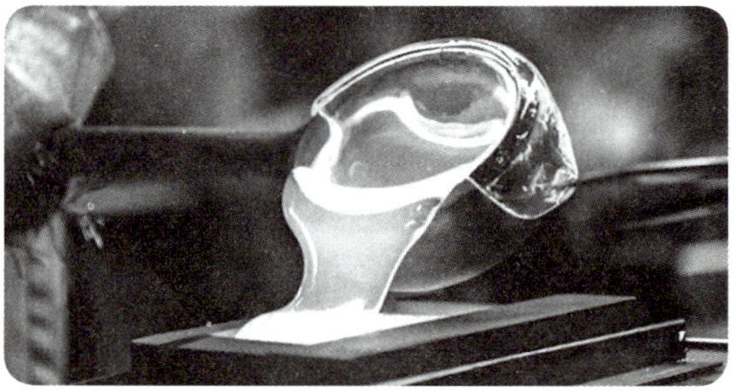
图 9-1　玻璃的熔制

在玻璃生产中，配合料加热形成玻璃的过程称为熔制过程，如图 9-1 所示。此过程十分复杂，涉及多种物理、化学和物理化学反应，最终将机械混合的原料变为复杂的熔融物，即玻璃液。熔制过程中的质量控制直接关联到产品品质、合格率、生产成本、能源消耗和设备寿命。因此，需实施合理的熔制，确保整个过程中的物理化学反应及时且完善进行，以顺利生产优质玻璃制品。

玻璃的熔制是玻璃生产过程中的重要阶段，熔制的质量和速度决定着产品的质量和产量。玻璃的熔制过程大体分为以下五个阶段，各阶段之间都有内在联系、相互影响，每一阶段进行得不完善均影响下阶段的反应，并最终影响产品质量。

扫一扫

玻璃的熔制

（一）硅酸盐的形成阶段

配合料约在 800 ～ 1 000 ℃的温度作用下，发生一系列物理化学变化，如水分的分解蒸发、盐类的分解、多晶转变、组分熔化及石英砂与其他组分之间进行的固相反应，使配合料变成由硅酸盐和游离二氧化硅组成的不透明的烧结体物质。

（二）玻璃液的形成阶段

配合料加热到 1 200 ℃时，形成各种硅酸盐，出现一些熔融体，还剩下一些未起变化的石英颗粒；继续升高温度时，硅酸盐和石英砂完全熔于熔融体中，成为可见大量气泡的在化学成分和温度上都不够均匀的透明玻璃。

（三）玻璃的澄清阶段

在玻璃液形成阶段结束后，整个熔融体包含许多气泡，从玻璃液中除去肉眼可见的气体夹杂物，消除玻璃液中气孔组织的阶段称为澄清阶段。因为玻璃液的黏度随温度升高而降低，因此高温有利于玻璃的澄清，这个阶段玻璃液的温度约为 1 400 ℃。

（四）玻璃的均化阶段

玻璃液形成后，其化学成分和温度都不均匀。为消除不均匀性，需要进行均化，它与澄清过程在一起，无明显的界限，可以看成是边澄清边均化，均化阶段的结束往往在澄清阶段之后，高温有利于玻璃的均化。

（五）玻璃液的冷却阶段

澄清均化后的玻璃液温度高、黏度低，不适合玻璃成型，需要均匀冷却到成型温度。根据成型方法的不同，成型温度比澄清温度低 200 ～ 300 ℃。

四、玻璃的成型

玻璃的成型是指将熔融的玻璃液转化为具有特定几何形状制品的过程，这一过程也称为玻璃的一次成型或热端成型。成型过程中，玻璃必须在特定的黏度和温度范围内进行，且与周围介质进行连续的热交换和传递。玻璃液首先从黏性液态转变为塑性状态，继而转变为脆性固态。因此，玻璃的成型是一复杂的工艺过程。

常见的玻璃成型方法有吹制法、压制法、拉制法、压延法、浇铸法、浮法等。

（一）吹制法

吹制法一般用于空心制品，先将热熔状态的玻璃料压制为块状，再将压缩气体吹入块料中，使之膨胀成为中空制品。吹制法可以分为人工吹制成型和机械吹制成型。人工吹制成型一般用于高档装饰品，机械吹制成型一般用于工业化生产。

（二）压制法

压制成型是在模具中加入玻璃熔料加压成型，多用于玻璃盘碟、玻璃砖等。首先是挑料，挑起一定量玻璃液落入模具内；其次是压制，使冲头下压进入模中，压成制品；最后是退模，冲头停放一定时间后，使制品硬化，取出制品送去退火。压制法的优点是形状精确、工艺简便、生产能力高；缺点是不能生产薄壁和内腔在垂直方向上的制品，制品表面也常伴随不光滑和斑点。

（三）拉制法

拉制成型是利用机械拉力将玻璃熔体制成制品，分为垂直拉制和水平拉制，主要用来生产平板玻璃、玻璃管、玻璃纤维等，如生产日光灯管、霓虹灯管等。

（四）压延法

压延法是将熔制好的玻璃液在辊间或者辊板间压延成玻璃制品的方法，主要用来生产压花玻璃、夹丝玻璃、厚平板玻璃等。压延法分为单辊压延法和对辊压延法。单辊压延法是用金属压辊把倒于平板上的玻璃液滚压成平板，但制成的玻璃质量差、产量低，间歇作业操作笨重。对辊压延法是将玻璃液倒进成对的水冷中空压辊，经滚压而成平板。这种方法制作的玻璃质量好、时间短、产量高，可以连续作业。

（五）浇铸法

浇铸法是将熔制好的玻璃液注入模具中，经退火冷却，加工得到制品的方法。这种方法的工艺特点是对设备要求低、产品限制小，适合制大型制品，但制品准确率较差。其主要应用于艺术雕刻、建筑装饰品、大直径玻璃管、反应锅等。

（六）浮法

浮法是指熔窑熔融的玻璃液在流入锡槽后在熔融金属锡液的表面上成型平板玻璃的方法，英国皮尔金顿公司经过长期的研究、探索、实验，于1959年首次研制成功浮法成型技术并获得专利。玻璃液由流道、流槽连续流入锡槽，玻璃液在熔融锡液面依靠表面张力和重力摊平、抛光展薄、冷却，并在这个过程中随着传动辊子移动。成型的玻璃经过渡辊台托起，离开锡槽进入退火窑，再经过横切、检验合格方可出厂。浮法工艺制备的玻璃具有均匀性好、透明度强、表面光滑、平面度好、光学性能较强等特点，主要应用于建筑行业，是民用建筑使用的最好玻璃之一。

五、退火

玻璃退火主要是指将玻璃置于退火窑中经过足够长的时间，通过退火温度范围或以缓慢的速度冷却下来，以便不再产生超过允许范围的永久应力和暂时应力，或者说是尽可能使玻璃中产生的热应力减少或消除的过程。玻璃的应力分为热应力、结构应力和机械应力。

（一）热应力

热应力分为暂时应力和永久应力。在温度低于应变点时，玻璃处于弹性变形温度范围（脆性状态），经受不均匀的温度变化时所产生的热应力随温度的梯度的存在而存在，随温度梯度的消失而消失，这种应力称为暂时应力。暂时应力仅产生于玻璃处于脆性状态下的加热或冷却过程。超过玻璃的极限强度时，玻璃也会破裂。生产上常用急冷的方法切割玻璃。

玻璃内外温度相等时残留的热应力称为永久应力，又称内应力。玻璃冷却到应变点附近，此温度处于玻璃由塑性体变成弹性体的转变温度范围，若冷却速度大于内部质点调整的速度，较早硬化的外层就会阻止较晚硬化的内层收缩，外层受到内层给它的压应力，而内层受到外层给它的张应力。这种应力不会随着温度梯度的消失而消失，因此称为永久应力或残余应力。

（二）结构应力

因化学组成不均匀而产生的应力称为结构应力。不同化学组成，其热膨胀系数不同，冷却时产生的收缩不一致。如玻璃中的结石、条纹等。

（三）机械应力

由于外力作用而产生的应力称为机械应力，外力除去，机械应力也随之消失。

玻璃的退火工艺与玻璃制品的种类、形状、大小、容许的应力值、退火炉内温度分布等情况有关。目前采用的退火工艺有多种形式。根据退火原理，退火工艺可分为四个阶段：加热阶段、均热阶段、慢冷阶段和快冷阶段。

1. 加热阶段

不同品种的玻璃有不同的退火工艺。有的玻璃在成型后直接进入退火炉进行退火，称为一次退火；有的制品在成型冷却后再经加热退火，称为二次退火。所以加热阶段对有些制品并不是必要的。在加热过程中，玻璃表面产生压应力，所以加热速率可相应高些，例如 20 ℃的平板玻璃可直接进入 700 ℃的退火炉，其加热速率可高达 300 ℃ /min，生产中的加热速率需根据制品大小、形状、炉内温度分布等因素综合确定。

2. 均热阶段

把制品加热到退火温度进行保温、均热以消除应力。在本阶段中首先要确定退火温度，其次是保温时间。一般把比退火上限温度低 20 ～ 30 ℃的温度作为退火温度。退火温度除直接测定外，也可根据玻璃成分计算确定。

3. 慢冷阶段

为了使玻璃制品在冷却后不产生永久应力，或减小到制品所要求的应力范围，在均热后进行慢冷是必要的，以防止过大的温差。

4. 快冷阶段

玻璃在应变点以下冷却时，如前述只产生暂时应力，只要它不超过玻璃的极限强度，就可以加快冷却速度以缩短整个退火过程、降低燃料消耗、提高生产率。

六、玻璃的加工

玻璃在出厂前还需要完成加工工序。一块成品玻璃的加工要通过很多道工序，如原片的选取、玻璃尺寸切割、玻璃磨边倒角、印丝、清洗检测包装等。

（一）原片的选取

原片的选取可以说是玻璃加工的第一步，玻璃加工需要适宜的玻璃原片，在不同环境所使用的原片种类需要明确。玻璃原片的厚度也不一样，生产显示器类的玻璃一般选用1～3 mm范围的厚度；数码类产品对透光性要求比较高，所以会选择超白玻；民用建筑中的玻璃以浮法玻璃较为常见。

（二）玻璃尺寸切割

原片本身的尺寸是很大的，必须进行切割才能应用到实际工程，如图9-2所示。切割工作人员会根据客户图纸上的尺寸来计算如何切割原片，这个算法必须考虑到后面玻璃磨边所消耗掉的尺寸。在使用自动玻璃切割机切割时，需要先进行排版，然后才能进行切割工艺。其不仅要求在玻璃原片上排出尽可能多的符合要求形状的裁片，提高原材料的利用率，而且要求排版操作简单易行、容易使用。机械交互排版是操作工人在现场对照工作任务单进行排版切割最常用、最方便的一种排版方式。

（三）玻璃磨边倒角

刚切好的玻璃边缘很锋利，具有一定的危险性，因此需要磨边倒角，一般客户也会要求磨边，如图9-3所示。磨边有磨雾边和磨亮边之分，如果是要装在框里，磨雾边就可以满足要求，这样也可以减少成本；磨亮边对玻璃美观度要求比较高，是在露边的情况下使用的。磨边之后进行倒角，倒角也有专门的倒角机，通过倒角机能精准地倒出想要的各种角度。

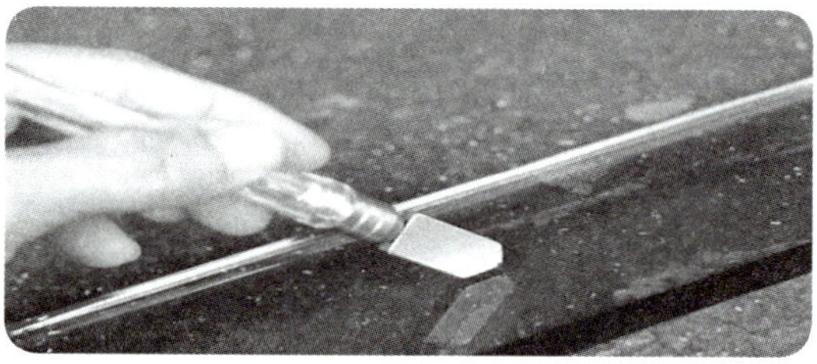

图9-2　玻璃尺寸切割

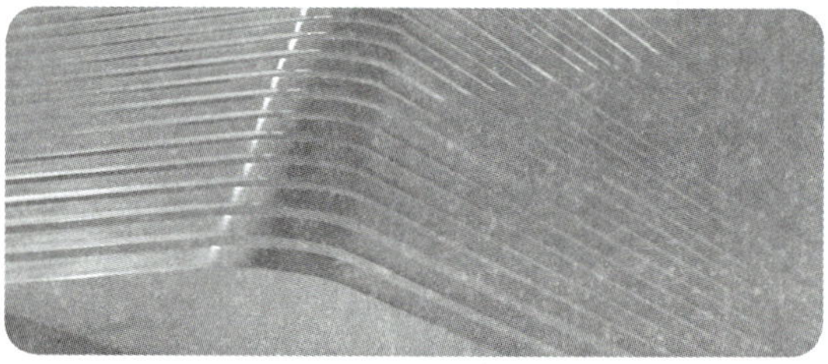

图9-3　玻璃磨边倒角

（四）丝印

要在玻璃上印刷图案或公司标志，需要对其进行丝印加工。丝印的环境必须保持相对洁净，以避免油墨中混入杂质，从而确保印刷效果最佳。丝印方式分为手动和机器两种。印刷的主要材料是油墨。完成印刷后，油墨不会立即干燥，如果此时触碰玻璃，可能会导致油墨被污损或图案受损，因此需要将玻璃放入烤箱中烘烤，待油墨干燥后，图案便会更加牢固，不易被擦掉。

（五）检测包装

玻璃要通过检测员的检测方能过关，有问题的玻璃会被挑选出来，有的作废，有的可以再次加工。合格的玻璃通过贴膜机贴膜，再用牛皮纸包装。

任务二　玻璃的分类

任务描述

某高层商业写字楼在装修过程中，项目团队在选用外墙玻璃时，错误地将普通玻璃替代为应使用的高强度防碎玻璃。这种错误在施工过程中未被及时发现，导致了外墙竣工后玻璃易受风力和外力冲击而破碎的情况。在某次强风天气中，多块普通玻璃破碎，碎片掉落，不仅威胁到了楼下的行人和车流，还导致了周边区域的短暂封闭及清理，给业主和物业带来了经济损失和不良的社会影响。

任务分析

上述事件暴露了项目中对建筑材料选择的重要性。团队在玻璃选型上缺乏必要的安全审核，导致使用了不符合设计要求的玻璃材料。这不仅影响了建筑物的安全性，也引发了潜在的法律责任和经济损失。为避免类似问题，今后在材料选用上应加强审核流程，确保每种材料都符合设计规范与安全标准，并在施工阶段加强监督，以降低风险。

任务实施

玻璃的品种繁多，分类的方法也有多样，通常按其化学组成和用途进行分类。

一、按化学组成分类

（一）钠玻璃

玻璃的主体结构是二氧化硅，原料是石英砂或石英岩。石英原料太难熔化所以需要加助熔剂，以碳酸钠（纯碱）为助熔剂时，钠将留在玻璃种中成为成分之一。钠玻璃又名普通玻璃或钠钙硅玻璃，主要用于制造普通建筑玻璃和日用玻璃制品。

（二）铝镁玻璃

铝镁玻璃是通过降低钠玻璃中碱金属和碱土金属氧化物的含量，引入 MgO，并以 Al_2O_3 代替部分 SiO_2 而制成。软化点低，力学性能、光学性能和化学稳定性等各项性能指标均比钠玻璃高，常用作高档建筑装饰材料。

（三）钾玻璃

钾玻璃又称钾钙玻璃。将制造钠玻璃的原料中的纯碱（Na_2CO_3）改为碳酸钾，制得的玻璃便是钾玻璃。钾玻璃是 K_2SiO_3、$CaSiO_3$ 和 SiO_2 的固熔体。与钠玻璃相比，钾玻璃的热膨胀系数较小，较难熔化，较难受化学药品的侵蚀，可用于制作一般的化学仪器等。

（四）硼硅玻璃

硼硅玻璃由 B_2O_3、SiO_2 及少量 MgO 所组成。它具有较好的光泽和透明度，较高的力学性能、耐热性、绝缘性和化学稳定性，用于制造高级化学仪器和绝缘材料。

（五）石英玻璃

石英玻璃是以二氧化硅作为单一组分的特种工业技术玻璃。这种玻璃硬度可达莫氏七级，具有耐高温、膨胀系数低、耐热震性、化学稳定性和电绝缘性能良好，并能透过紫外线和红外线。除氢氟酸、热磷酸外，对一般酸有较好的耐酸性。按透明度分为透明和不透明两大类。按纯度分为高纯、普通和掺杂三类。用水晶，硅石，硅化物为原料，经高温熔化或化学气相沉积而成。熔制方法有电熔法、气炼法等。

二、按用途分类

（一）平板玻璃

平板玻璃主要利用其透视特性，用作建筑物的门窗、橱窗等装饰。平板玻璃主要包括普通平板玻璃、花纹平板玻璃、浮法平板玻璃和磨光平板玻璃，如图 9-4 所示。

（二）功能玻璃

功能玻璃一般是具有吸收或反射紫外线、光控或电控变色、吸热或反射热等特性，多用于高级建筑物的橱窗、门窗等装饰用。功能玻璃主要品种有：热反射玻璃、吸热玻璃、低辐射玻璃、防紫外线玻璃、光致变色玻璃、电致变色玻璃等，如图 9-5 所示。

（三）玻璃砖

玻璃砖是块状玻璃制品，主要用于屋面和墙面装饰。玻璃砖主要包括特厚玻璃、玻璃空心砖、玻璃锦砖、泡沫玻璃等。

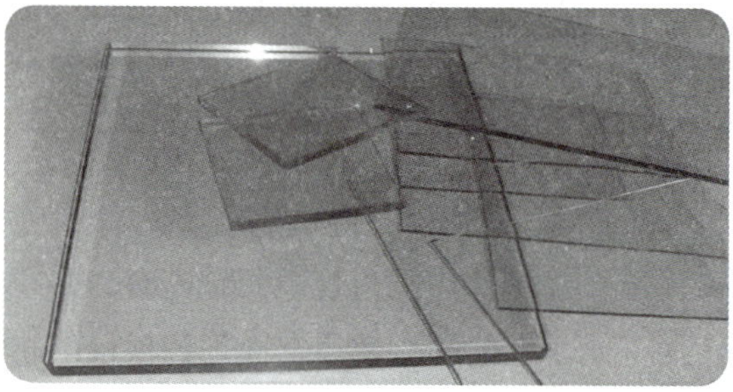

图 9-4　平板玻璃

图 9-5　智能调光玻璃

（四）安全玻璃

安全玻璃主要利用其高强度、抗冲击及破碎后无损伤人的危险性等特性，用于装饰建筑物安全门窗、阳台走廊和玻璃幕墙等，安全玻璃主要种类有：钢化玻璃、夹丝玻璃、夹层玻璃等。

（五）饰面玻璃

饰面玻璃主要利用其表面色彩图案花纹及光学效果等特性，用于建筑物的地坪装饰和立面装饰。饰面玻璃主要品种有：辐射玻璃、釉面玻璃、水晶玻璃、彩色玻璃和矿渣微晶玻璃等。

以上玻璃种类中，以普通平板玻璃最为重要，这不仅因其用量大，而且许多玻璃新品种都是在普通平板玻璃的基础上进行加工处理而成的。

项目小结

本项目主要介绍了建筑玻璃的相关知识。首先介绍了玻璃生产工艺概述；其次介绍了玻璃的分类。通过本项目的学习，读者能够掌握玻璃生产的工艺流程和关键技术，了解了玻璃材料的基本特性和分类方法，并进一步熟悉了建筑玻璃的多样品种、独特性能及其在建筑中的光学装饰应用。

项 目 工 单

实训记录表见表 9-1，实训评价见表 9-2。

表 9-1　实训记录表

班级		姓名		日期	
实训名称	建筑玻璃生产与应用实训				
实训目标	1. 理解建筑玻璃的生产工艺，包括原材料的选择、熔化、成型等关键环节，掌握玻璃生产的基本流程与技术要点； 2. 学习并分类建筑玻璃的不同类型，了解各类玻璃的性能特点及其适用场景，为实际建筑设计提供材料选择依据； 3. 探讨建筑玻璃在光学装饰及功能性应用中的重要性，研究其在建筑美学和节能环保中的作用，提升建筑设计的创新能力				
实训过程记录					
实训注意事项					
实训总结					

表 9-2　实训评价

项目名称	评价内容	分值 / 分	评分
职业素养考核项目（30%）	安全意识与规范操作	10	
	质量意识与细致严谨	10	
	环保与可持续发展意识	10	
专业能力考核项目（70%）	玻璃生产工艺掌握能力	10	
	玻璃分类与性能分析能力	10	
	建筑玻璃选用与设计能力	20	
	玻璃性能测试与分析能力	10	
	新型玻璃材料的认知与应用能力	20	
合计		100	
教师评语		教师签字	

课 后 练 习

一、填空题

1. 纯碱引入玻璃的主要成分是____________，在煅烧过程中与酸性氧化物形成易熔的____________，从而起到助熔的作用，使玻璃易于成型。

2. ____________一般用于空心制品，先将热熔状态的玻璃料压制为____________状，再将压缩气体吹入块料中，使之膨胀成为中空制品。

3. 玻璃内外温度相等时残留的热应力称为____________，又称____________。

4. 玻璃的主体结构是____________，原料是石英砂或____________。

5. 根据退火原理，退火工艺可分为四个阶段：____________、均热阶段、慢冷阶段和____________。

二、简答题

1. 简述玻璃配合料的制备需要遵循的原则。
2. 简述玻璃熔制过程的五个阶段。
3. 简述玻璃退火。

项目十

合成高分子材料

项目导读

在建筑中所涉及的合成高分子材料主要有塑料、涂料和胶黏剂等。其具有许多优良的性能，如密度低、耐化学侵蚀性强、抗渗性及防水性好等特点。因而在建筑中得到了较为广泛的应用，已成为一类新型的建筑材料，被越来越广泛地应用于建筑领域。本项目主要介绍合成高分子材料概述、建筑塑料、建筑涂料和胶黏剂。

学习目标

知识目标

◇掌握合成高分子材料的基本概念、分类、合成原理及主要性能特点。

◇了解建筑塑料、建筑涂料、胶黏剂等在建筑领域的应用及其技术要求。

能力目标

◇能够根据建筑需求，选择合适的合成高分子材料，并制定相应的应用方案。

◇培养学生实验操作能力，能够独立完成合成高分子材料的简单制备与性能测试实验。

素质目标

◇培养学生严谨的科学态度，注重实验数据的准确性和可靠性。

◇提升学生团队协作与沟通能力，能够在团队中有效表达自己的观点和建议。

思政目标

引导学生关注国内外合成高分子材料的发展动态，认识到我国在相关领域取得的成就与挑战，增强学生民族自豪感和使命感，积极投身到行业创新与发展中去，为实现中华民族伟大复兴的中国梦贡献自己的青春和智慧。

任务一 合成高分子材料概述

任务描述

某大型体育场馆的屋顶建设过程中，采用了新的合成高分子材料用于制造防水和耐候层。在工程中期，由于当地连续遭遇高温和暴晒天气，项目团队发现这种材料未能达到预期的耐热和耐久性能，开始出现裂纹和老化现象。由于情况严重，项目被迫停工，重新选择材料并重新施工，严重延迟了项目的完工日期，并导致了额外的经济损失。

任务分析

上述事件凸显了在建筑工程中使用合成高分子材料时需要全面评估其性能。项目团队在选用新材料时，可能未充分考虑到极端气候条件下的表现，导致了材料在实际应用中出现性能不足的问题。为避免类似问题，应加强对合成高分子材料特性的详细研究和评估，特别是在耐热、耐寒、紫外线耐久等方面。通过本任务，帮助学生了解和实施足够的实验和现场测试，确保所选材料能够满足所有预期的使用条件。

任务实施

合成高分子材料是指通过化学合成的方法得到分子量在一万到百万甚至更高的一类化合物，它常由一种或多种单体以共价键重复地连接而成。

一、合成高分子材料的化学合成方式

高分子合成通过聚合反应实现，包括逐步聚合、自由基聚合、离子型聚合（阴离子、阳离子）、配位聚合、开环聚合及共聚合。聚合方法依聚合机理和产品需求性能而定，按相溶性可分为均相（本体、溶液、熔融缩聚、溶液）和非均相聚合（悬浮、乳液聚合、界面缩聚、固相缩聚）。同一高分子材料，尽管单体和机理相同，不同方法产物的分子结构、分子质量分布常不同，影响性能。工业中，一单体常用不同方法以满足制品性能，如聚苯乙烯，通用型多用本体聚合，可发型用悬浮聚合，高抗冲用溶液—本体聚合。

二、合成高分子材料的分类

合成高分子材料根据材料性能可分为结构材料和功能材料两大类。

（一）结构材料

结构材料主要使用的是它的力学性能，需要了解材料的强度、刚度、变形等特性。结

构材料主要包括塑料、橡胶和纤维三大合成材料，主要的塑料品种有聚乙烯、聚丙烯、聚氯乙烯、聚苯乙烯等；主要的橡胶品种有丁苯橡胶、顺丁橡胶、异戊橡胶、乙丙橡胶等；主要的化纤品种有尼龙、腈纶、丙纶、涤纶等。对于功能材料，主要使用它的声、光、电、热等性能。

（二）功能材料

功能材料用的高分子化合物一般称为功能高分子，根据功能可分为反应型高分子，如高分子催化剂等；光敏型高分子，如光刻胶、感光材料、光致变色材料等；电活性高分子，如导电高分子等；膜型高分子，如分离膜、缓释膜等；吸附型高分子，如离子交换树脂等。此外，高分子材料在黏合剂、涂料、聚合物基复合材料、聚合物合金、生物高分子材料领域也有广泛用途。目前合成高分子材料已经广泛渗透到人类生活的各个方面，成为工业、农业、国防和科技等领域的重要组成部分。

任务二　建筑塑料

任务描述

某公共图书馆的扩建项目中，使用了大量的建筑塑料板材用于装饰和隔断。在施工完成后不久，工作人员发现这些塑料板材在阳光持续暴晒下开始变形和褪色，部分板材还出现了裂纹。这不仅影响了建筑的美观，还降低了其使用寿命。为了解决这一问题，图书馆不得不进行昂贵的修复工作，延缓了图书馆的开放时间并增加了运营成本。

任务分析

上述事件凸显了在建筑工程中选择和使用建筑塑料材料的复杂性。项目团队可能在选材时忽略了塑料板材对紫外线和温度变化的耐受性，从而导致了材料老化和性能下降的问题。这说明在选定建筑塑料时，必须详细评估其耐候性和耐用性，尤其是用于暴露于自然环境中的部位。建议在选材前进行严格的材料测试，考虑使用添加剂增强塑料的耐候性，或选择专为户外使用设计的高性能建筑塑料。

任务实施

一、塑料的构成

通常人们所用的塑料并不是一种纯物质，它是由许多材料配制而成的。塑料是以合成树脂为主要原料，加入必要的添加剂，在一定的温度和压力条件下，塑制而成的具有一定塑性的材料。塑料的主要成分是高分子聚合物（或称合成树脂）；塑料的性质主要由树脂决定。此外，为了改进塑料的性能，还要在聚合物中添加各种辅助材料，如填料、增塑剂、润滑剂、稳定剂、着色剂等，才能成为性能良好的塑料。

（一）合成树脂

合成树脂是由人工合成的一类高分子聚合物，为黏稠液体或加热可软化的固体，受热时通常有熔融或软化的温度范围，在外力作用下可呈塑性流动状态，某些性质与天然树脂相似。合成树脂最重要的应用是制造塑料，为便于加工和改善性能，常添加助剂，有时也直接用于加工成型，故常是塑料的同义语。

（二）填料

填料又叫作填充剂，它可以提高塑料的强度和耐热性能，并降低成本。例如，在酚醛树脂中加入木粉后可大大降低成本，使酚醛塑料成为最廉价的塑料之一，同时还能显著提高机械强度。填料可分为有机填料和无机填料两类，前者如木粉、碎布、纸张和各种织物纤维等；后者如玻璃纤维、硅藻土、石棉、炭黑等。

（三）增塑剂

增塑剂是指添加到聚合物体系中能够提高其塑性的物质。其主要作用是削弱聚合物分子之间的次价键（如范德华力），从而增加分子链的移动性，降低结晶性，进而提升塑性。这种塑性的提升表现为聚合物的硬度、模量、软化温度和脆化温度的降低，同时伸长率、曲挠性和柔韧性的提高。增塑剂能够增加塑料的可塑性和柔软性，降低脆性，使塑料更易加工成型。通常，增塑剂应与树脂相容，具有无毒、无臭、对光和热稳定性的高沸点有机化合物。其中，邻苯二甲酸酯类是最常用的增塑剂。例如，在生产聚氯乙烯塑料时，若添加较多增塑剂，可以获得软质聚氯乙烯；而如果不添加或少量添加（用量小于 10%），则会得到硬质聚氯乙烯。

增塑剂的品种繁多，在其研究发展阶段，其品种曾多达一千种以上，但作为商品生产的增塑剂不过两百多种，而且以原料来源于石油化工的邻苯二甲酸酯为最多。

增塑剂的分类方法很多。根据分子量的大小可分为单体型增塑剂和聚合型增塑剂；根据物状可分为液体增塑剂和固体增塑剂；根据性能可分为通用增塑剂、耐寒增塑剂、耐热增塑剂、阻燃增塑剂等；根据增塑剂化学结构分类是常用的分类方法，可分为：邻苯二甲酸酯（如 DBP、DOP、DIDP）；脂肪族二元酸酯（如己二酸二辛酯 DOA、癸二酸二辛酯 DOS）；磷酸酯（如磷酸三甲苯酯 TCP、磷酸甲苯二苯酯 CDP）；环氧化合物（如环氧化大豆油、环氧油酸丁酯）；聚合型增塑剂（如己二酸丙二醇聚酯）；苯多酸酯（如 1，2，4—偏苯三酸三异辛酯）；含氯增塑剂（如氯化石蜡、五氯硬脂酸甲酯）；烷基磺酸酯；多元醇酯；其他增塑剂。

（四）稳定剂

为了防止合成树脂在加工和使用过程中受光和热的作用分解和破坏，延长使用寿命，要在塑料中加入稳定剂。常用的稳定剂有硬脂酸盐、环氧树脂等。

（五）着色剂

塑料着色剂是为了美化和装饰塑料而在物料中加入的含色料的添加剂。任何可以使物质显现设计需要颜色的物质都称为着色剂，它可以是有机或无机的，也可以是天然的或合成的。

着色剂按来源分为化学合成色素和天然色素两类。我国允许使用的化学合成色素有：苋菜红、胭脂红、赤藓红、新红、柠檬黄、日落黄、靛蓝、亮蓝，以及为增强上述水溶性酸性色素在油脂中分散性的各种色素；我国允许使用的天然色素有：甜菜红、紫胶红、越橘红、辣椒红、红米红等四十五种。

（六）润滑剂

润滑剂的作用是防止塑料在成型时黏在金属模具上，同时可使塑料的表面光滑美观。常用的润滑剂有硬脂酸及钙镁盐等。

（七）抗氧剂

抗氧剂的作用是防止塑料在加热成型或在高温使用过程中受热氧化，而使塑料变黄、开裂等。除了上述助剂外，塑料中还可加入阻燃剂、发泡剂、抗静电剂等，以满足不同的使用要求。

二、塑料的分类和性能

扫一扫

塑料的分类和性能

（一）按树脂的性质分类

塑料按树脂的性质分类，可分为热塑性塑料和热固性塑料。

热塑性塑料是在特定温度范围内能反复加热软化和冷却硬化的塑料。如聚乙烯塑料、聚氯乙烯塑料。

热固性塑料是因受热或其他条件能固化成不熔不溶性物料的塑料。如酚醛塑料（PE）、环氧塑料（EP）等。

（二）按塑料使用范围分类

塑料按塑料使用范围分类，可分为通用塑料和工程塑料。

通用塑料是指产量大、用途广、成型性好、价廉的塑料，如聚乙烯、聚丙烯、聚氯乙烯等。

工程塑料是指能承受一定的外力作用，并有良好的机械性能和尺寸稳定性，在高、低温下仍能保持其优良性能，可以作为工程结构件的塑料，如 ABS、尼龙、聚矾等。工程塑料又分为通用工程塑料和特种塑料。其中，特种塑料一般指具有特种功能（如耐热、自润滑等），应用于特殊要求的塑料，如氟塑料、有机硅等，如图 10-1 所示。

图 10-1　氟塑料制品

（三）塑料的基本性能

1. 质轻、比强度高

塑料质轻，一般塑料的密度都在 0.9 ～ 2.3 g/cm^3，只有钢铁的 1/8 ～ 1/4、铝的 1/2 左右，而各种泡沫塑料的密度更低，约在 0.01 ～ 0.5 g/cm^3。按单位质量计算的强度称为比强度，有些增强塑料的比强度接近甚至超过钢材。例如，合金钢材，其单位质量的拉伸强度为 160 MPa，而用玻璃纤维增强的塑料可达到 170 ～ 400 MPa。

2. 优异的电绝缘性能

几乎所有的塑料都具有优异的电绝缘性能，如极小的介电损耗和优良的耐电弧特性，这些性能可与陶瓷媲美。

3. 优良的化学稳定性能

一般塑料对酸碱等化学药品均有良好的耐腐蚀能力，特别是聚四氟乙烯的耐化学腐蚀性能比黄金还要好，甚至能耐“王水”等强腐蚀性电解质的腐蚀，因此，聚四氟乙烯也被称为“塑料王”。

4. 减摩、耐磨性能好

大多数塑料具有优良的减摩、耐磨和自润滑特性。许多工程塑料制造的耐摩擦零件就是利用塑料的这些特性，在耐磨塑料中加入某些固体润滑剂和填料时，可降低其摩擦系数或进一步提高其耐磨性能。

5. 透光及防护性能

多数塑料都可以作为透明或半透明制品，其中聚苯乙烯和丙烯酸酯类塑料像玻璃一样透明。聚氯乙烯、聚乙烯、聚丙烯等塑料薄膜具有良好的透光和保暖性能，大量用作农用薄膜。塑料具有多种防护性能，因此常用作防护包装用品，如塑料薄膜、箱、桶、瓶等。

6. 减震、消音性能优良

某些塑料柔韧而富有弹性，当它受到外界频繁的机械冲击和震动时，内部产生黏性内耗，将机械能转变成热能，因此，工程上常被用作减震消音材料。例如，用工程塑料制作的轴承和齿轮可减小噪音，各种泡沫塑料更是广泛使用的优良减震消音材料。

三、常用的建筑工程塑料

（一）塑料管和管件

用塑料制造的管材及接头管件，已广泛应用于室内排水、自来水、化工及电线穿线管等管路工程中。常用的塑料有硬聚氯乙烯、聚乙烯、聚丙烯以及 ABS 塑料（丙烯腈、丁二烯-苯乙烯三种单体的共聚物）。塑料排水管的主要优点是耐腐蚀，流体摩阻力小，由于流过的杂物难以附着管壁，故排污效率高。塑料管的重量轻，仅为铸铁管重量的 1/6 ～ 1/12，可节约劳动力，其价格与施工费用均比铸铁管低。缺点是塑料的线膨胀系数比铸铁大 5 倍左右，所以在较长的塑料管路上需要设置柔性接头。

制造塑料管材多采用挤出成型法，管件多采用注射成型法。塑料管的连接方法除胶黏法之外，还有热熔接法、螺纹连接法、法兰盘连接法以及带有橡胶密封圈的承插式连接法。当聚氯乙烯管内通过有压力的液体时，液温不得超过 38 ℃；若为无压力管路（如室内排水管），连续通过的液体温度不得超过 66 ℃，间歇通过的液体温度不得超过 82 ℃。当聚氯乙烯塑料用于上水管路时，不允许使用有毒性的稳定剂等原料，如图 10-2 所示。

图 10-2　塑料管和管件

（二）弹性地板

塑料弹性地板有半硬质聚氯乙烯地面砖和弹性聚氯乙烯卷材地板两大类。地面砖的基本尺寸为边长 300 mm 的正方形，厚度 1.5 mm，其主要原料为聚氯乙烯或氯乙烯和醋酸乙烯的共聚物，填料为重质碳酸钙粉及短纤维石棉粉。产品表面可以有耐磨涂层、色彩图案或凹凸花纹。按《半硬质聚氯乙烯块状塑料地坂》（GB/T 4085—2015），产品的残余凹陷度不得大于 0.15 mm，磨耗量不得大于 0.02 g/cm^2。

弹性聚氯乙烯卷材地板的优点是地面接缝少，容易保持清洁；弹性好，步感舒适；具有良好的绝热吸声性能。将厚度为 3.5 mm，视比重为 0.6 的聚氯乙烯发泡地板和厚度为 120 mm 的空心钢筋混凝土楼板复合使用，其传热系数可以减少 15%，吸收的撞击噪声可达 36 dB。卷材地板的宽度为 900 ～ 2 400 mm，厚度为 1.8 ～ 3.5 mm，每卷长为 20 m。公用建筑中常用的为不发泡的层合塑料地板，表面为透明耐磨层，下层印有花纹图案，底层可使用石棉纸或玻璃布。用于住宅建筑的为中间有发泡层的层合塑料地板。黏结塑料地板和楼板面用的胶黏剂，有氯丁橡胶乳液、聚醋酸乙烯乳液或环氧树脂等。

（三）化纤地毯

化纤地毯是 1945 年后出现的新型产品，其使用量很快超越了传统羊毛地毯。其主要材料包括尼龙长丝、尼龙短纤维、丙烯腈、纤维素及聚丙烯等。化纤地毯的关键性能指标包括耐磨性、弹性、抗污抗染性、易清洁性以及产生静电的难易程度。其中，丙烯腈、尼龙和聚丙烯纤维的性能可与羊毛相媲美。化纤地毯可以通过多种编织方法制作，厚度通常在 4 ～ 22 mm，其主要优点是步感舒适，但缺点是容易产生静电、积尘，且较难清扫。与地毯类似的还有无纺地毯，也以化纤为原料，如图 10-3 所示。

（四）塑料门窗和室内塑料装修配件

图 10-3　化纤地毯示意图

近 20 年来，随着薄壁中空异型材挤出工艺和发泡挤出工艺技术的不断进步，采用塑料异型材拼焊制作的门窗框、橱柜组件以及各类室内装修配件得到了显著发展，受到许多面临木材和能源短缺的国家的关注。使用硬质发泡聚氯乙烯或聚苯乙烯制造的室内装修配件被广泛应用于墙板护角、门窗口的压缝条、石膏板的嵌缝条、踢脚板、挂镜线、天花吊项回缘、楼梯扶手等地方。这些配件既具有建筑构造的功能，又可以作为艺术装饰品，不仅提升了建筑物的装饰水平，还展现了塑料制品外形美观和加工便捷的优势。

任务三　建筑涂料

任务描述

某大型商业综合体的外墙涂装工程中，使用了某品牌的新型环保涂料。在施工完成后，居民和商户开始反映外墙涂料散发出刺鼻气味，并出现了颜色不均和剥落现象。经检测，发现该涂料含有超标的有害化学物质，不仅影响了建筑的美观，还对周围环境造成了污染，引发了公众的强烈不满和健康担忧。

任务分析

上述事件揭示了建筑涂料质量控制的重要性及其对环境和健康的影响。项目团队在选择涂料时，可能未充分验证其环保性能和化学成分，导致了涂料在使用过程中释放有害物质，影响了建筑外观和周围环境。为避免类似问题，应加强对建筑涂料的严格筛选和质量检测，确保其符合环保标准和健康安全要求。建议在选材前进行全面的材料测试，包括有害物质含量检测和耐候性测试，选择经过认证的环保涂料品牌。

任务实施

涂施于物质表面，经过物理变化和化学反应可形成完整的膜，且能与物质表面很好地结合，形成坚固完整的涂膜物料称为涂料或漆。

一、建筑涂料的性能

在我国，将天然油漆用于建筑物表面装饰已有几千年的历史。然而，由于天然树脂和油料资源的有限性，建筑涂料的发展受到一定限制。自20世纪50年代以来，随着石油化工行业的发展，各种合成树脂、溶剂和助剂的相继推出并实现大规模生产，为涂料工业的发展奠定了物质基础，同时人们对建筑装饰的要求也日益提高。

20世纪40至50年代，水泥系建筑装饰涂料开始出现；60年代，则着手研发有机高分子系建筑装饰涂料；到70年代，有机涂料获得广泛应用，石油化学工业的合成树脂也被大量应用于建筑装饰涂料。因此，人们将这些用于建筑装饰、保护或具有其他特殊功能的涂料称为建筑涂料，如图10-4所示。

图10-4 建筑涂料应用

从本义上说，建筑涂料与常规涂料并无多大区别，主要是根据涂料的一个应用范围和类别划分的，涂料的范围很广，既包括了传统的油漆，也包含了以各种合成树脂为主要原料生产的溶剂型涂料和以水性涂料为主的现代涂料。

（一）施工前涂料的性能

施工前涂料的性能主要有以下几个方面。

（1）应具备储存稳定性和低温稳定性。

（2）应具备性能及颜色的均匀性。

（3）方便操作。

（4）调配施工作业操作时无害、无污染、安全。

（二）施工后装饰涂层的性能

施工后装饰涂层的性能主要有以下几个方面。

（1）涂料在固化、干燥过程中不开裂、不起鼓，并与基层黏结牢固。

（2）应具有耐水性、耐碱性、耐冲击性。

（3）不易受污染，易除去污染及不污染相邻物且不易渗水。

（4）应具有耐冻融性、透气性、防结露性。

（5）特殊功能性涂料还应具有相应的功能作用。

二、建筑涂料的特点

建筑涂料的特点如下。

（1）适用范围广，能应用于不同材质的物质表面装饰。

（2）能满足不同性能的要求，如隔热、防火等要求。

（3）生产、施工操作方便。用较简单的方法和设备作业，即可在物件表面得到较为理想的涂膜。

（4）能很方便地维护和更新。

（5）涂膜装饰和保护作用受到限制，使用寿命和维修周期较短。

三、外墙涂料

外墙装饰涂料的主要功能是装饰和保护建筑物的外墙面，使建筑物外观整洁靓丽，与环境更加协调，从而达到美化城市的目的。同时外墙装饰涂料还能起到保护建筑物，提高建筑物使用的安全性，延长其使用寿命的作用。

为获得良好的装饰与保护效果，外墙涂料一般应具有以下特点。

（一）装饰性良好

装饰性良好要求外墙涂料色彩丰富多样，保色性良好，能较长时间保持良好的装饰性能。

（二）耐水性良好

外墙面暴露在大气中，要经常受到雨水的冲刷，因而作为外墙涂层应有很好的耐水性能。某些防水性外墙涂料，其抗水性能更佳，当基层墙面发生小裂缝时，涂层仍有防水的功能。

（三）耐沾污性好

大气中的灰尘及其他物质沾污涂层以后，涂层会失去其装饰效能，因而要求外墙装饰涂层不易被这些物质沾污或沾污后容易清除掉。

（四）耐候性良好

暴露在大气中的涂层，要经受日光、雨水、风沙、冷热变化等作用。在这类自然力的反复作用下，一般的涂层会发生开裂、剥落、脱粉、变色等现象，这样涂层会失去原来的装饰与保护功能。因此，作为外墙装饰的涂层要求在规定的年限内，不发生上述破坏现象。

（五）施工及维修容易

建筑物外墙面积很大，要求外墙涂料施工操作简便。同时，为了始终保持涂层良好的装饰效果，要经常进行清理、重涂等维修施工，要求重涂施工容易。

（六）价格合理

合理的价格意味着性价比高，能够在预算有限的情况下实现装饰和保护的双重效果。选择价格合理的外墙涂料，对于无论是新建项目还是旧建筑翻新，都是一个明智且经济的选择，能够有效延长建筑外立面的使用寿命，降低维护成本，同时提升建筑的整体视觉效果和市场价值。

建筑外墙涂料的品种很多。目前，建筑工程上常用的有乳液型涂料、溶剂型涂料和无机硅酸盐涂料三类。

四、内墙涂料

内墙涂料的主要功能是装饰和保护室内墙面，使其美观整洁，让人们处于舒适的居住环境之中。为获得良好的装饰效果，内墙涂料应具有以下特点。

（一）色彩丰富

内墙涂料的装饰效果，主要由质感、线条和色彩三个因素构成。采用涂料装饰则色彩为主要因素。内墙涂料的颜色一般应浅淡、明亮，因居住者对颜色的喜爱不同，因此，建筑涂料的色彩要求品种丰富。内墙涂层与人们的距离比外墙涂层近，因而要求内墙装饰涂层质地平滑、细腻、色彩调和。

（二）耐碱性、耐水性、耐粉化性良好

由于墙面基层常带有碱性，因而要求涂料的耐碱性良好。室内的湿度一般比室外高，同时为清洁内墙，涂层常要与水接触，因此要求涂料具有一定的耐水性及耐洗刷性。

（三）透气性良好

室内常有水汽，透气性不好的墙面材料易结露、挂水，使人们居住有不舒适感，因而内墙涂料应采用透气性良好的材料配置。

（四）涂刷方便，重涂容易

人们为了保护优雅的居住环境，内墙面翻修的次数较多，因此要求内墙涂料施工方便，维修重涂容易。

目前常用的内墙装饰涂料主要包括水溶性涂料、合成树脂乳胶漆和溶剂型涂料三类。

五、地面涂料

应用于建筑物或构筑物地面涂装的涂料称为地面涂料。按照《涂料产品分类和命名》（GB/T 2705—2003）的规定，地面涂料主要指应用于水泥基底材等非木质地面用的涂料。对于通常应用于木质地面的涂料一般不包括在建筑涂料范围内。

地面涂料是装饰和保护室内地面，使地面清洁美观，与室内墙面及其他装饰相对应。为了获得良好的效果，地面涂料应具有以下特点。

（一）耐磨性好

耐磨损性是地面涂料的主要性能之一。人的行走、重物的拖移都要使地面受到磨损，因此地面涂料要有足够的耐磨性。

（二）耐碱性要好

因为地面涂料主要是涂刷在水泥砂浆基面上，必须有良好的耐碱性，且应与水泥地面有良好的黏结力。

（三）良好的耐水性

为了保持地面清洁，需要经常用水擦洗，因此地面涂料必须有良好的耐水洗刷性能。

（四）良好的抗冲击性

地面容易受重物撞击，要求地面涂料的涂层在受到重物冲击时，不易开裂或脱落，只允许出现轻微的凹痕。

（五）施工方便，重涂容易，价格合理

地面涂料应便于施工，磨损后的重涂性要好，价格也能被人们接受。用于地面装饰的材料很多，涂料是品种比较丰富、档次比较齐全、功能多种多样的一类地面装饰材料。

如果按地面涂料的功能进行分类，地面涂料可分为装饰性地面涂料和功能性地面涂料两大类。装饰性地面涂料主要应用于木质底材，不属于建筑涂料的范围。目前建筑功能性地面涂料有环氧耐磨地面涂料、聚氨酯弹性地面涂料、防滑地面涂料和防静电地面涂料。

任务四 胶 黏 剂

任务描述

某高层办公楼的玻璃幕墙安装工程中，施工团队选用了一种新型胶黏剂来固定大面积的玻璃板材。然而，在工程完成后的第一个冬季，由于气温骤降，多块玻璃幕墙开始出现松动，甚至有几块玻璃完全脱落，幸好未造成人员伤亡。经过调查，发现该胶黏剂在低温环境下的黏结强度大幅下降，无法承受风压和玻璃的自重。为了修复问题，施工方不得不重新更换所有玻璃幕墙，并使用更合适的胶黏剂进行二次施工，造成了严重的工期延误和额外成本。

任务分析

上述事件突显了胶黏剂选择在建筑施工中的关键作用，尤其是在涉及建筑幕墙等高风险结构时。项目团队在选用胶黏剂时，可能未能充分考虑其在不同温度和气候条件下的性能表现，导致在低温环境下胶黏剂失效，造成了严重的安全隐患和经济损失。为避免类似问题，在选用建筑胶黏剂时，应详细评估其技术参数，尤其是温度适用范围、黏

结强度、耐久性等关键指标。此外，建议在项目前期进行胶黏剂的小范围测试，以确保其在实际使用环境中的可靠性。

任务实施

胶黏剂是一种能在两个物体表面间形成薄膜并能把它们紧密地胶接起来的材料，如图10-5所示。随着现代建筑工业的发展，许多装饰材料和特种功能材料在安装施工时均会涉及它们与基体材料的黏结问题。此外，混凝土裂缝和破损等也常采用胶黏剂进行修补，黏结比传统方法更灵活、方便和可靠，故黏结技术是发展最快的新技术之一。胶黏剂品种繁多，性能各异，产品更新换代也十分迅速。因此黏接技术和黏接材料已越来越受到人们的重视，随着新的胶黏剂不断出现，它已成为当前建筑材料中一个重要的组成部分。天然胶料胶黏剂的组分比较简单，其性能往往不能满足工程需要。随着化学工业的发展和胶粘技术的进步，出现了许多合成胶黏剂。

图 10-5　胶黏剂

一、胶黏剂的组成

胶黏剂是一种由多组分物质组成的，具有黏结性能的材料。根据各种材料的不同黏结要求，黏合剂的黏结性能各异，因此其组成较复杂。除了起黏结作用的基本组成黏剂（黏料）外，为了使黏合剂起到较好的黏结效果，一般还要加入某些配合剂。

（一）主剂

主剂是胶黏剂的主要成分，主导胶黏剂黏结性能，同时也是区别胶黏剂类别的重要标志。主剂一般由一种或两种，甚至三种高聚物构成，要求具有良好的黏附性和润湿性等。通常用的黏料有以下几种。

（1）热固性树脂，如环氧树脂、酚醛树脂、聚氨酯树脂、脲醛树脂、有机硅树脂等。

（2）热塑性树脂，如聚醋酸乙烯酯、聚乙烯醇及缩醛类树脂、聚苯乙烯等。

（3）弹性材料，如丁腈胶、氯丁橡胶、聚硫橡胶等。

（4）各种合成树脂、合成橡胶的混合体或接枝、镶嵌和共聚体等。

（二）助剂

为了满足特定的物理化学特性，加入的各种辅助组分称为助剂，例如，为了使主体黏料形成网型或体型结构，增加胶层内聚强度而加入固化剂（它们与主体黏料反应并产生交联作用）；为了加速固化、降低反应温度而加入固化促进剂或催化剂；为了提高耐大气老化、热老化、电弧老化、臭氧老化等性能而加入防老剂；为了赋予胶黏剂某些特定性质、降低成本而加入填料；为降低胶层刚性、增加韧性而加入增韧剂；为了改善工艺性降低黏度、延长使用寿命加入稀释剂等。

1. 固化剂

固化剂又称硬化剂，是促使黏结物质通过化学反应加快固化的组分，它是胶黏剂中最主要的配合材料。它的作用是直接或通过催化剂与主体聚合物进行反应，固化后把固化剂分子引进树脂中，使原来是热塑性的线型主体聚合物变成坚韧和坚硬的网状结构。固化剂的种类很多，不同的树脂、不同要求采用不同的固化剂。胶接的工艺性和其使用性能是由加入的固化剂的性能和数量来决定的。

2. 增韧剂

增韧剂的活性基团直接参与胶黏剂的固化反应，并进入到固化产物最终形成的一个大分子的链结构中。没有加入增韧剂的胶黏剂固化后，其性能较脆，易开裂，实用性差。加入增韧剂的胶黏剂，均有较好的抗冲击强度和抗剥离性。不同的增韧剂还可不同程度地降低其内应力、固化收缩率，提高低温性能。常用的增韧剂有聚酰胺树脂、合成橡胶、缩醛树脂、聚砜树脂等。

3. 稀释剂

稀释剂又称溶剂，主要作用是降低胶黏剂黏度，增加胶黏剂的浸润能力，改善工艺性能。有的能降低胶黏剂的活性，从而延长试用期。但加入量过多，会降低胶黏剂的胶接强度、耐热性、耐介质性能。常用的稀释剂有丙酮、漆料等多种与黏料相容的溶剂。

4. 填料

填料一般在胶黏剂中不发生化学反应，使用填料可以提高胶接接头的强度、抗冲击韧性、耐磨性、耐老化性、硬度、最高使用温度和耐热性，降低线膨胀系数、固化收缩率和成本等。常用的填料有氧化铜、氧化镁、银粉、瓷粉、云母粉、石棉粉、滑石粉等。

5. 改性剂

改性剂是为了改善胶黏剂的某一方面性能，以满足特殊要求而加入的一些组分，如为增加胶接强度，可以加入偶联剂，还可以加入防腐剂、防霉剂、阻燃剂和稳定剂等。

二、胶黏机理

胶黏剂能够将材料牢固黏结在一起，是因为胶黏剂与材料间存在有黏结力。黏结力主要来源于以下几个方面。

（一）机械联结理论

机械联结理论认为被粘物表面是粗糙的、有些是多孔的，胶黏剂能够渗透到被粘物表面的孔隙中去，硬化后就形成了许多微小的机械联结。胶黏剂主要依靠这些机械联结与被粘物牢固地黏结在一起。

（二）化学键理论

化学键理论认为某些胶黏剂与被粘物表面之间还能形成化学键，这种化学键对于黏结力，特别是对于黏结界面抵抗老化的能力是有贡献的，并在某些场合已为实验所证明。

（三）吸附扩散理论

吸附扩散理论认为任何物质的分子（或原子）之间都有两种相互作用力：一种是强的主价键力，或称化学键力；另一种是弱的次价键力或称范德华力。物理吸附是由次价键力所引起的。虽然次价键力远比主价键力弱，但由于原子和分子的数目相当多，所以这种物理吸附作用还是很大的。黏合剂分子和被粘材料表面分子之间的物理吸附作用，产生黏结强度。黏合剂分子与被粘材料表面分子之间在产生物理吸附的同时，还会发生互相扩散。分子相互扩散的结果增加了它们的物理吸附作用，形成牢固的黏结。

以上各种理论仅仅反映了黏结现象的本质的一个方面。事实上胶黏剂与被粘物之间的牢固黏结是以上理论涉及的一些因素的综合结果。当然，由于所采用的胶黏剂不同，被粘物的不同，黏结物的表面处理或黏结接头的制作工艺不同，上述诸因素对于黏结力的贡献大小也不一样。

三、胶黏剂的分类

胶黏剂的品种繁多，分类方法各不相同，具体内容如下。

（一）按来源划分

胶黏剂按来源可分为天然胶黏剂和合成胶黏剂。天然胶黏剂的原料主要来自天然，如动物胶有骨胶、虫胶、鱼胶等；植物胶有淀粉、松香等。合成胶黏剂就是由合成树脂或合成橡胶为主要原料配制而成的胶黏剂，如热固型胶黏剂有环氧、酚醛、丙烯酸双脂、有机硅、不饱和聚酯等；橡胶型胶黏剂有氯丁橡胶、丁腈橡胶、硅橡胶等；热塑性胶黏剂有聚醋酸乙烯酯、乙烯、醋酸乙烯酯等。

（二）按用途划分

胶黏剂按用途可分为通用胶黏剂和专用胶黏剂。通用胶有一定的胶接强度，对一般材料都能进行胶接，如环氧树脂等。专用胶黏剂中有金属用、木材用、玻璃用、橡胶用、聚乙烯泡沫塑料用等胶黏剂。

（三）按胶接强度划分

胶黏剂按胶接强度可分为结构胶黏剂和非结构胶黏剂。结构胶黏剂胶接的接头抗剪切强度可达 7 MPa，不仅有足够的剪切强度，而且具有较高的不均匀扯离强度，能长时间内承受振动、疲劳和冲击等载荷，同时还具有一定的耐热性和耐候性。非结构胶黏剂在较低的温度下有一定的强度，随着温度的升高胶接强度迅速下降，所以这类胶黏剂主要用于胶接不重要的零件，或用于临时固定。

（四）按胶黏剂固化温度划分

胶黏剂按胶黏剂固化温度可分为室温固化胶黏剂、中温固化胶黏剂、高温固化胶黏剂。室温是指温度小于 30 ℃，中温是指 30 ～ 99 ℃，高温是指大于 100 ℃。

四、常用的胶黏剂

目前建筑上常用的胶黏剂主要有聚醋酸乙烯及其共聚物胶黏剂、聚乙烯醇缩甲醛胶黏剂、聚氨酯类、环氧树脂类、不饱和聚酯树脂类胶黏剂及酚醛树脂胶黏剂等。

（一）聚醋酸乙烯胶黏剂

聚醋酸乙烯胶黏剂，又称白乳胶，是由醋酸、乙烯经乳液聚合而制得的一种乳白色、带有酯类芳香的乳胶状液体。

聚醋酸乙烯胶黏剂的特点有：胶液呈酸性；具有较强的亲水性；流动性好，便于表面粗糙材料的黏结；耐水性差，不能用于潮湿环境；适宜的黏结温度为 5 ～ 80 ℃；无毒、无污染，是一种优良的环保材料。

聚醋酸乙烯胶黏剂黏结强度不高，主要用于黏结受力不大的墙壁纸、壁布等，黏结以受压力为主的木地板、塑料地板等。它除用于黏结材料外，还可作为涂料的主要成膜物质，也可加入水泥砂浆中组成聚合物水泥砂浆，以提高砂浆与基体的黏结力。聚醋酸乙烯胶黏剂是装修装饰工程中用量最大的胶黏剂之一。

（二）聚乙烯醇缩甲醛胶黏剂

聚乙烯醇缩甲醛胶黏剂商品名称为 108 胶，以聚乙烯醇和甲醛为原料，加入适量催化剂和水，在一定条件下缩聚而成的无色透明胶体。108 胶具有较高的黏结强度和较好的耐水性及耐老化性能，在建筑装饰中应用广泛，如胶结墙纸、墙布、瓷砖等。在水泥砂浆中掺入适量 108 胶可增加黏结力、抗渗性、柔韧性以及减少收缩等。

（三）聚氨酯类胶黏剂

聚氨酯类胶黏剂是以多异氰酸酯和聚氨基甲酸酯（简称聚氨酯）为黏结物质，加入改性材料、填料、固化剂等而制得的胶黏剂，一般为双组分。其特点是黏附性好，耐低温性能优异，韧性好，可室温固化。

聚氨酯类胶黏剂对多种材料有良好的黏结性，可以黏结陶瓷、木材、不锈钢、玻璃等材料，另外聚氯酯也可用于制作防水材料、管道密封材料，还可作为聚氨酯涂料的主要成膜物质，涂刷木制家具。

项目小结

本项目主要介绍了建筑合成高分子材料的相关知识。首先介绍了合成高分子材料概述；其次介绍了建筑塑料；再次介绍了建筑涂料；最后介绍了胶黏剂。通过本项目的学习，读者能够明确在选择和应用墙体材料时需综合考虑其性能、美观度和可持续性，以确保建筑的整体品质和长期价值。

项 目 工 单

实训记录表见表 10-1，实训评价见表 10-2。

表 10-1　实训记录表

班级		姓名		日期	
实训名称	合成高分子材料的生产与应用实训				
实训目标	1. 理解合成高分子材料的基本概念、分类及性能特点，掌握建筑塑料、涂料及胶黏剂等材料的组成与应用； 2. 通过实际操作，学习合成高分子材料的生产工艺和应用技术，提升材料的制备与应用能力，确保施工中的正确使用和性能发挥； 3. 探讨合成高分子材料在建筑领域的创新应用及其对建筑品质和环境保护的影响，增强对新材料开发和可持续发展的意识				
实训过程记录					
实训注意事项					
实训总结					

表 10-2　实训评价

项目名称	评价内容	分值 / 分	评分
职业素养考核项目（30%）	安全与环保意识	10	
	质量与精确性	10	
	团队合作与沟通能力	10	

续表

项目名称	评价内容	分值 / 分	评分
专业能力考核项目（70%）	合成高分子材料基础知识掌握能力	10	
	高分子材料生产工艺掌握能力	10	
	建筑塑料应用能力	20	
	建筑涂料应用能力	10	
	胶黏剂应用与选择能力	20	
合计		100	
教师评语		教师签字	

课后练习

一、填空题

1. 根据材料性能，合成高分子材料的分类可分为________和________两大类。

2. 固化剂又称________，是促使黏结物质通过化学反应加快________的组分，它是胶黏剂中最主要的配合材料。

3. 任何物质的分子（或原子）之间都有两种相互作用力：一种是强的主价键力，或称________；另一种是弱的次价键力或称________。

4. 热塑性塑料是在特定温度范围内能反复________和________的塑料。

5. 填料又叫作________，它可以提高塑料的________和耐热性能，并降低成本。

二、简答题

1. 简述聚醋酸乙烯胶黏剂的特点。

2. 为获得良好的装饰效果，内墙涂料应具有哪些特点？

3. 简述塑料的基本性能。

项目十一

木　材

项目导读

木材不仅以其独特的纹理和色彩为建筑增添自然之美，还以其良好的保温、隔音等物理性能为居住者带来舒适的体验。同时，木材的可再生和环保特性也使其成为现代建筑中备受青睐的可持续材料，承载着人与自然和谐共生的理念。本项目主要介绍木材概述、木材的性质、木材的腐朽和木材的应用。

学习目标

知识目标

◇掌握木材的基本概念、分类及主要来源，了解木材在建筑历史与文化中的地位。

◇深入理解木材的物理性质、化学性质及力学性质，包括其强度、耐久性、防腐性等关键特性。

能力目标

◇能够运用所学知识对木材进行质量评估，选择合适的木材种类用于特定建筑项目。

◇掌握木材加工与处理的基本技能，包括切割、连接、防腐处理等，以确保木材在建筑中的有效应用。

素质目标

◇培养学生对可持续建筑材料的关注与尊重，认识到木材作为可再生资源在建筑中的重要性。

◇提升学生创新思维与解决问题的能力，能够在木材应用方面提出新颖、可行的解决方案。

思政目标

培养学生社会责任感，意识到作为建筑师或建筑相关从业者，在选择和使用木材时，应考虑其对环境的影响，以及如何通过创新设计和技术手段，实现木材的高效、可持续利用，为社会的可持续发展贡献力量。

任务一 木材概述

任务描述

某住宅小区的别墅区建设中，大量使用了进口木材进行框架结构和室内装修。然而，在项目竣工后不久，业主们发现屋内出现了明显的异味，并且部分木质材料开始出现霉变和虫蛀现象，尤其是在卫生间和厨房等潮湿区域。经过专业检测和评估，确定是因木材未经过适当的防潮和防虫处理，导致了材料质量问题。

任务分析

上述事件突显了在建筑工程中使用木材时，必须特别关注木材的质量和处理方式。项目团队在选择木材时，可能未充分考虑木材的来源、处理工艺及其适应环境的特性，导致在潮湿环境下木材未能有效防潮和防虫，从而出现了霉变和虫蛀问题。为了避免类似情况的发生，应加强对木材供应商的审核，确保所购木材符合行业标准，并进行适当的防护处理。此外，在设计阶段，应充分考虑木材在特定环境下的应用，选择适合的防潮涂层和处理措施，以及对木材进行定期维护。

任务实施

一、木材的构造与组成

木材的构造是决定木材性能的重要因素。树种不同，其构造相差很大，通常可从宏观和微观两方面观察。

（一）木材的宏观构造

木材的宏观构造是指肉眼或放大镜能观察到的木材组织。由于木材是各向异性的，可通过横切面（树纵轴相垂直的横向切面）、径切面（通过树轴的纵切面）和弦切面（与树轴平行的纵向切面）了解其构造，如图 11-1 所示。

1. 树木的组成

树木主要由树皮、髓心和木质部组成。建筑用木材主要是使用木质部，木质部是髓心和树皮之间的部分，是木材的主体。在木质部中，靠近髓心的部分颜色较深，称为心材；靠近树皮的部分颜色较浅，称为边材。心材含水量较小，不易翘曲变形，耐蚀性较强；边材含水量较大，易翘曲变形，耐蚀性也不如心材，所以心材利用价值更大。

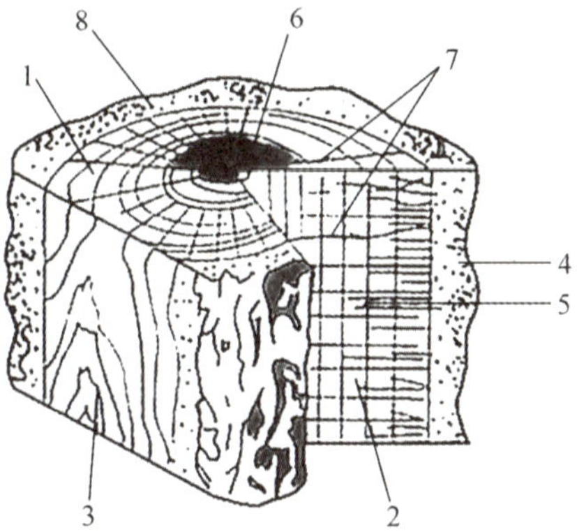

1- 横切面；2- 径切面；3- 弦切面；4- 树皮；5- 木质部；6- 髓心；7- 髓线；8- 年轮。

图 11-1　木材的宏观构造

2. 年轮

从横切面可以看到深浅相间的同心圆，称为年轮。每一年轮中，色浅而质软的部分是春季长成的，称为春材或早材；色深而质硬的部分是夏秋季长成的，称为夏材或晚材。相同的树种，夏材越多，木材强度越高；年轮越密且均匀，木材质量越好。木材横切面上，有许多径向的，从髓心向树皮呈辐射状的细线条，或断或续地穿过数个年轮，称为髓线，是木材中较脆弱的部位，干燥时常沿髓线发生裂纹。

（二）木材的微观构造

在显微镜下所见到的木材组织称为微观构造。针叶树和阔叶树的微观构造不同，如图 11-2 和图 11-3 所示。

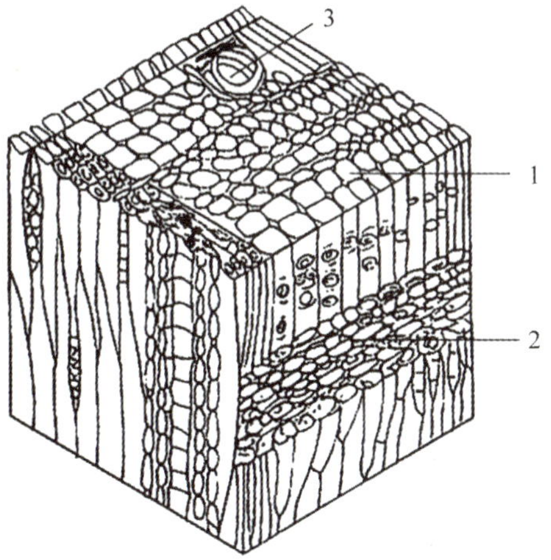

1- 管胞；2- 髓线；3- 树脂道。

图 11-2　针叶树马尾松微观构造

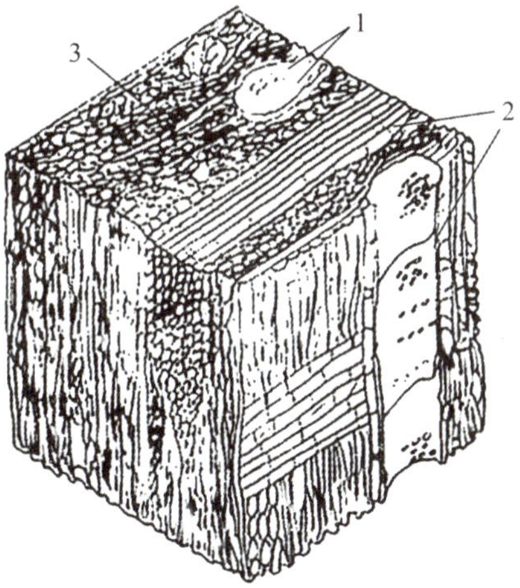

1- 导管；2- 髓线；3- 木纤维。

图 11-3　阔叶树柞木微观构造

从显微镜下可以看到，木材是由有无数细小空腔的圆柱形细胞紧密结合组成，每个细胞都有细胞壁和细胞腔，细胞壁是由若干层细胞纤维组成，其连接纵向较横向牢固，因而造成细胞壁纵向的强度高，而横向的强度低，在组成细胞壁的纤维之间存在有极小的空隙，能吸附和渗透水分。

细胞本身的组织构造在很大程度上决定了木材的性质，如细胞壁越厚、腔越小，木材组织越均匀，则木材越密实，表观密度与强度越大，同时胀缩变形也越大。

木材细胞因功能不同主要分为管胞、导管、木纤维、髓线等。针叶树显微结构较为简单而规则，由管胞、树脂道和髓线组成，管胞主要为纵向排列的厚壁细胞，约占木材总体积的 90%。针叶树的髓线较细小而不明显。阔叶树的显微结构复杂，主要由导管、木纤维及髓线等组成，导管是壁薄而腔大的细胞，约占木材总体积的 20%。木纤维是一种厚壁细长的细胞，它是阔叶树的主要成分之一，占木材总体积的 50% 以上。阔叶树的髓线发达而明显。导管和髓线是鉴别阔叶树的显著特征。

二、木材的物理力学性质

木材的物理力学性质主要有密度、含水量、湿胀干缩、强度等，其中含水量对木材的物理力学性质影响较大。

（一）木材的密度与表观密度

木材的密度平均约为 1.55 g/cm^3，表观密度平均为 0.50 g/cm^3，表观密度大小与木材种类及含水率有关，通常以含水率为 15%（标准含水率）时的表观密度为准。

（二）木材的含水量

木材的含水量用含水率表示，是指木材所含水的质量占木材干燥质量的百分率。

1. 木材中的水分

木材具有很强的吸水能力，其含水量会随周围环境湿度的变化而改变，主要包括自由水、吸附水和化合水三部分。自由水存在于细胞腔和细胞间隙中，在木材干燥过程中首先蒸发，它的存在影响木材的表观密度、保水性、燃烧性和抗腐蚀性。吸附水位于细胞壁内，当木材受潮时，这些细胞首先吸收水分，吸附水的含量变化对木材的强度和湿度引起的膨胀、收缩有显著影响。化合水则存在于木材的化学成分中，其含量因树种而异，但对木材的基本性质没有影响。

2. 木材的纤维饱和点

当吸附水已达饱和状态而又无自由水存在时，木材的含水率称为该木材的纤维饱和点。其值随树种而异，一般为 25% ～ 35%，平均值为 30%。它是木材物理力学性质是否随含水率而发生变化的转折点。

3. 木材的平衡含水率

木材的含水率与周围空气相对湿度达到平衡时，称为木材的平衡含水率。即当木材长时间处于一定温度和湿度的空气中，其水分的蒸发和吸收趋于平衡，含水率相对稳定，此时的含水率为平衡含水率。木材平衡含水率随大气的湿度变化而变化。图 11-4 为各种不同温度和湿度的环境条件下，木材相应的平衡含水率。

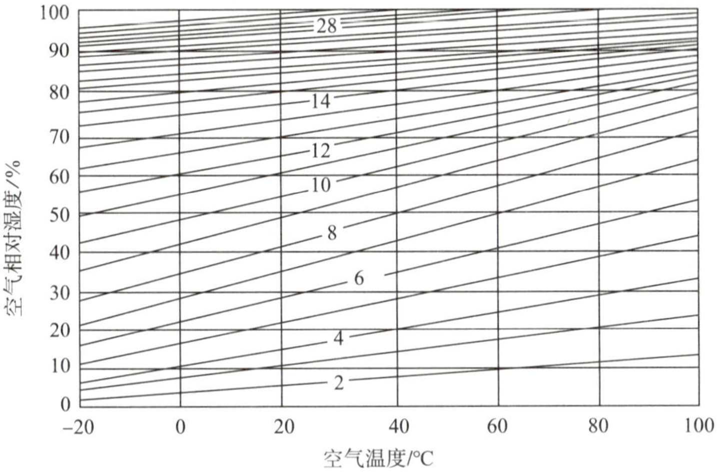

图 11-4 各种不同温度和湿度的环境条件下，木材相应的平衡含水率

为了避免木材的使用过程中因含水率变化太大而引起变形或开裂，木材使用前，须干燥至使用环境常年平均的平衡含水率。我国平衡含水率平均为 15%（北方约为 12%，南方约为 18%）。

（三）木材的湿胀干缩

木材细胞壁内的吸附水含量变化会导致木材发生湿胀干缩变形。当木材含水量超过纤维饱和点时，说明除了吸附水的饱和状态外，还存在一定量的自由水。在这种情况下，木材如经历干燥或受潮，仅自由水含量发生变化。而当木材含水率低于纤维饱和点时，表明所有水分都吸附在细胞壁的纤维上，此时水分含量的增加或减少会引发体积的膨胀或收缩，即只有吸附水的变化影响木材的变形。

由于木材结构的不均匀性，其变形的程度在各个方向也有所不同：顺纹方向最小，径向较大，弦向最大。因此，湿材在干燥后，其截面尺寸和形状会发生显著变化。

湿胀干缩会影响木材的使用。干缩可能导致木材翘曲、开裂、接榫松动及拼缝不严；湿胀则可能造成表面鼓凸。因此，木材在加工或使用前应对其进行预干燥，使其含水率达到与环境湿度相匹配的平衡含水率。

（四）木材的强度

1. 木材的强度种类

木材按受力状态分为抗拉、抗压、抗弯和抗剪四种强度，而抗拉、抗压和抗剪强度又有顺纹和横纹之分。所谓顺纹是指作用力方向与纤维方向平行；横纹是指作用力方向与纤维方向垂直。木材的顺纹和横纹强度有很大差别。

木材各种强度之间的比例关系见表 11-1。

表 11-1　木材各强度之间的比例关系

抗压强度		抗拉强度		抗弯强度	抗剪强度	
顺纹	横纹	顺纹	横纹		顺纹	横纹
1	$\frac{1}{10}\sim\frac{1}{3}$	2～3	$\frac{1}{20}\sim\frac{1}{3}$	$\frac{3}{2}\sim2$	$\frac{1}{7}\sim\frac{1}{3}$	$\frac{1}{2}\sim2$

注：以顺纹抗压强度为 1。

2. 影响木材强度的主要因素

木材强度除由本身组织构造因素决定外，还与含水率、负荷时间、环境温度、缺陷（木节、斜纹、裂缝、腐朽及虫蛀等）等因素有关。

（1）含水率

木材含水率在纤维饱和点以下时，含水率降低，吸附水减少，细胞壁紧密，木材强度增加，反之，强度降低。当含水率超过纤维饱和点时，只是自由水变化，木材强度不变。

木材含水率对其各种强度的影响程度是不相同的，受影响最大的是顺纹抗压强度，其次是抗弯强度，对顺纹抗剪强度影响小，影响最小的是顺纹抗拉强度，如图 11-5 所示。

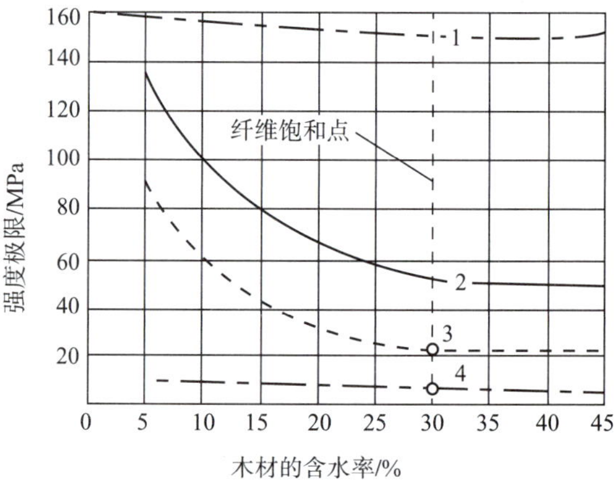

1- 顺纹抗拉；2- 抗弯；3- 顺纹抗压；4- 顺纹抗剪。

图 11-5　含水率对木材强度的影响

（2）负荷时间

木材在长期外力作用下，只有在应力远低于强度极限的某一定范围之下时，才可避免因长期负荷而破坏。而它所能承受的不致引起破坏的最大应力，称为持久强度。木材的持久强度仅为极限强度的 50%～60%。木材在外力作用下会产生塑性流变，当应力不超过持久强度时，变形到一定限度后趋于稳定；若应力超过持久强度时，经过一定时间后，变形急剧增加，从而导致木材破坏。因此，在设计木结构时，应考虑负荷时间对木材强度的影响，一般应以持久强度为依据。

（3）环境温度

温度对木材强度有直接影响，当温度从 25 ℃升至 50 ℃时，将因木纤维和其间的胶体软化等原因，使木材抗压强度降低 20%～40%，抗拉和抗剪强度降低 12%～20%。当温度在 100 ℃以上时，木材中部分组织会分解、挥发、木材变黑、强度明显下降。因此，环境温度长期超过 50 ℃时，不应采用木结构。

（4）缺陷

木材在生长、采伐、储存、加工和使用过程中会产生一些缺陷，如木节、裂纹、腐朽和虫蛀等。这会破坏木材的构造，造成材质的不连续性和不均匀性，从而使木材的强度大大降低，甚至可能失去使用价值。

3. 木材的力学性质

我国常用树种的木材主要物理力学性质见表 11-2。

表 11-2　我国常用树种的木材主要物理力学性质

树种		产地	干缩系数		表现密度 /（g/cm^3）	顺纹抗压强度 /MPa	顺纹抗拉强度 /MPa	抗弯强度 /MPa	横纹抗压强度 /MPa				顺纹抗剪强度 /MPa	
			径向	弦向					局部承压比例极限		全部承压比例极限			
									径向	弦向	径向	弦向	径向	弦向
阔叶树	白桦	黑龙江	0.227	0.308	0.607	42.0	—	87.5	5.2	3.3	—	—	7.8	10.6
	柞木	长白山	0.199	0.316	0.766	55.6	155.4	124.0	10.4	8.8	—	—	11.8	12.9
	麻栎	安徽肥西	0.210	0.389	0.930	52.1	155.4	128.6	12.8	10.1	8.3	6.5	15.9	18.0
	竹叶青冈	湖南吊罗山	0.194	0.438	1.042	86.7	172.0	171.7	21.6	16.5	13.6	10.5	15.2	14.6
	枫香	江西全南	0.150	0.316	0.592	—	—	88.1	6.9	9.7	7.8	11.6	9.7	12.8
	水曲柳	长白山	0.197	0.353	0.686	52.5	138.7	118.6	7.6	10.7	—	—	11.3	10.5
	柏木	湖北崇阳	0.127	0.180	0.600	54.3	117.1	100.5	10.7	9.6	7.9	6.7	9.6	11.1
铁叶树	杉木	湖南江华四川青衣江	0.123 0.136	0.277 0.286	0.371 0.416	37.8 36.0	77.2 83.1	63.8 63.4	3.1 3.1	3.3 3.8	1.8 2.3	1.5 2.6	4.2 6.0	4.9 5.9
	冷杉	四川大渡河长白山	0.174 0.122	0.341 0.300	0.433 0.390	35.5 32.5	97.3 73.6	70.0 66.4	3.6 2.8	4.4 3.6	2.4 2.0	3.3 2.5	4.9 6.2	5.5 6.5
	云杉	四川平武新疆	0.173 0.139	0.327 0.390	0.459 0.432	38.6 32.0	94.0	75.9 62.1	3.4 6.2	4.5 4.3	2.8 2.9	2.9 2.6	6.1 6.1	5.9 7.O
	铁衫	四川青衣云南丽江	0.149 0.145	0.273 0.269	0.511 0.449	46.3 36.1	117.8 87.4	91.5 76.1	3.8 4.6	6.1 5.5	3.2 3.5	3.6 3.8	9.2 7.0	8.4 6.9
	红松	小兴安岭及长白山	0.122	0.321	0.440	33.4	98.1	63.5	3.7	3.8	—	—	6.3	6.9
	落叶松	小兴安岭新疆	0.169 0.162	0.398 0.372	0.641 0.563	57.6 39.0	129.9 113.0	118.3 84.6	4.6 3.9	8.4 6.1	2.9	3.4	8.5 8.7	6.8 6.7
	马尾松	湖南郴县会同广西州沙塘	0.152 0.123	0.297 0.277	0.519 0.449	44.4 31.4	104.9 66.8	91.0 66.5	4.0 4.3	6.6 4.1	2.1 2.6	3.1 2.6	7.5 7.4	6.7 6.7

任务二 木材的腐朽和防腐

任务描述

某景区的一座木质人行桥梁在使用不到两年后突然坍塌，造成数名游客落水受伤。经调查发现，桥梁的主要承重结构使用了未经充分防腐处理的木材，导致木材在潮湿环境中迅速腐朽，最终不堪重负而坍塌。事故发生后，相关部门对景区内的所有木质建筑进行了安全检查，发现多处木结构存在腐朽问题，需进行大规模修缮。

任务分析

上述事件凸显了木材防腐处理在建筑中的关键作用，尤其是在潮湿或户外环境中。项目团队在桥梁建设时，可能忽略了木材的防腐处理，导致木材在使用过程中迅速腐朽，最终引发安全事故。为避免类似问题，在使用木材时必须根据环境条件进行必要的防腐处理，如采用防腐剂、防水涂料或选择耐腐木材。同时，应定期对木结构进行维护和检查，确保其在使用过程中的安全性和耐久性。通过科学的防腐措施和定期的维护，可以有效延长木结构的使用寿命，保障公共安全。

任务实施

一、木材的腐朽

木材腐朽主要是由真菌或昆虫的侵害引起的。导致木材变质腐朽的真菌有三种：霉菌、变色菌和腐朽菌。霉菌通常寄生在木材表面，称为发霉，然而它对木材并不造成破坏。变色菌则以细胞腔内的营养物质（如淀粉和糖类）为食，不会损害细胞壁，因此对木材的破坏作用非常有限。而腐朽菌则以细胞壁为养料，它能分泌酶来分解细胞壁的物质，供其自身生长和繁殖，从而导致细胞壁的完全破坏。这种情况下，木材的强度会显著下降，最终导致腐朽。

腐朽菌在木材中的生存和繁殖，必须同时具备三个条件，即要有适宜的水分、空气和温度。当木材的含水率在 35% ～ 50%，温度在 24 ～ 32 ℃，木材中又存在一定量空气时，最适宜腐朽菌的繁殖，如果设法破坏其中一个条件，就能防止木材腐朽，当木材含水率在 20% 以下，真菌就不易繁殖，或将木材完全浸入水中或深埋地下，则因缺氧真菌不适生存。由此可见，木材若能经常保持干燥或经常充满水分以隔绝空气，即可免除菌害。

木材除易受真菌侵蚀外，还会受到昆虫的蛀蚀，如白蚁、天牛、蠹虫等。

二、木材的防腐

防止木材腐朽通常采用两种主要方法。第一种是通过创造条件，使木材不适宜真菌寄生和繁殖。例如，在干燥环境中使用的木材，通常需要进行预干燥处理，使其含水率保持在20%以下，并在木结构中采取通风、防潮、刷漆等措施。第二种是化学防腐处理，通过将防腐剂注入木材，阻止其成为真菌的养料，同时还能毒死真菌。常见的水溶性防腐剂包括氟化钠、氟硅酸钠、氯化锌、硼酚合剂及硫酸铜等。常用的油质防腐剂则有杂酚油（克鲁苏油）、蒽油、煤焦油等，此外还有五氯酚等油溶性有机化合物，它们对真菌、白蚁以及海生钻孔动物和软体动物、藻类等有很强的毒杀能力。水溶性防腐剂多用于内部木构件的防腐，而油溶防腐剂由于药力持久、毒性大、不易被水冲走且不吸湿，常用于室内外、地下或水下的应用，尽管它们具有较强的气味。

注入防腐剂的方法有常压法和压力法。常压法是使防腐剂借自然扩散和渗透作用进入木材内部的方法，如表面喷涂法、浸渍法、热冷槽浸透法等。压力法是将木材置于密闭的容器内，加压使防腐剂渗透到木材内部。其中热冷槽浸透法和压力渗透法效果最好。

任务三　木材的应用

任务描述

某科技公司决定在城市中心建设一座现代化办公楼，以展示其创新和可持续发展的理念。建筑设计团队选择了现代木结构技术，利用胶合木和交叉层压木材（CLT）作为主要建筑材料，打造出独特、环保且具有高度灵活性的办公空间。这座办公楼不仅实现了较短的施工周期和较低的碳排放，还在室内创造了一个温暖、舒适的工作环境，大大提升了员工的办公体验和满意度。

任务分析

项目团队在设计过程中，充分发挥了木材的轻质高强、节能环保和易加工等特性，不仅满足了建筑的功能需求，还体现出了企业的社会责任感和创新精神。然而，现代木结构的应用也需要面对一些挑战，如防火、防水和防虫等方面的严格要求。为确保木材应用的可持续性和安全性，建议在设计阶段充分考虑防火、防水等措施，并选择经过认证的高质量木材。

任务实施

一、木材主要产品种类

扫一扫

木材主要产品种类

根据木材的特点、生产方法及用途，木材分为圆材类、锯材类、人造板三类。

圆材类包括原条和原木，原条是指只去其树枝、皮及树梢而尚未加工成规定尺寸的木料，如脚手杆、建筑用材、家具用材等。原木是指由原条按规定尺寸加工成规定直径和长度的木材，原木又分为直接使用原木和加工使用原木。直接使用原木主要用于屋架、檩、椽、桩木、坑木等。加工用原木是指用于造船、车辆、胶合板等的木材。

锯材类是指已加工锯解成材的木料，又称成材。按横切面宽与厚的比例分为板材、枋材。板材、枋材是水利、桥梁、建筑工程、造船、车辆及家具等的主要用材。

人造板以木材或其他非木材植物为原料，经一定机械加工分离成各种单元材料后，施加或不施加胶黏剂和其他添加剂胶合而成的板材或模压制品。人造板主要包括胶合板、刨花（碎料）板和纤维板等三大类产品，其延伸产品和深加工产品达上百种。

二、木材的等级

（一）承重结构木材的材质等级

《木结构设计标准》（GB 50005—2017）规定，承重结构用材可采用原木、方木、板材、规格材、层板胶合木、结构复合木材和木基结构板。材质标准按木材缺陷多少划分，原木、方木、板材现场目测的材质标准分为三级；普通胶合木层板的材质等级分为三级；轻型木结构用规格材分为目测分级规格材和机械应力分级规格材，目测分级规格材的材质等级分为七级；机械分级规格材按强度等级分为八级。方木、原木结构的构件设计时，应根据构件的主要用途，按表 11-3 选用相应等级的木材。

表 11-3　普通木结构构件的材质等级

项次	构件类别	材质等级
1	受拉或拉弯构件	I_a
2	受弯或压弯构件	II_a
3	受压构件及次要受弯构件	III_a

（二）木材的强度等级

《木结构设计标准》（GB 50005—2017）规定，方木、原木、普通层板胶合木和胶合原木等木材的强度等级应根据选用的树种按表 11-4 的规定采用。木材的强度设计值及弹性模量应按表 11-5 的规定采用。

表 11-4　针叶及阔叶树种木材适用的强度等级

木材种类	强度等级	适用树种	
		A 组	B 组
针叶树	TC11	西北云杉 西伯利亚云杉 西黄松 云杉－松－冷杉 铁－冷杉 加拿大铁杉 杉木	速生杉木 冷杉 速生马尾松 新西兰辐射松 日本柳杉
	TC13	油松 西伯利亚落叶松 云南松 马尾松 扭叶松 北美落叶松 海岸松 日本扁柏 日本落叶松	红皮云杉 丽江云杉 红松 樟子松 西加云杉 欧洲云杉 北美山地 云杉 北美短叶松
	TC15	铁杉 油杉 太平洋海岸黄柏 花旗松 落叶松 西部铁杉 南方松	鱼鳞云杉 西南云杉 南亚松
	TC17	柏木 长叶松 湿地松 粗皮落叶松	东北落叶松 欧洲赤松 欧洲落叶松
阔叶树	TB11	大叶核 心形椴	
	1813	深红娑罗双 浅比娑罗双	白娑罗双 海棠木
	TB15	锥栗 桦木 水曲柳	黄娑罗双 异翅香 红尼克樟
	TB17	栎木 腺瘤豆 筒状非洲楝	蟹木楝 深红默 罗藤黄木
	TB20	青冈 稠木 甘巴豆 龙脑香 绿心樟 紫心木	冰片香 重黄娑罗双 重坡垒 李叶苏木 双龙瓣豆

表 11-5　方木、原木等木材的强度设计值和弹性模量　　单位：N/mm^2

强度等级	组别	抗弯 f_m	顺纹抗压及承压 f_c	顺纹抗拉 f_t	顺纹抗剪 f_v	横纹承压 $f_{c,90}$			弹性模量 E
						全表面	局部表面和齿面	拉力螺栓垫板下	
TC17	A	17	16	10	1.7	2.3	3.5	4.6	10 000
	B		15	9.5	1.6				
TC15	A	15	13	9.0	1.6	2.1	3.1	4.2	10 000
	B		12	9.0	1.5				
TC13	A	13	12	8.5	1.5	1.9	2.9	3.8	10 000
	B		10	8.0	1.4				9 000

续表

强度等级	组别	抗弯 f_m	顺纹抗压及承压 f_c	顺纹抗拉 f_t	顺纹抗剪 f_v	横纹承压 $f_{c,90}$			弹性模量 E
						全表面	局部表面和齿面	拉力螺栓垫板下	
TC11	A	11	10	7.5	1.4	1.8	2.7	3.6	9 000
	B		10	7.0	1.2				
TB20	—	20	18	12	2.8	4.2	6.3	8.4	12 000
TB17	—	17	16	11	2.4	3.8	5.7	7.6	11 000
TB15	—	15	14	10	2.0	3.1	4.7	6.2	10 000
TB13	—	13	12	9.0	1.4	2.4	3.6	4.8	8 000
TB11	—	11	10	8.0	1.3	2.1	3.2	4.1	7 000

注：计算木构件端部的拉力螺栓垫板时，木材横纹承压强度设计值应按“局部表面和齿面”一栏的数值采用。

三、木材的综合利用

木材的综合利用是指对木材加工过程中产生的边角料、碎料、刨花、木屑以及非木质纤维材料（如棉秆、甘蔗渣、竹子、芦苇等）进行再加工，制成各种人造板材以替代木材，或通过特殊方法提升木材的物理力学性质，从而有效提高木材利用率。这一过程对于缓解木材资源短缺具有重要意义，主要包括人造板材和改性木材两类方法。

（一）人造板材

人造板材与天然木材相比，性质已有显著改变，它的板面宽，表面平整光滑，内部均匀致密，便于加工，没有节子、虫眼和各向异性等缺点，具有不易翘曲、开裂等优点。

1. 胶合板

胶合板又称层压板，是将原木沿年轮旋切成薄层木片，各薄片按纤维方向相互垂直叠放，用胶黏合并加热加压制成，通常以奇数层组合，并以层数取名。

生产胶合板是合理利用木材，改善木材物理力学性能的有效途径。它能制成较大幅度的板材，消除各向异性，克服木节和裂纹等缺陷的影响。胶合板可用于隔墙板、天花板、门芯板、室内装修和家具等。

2. 胶合夹心板

胶合夹心板有实心和空心板两种。实心板内部由干燥的短木条用树脂胶拼成，表面用胶合板加压加热黏结而成。空心板内部则由厚纸蜂窝结构填充，表面用胶合板加压加热黏结制成。胶合夹心板面宽，尺寸稳定，质轻且构造均匀，多用作门板、壁板和家具。

3. 纤维板

纤维板是将木质纤维废料（边皮、木芯、刨花、树枝等）或非木质纤维废料（棉秆、甘蔗渣、竹、芦苇等）研磨成木浆，再经热压成型、干燥处理等工序制成。因成型时不同的温度和压力，纤维板分为硬质、中密度和软质三种。硬质纤维板是在高温高压下成型的。纤维板使木材得到充分利用，其构造均匀，避免了木材的各种缺陷影响，胀缩小，不易开裂和翘曲。

硬质纤维板在建筑上应用很广，可代替木板用于室内墙壁、地板（复合木地板）、门窗、家具和装修。软质纤维板多用于吸声、绝热材料。

（二）改性木材

改性木材是通过树脂的浸渍或高温高压处理的方法，提高木材的性能，如木材层积塑料及压缩木等。

1. 木材层积塑料（层积木）

层积木是一种质量很高的木制品，系将极薄的木片，经过氢氧化钠处理（也可不经处理），用合成树脂溶液浸透，叠放起来加热加压制成。此种材料具有极高的耐磨性，可以代替硬质合金使用，做成齿轮、机器上的轴瓦也经久耐磨。其收缩膨胀率极小，且不会腐朽、虫蛀，强度极高，所以很适用于水工结构中的特殊部位，如闸门滑道等。

2. 压缩木

压缩木是把木材直接进行高温高压处理，或先用 20% 酚醛树脂的酒精溶液浸渍后，再进行高温高压处理而得的改性木材。前者具有吸湿膨胀的特点，可作为矿井下的锚杆，以代替矿柱。后者吸湿性小，可制成机器的轴瓦使用。

项目小结

本项目主要介绍了建筑木材的相关知识。首先介绍了木材概述；其次介绍了木材的腐朽和防腐；最后介绍了木材的应用。通过本项目的学习，读者能够全面掌握木材的相关知识，激发其对木材在建筑中应用的创新思考，为推动可持续建筑实践的发展贡献了宝贵的智慧和力量。

项 目 工 单

实训记录表见表 11-6，实训评价见表 11-7。

表 11-6　实训记录表

班级		姓名		日期	
实训名称	木材科学与应用实训				
实训目标	1. 全面理解木材的基本知识，包括其分类、物理性质和机械性能等，为木材的正确选用与加工提供科学依据； 2. 学习木材的防腐与保护方法，了解常见木材腐朽的原因及其防治技术，提升木材的使用寿命和环境适应性； 3. 探讨木材在建筑和装饰中的广泛应用，研究其在美学和功能性中的表现，提高木材在现代建筑中的设计和应用能力				
实训过程记录					
实训注意事项					
实训总结					

表 11-7　实训评价

项目名称	评价内容	分值 / 分	评分
职业素养考核项目（30%）	安全意识与操作规范	10	
	环保与资源利用意识	10	
	责任心与质量控制	10	
专业能力考核项目（70%）	木材基本知识掌握能力	10	
	木材加工技术掌握能力	10	
	木材防腐与保护能力	20	
	木材应用设计能力	10	
	木材与现代建筑技术整合能力	20	
合计		100	
教师评语		教师签字	

课 后 练 习

一、填空题

1. 木材吸水的能力很强，其含水量随所处环境的湿度变化而异，所含水分由__________、吸附水、__________三部分组成。

2. 木材按__________分为抗拉、抗压、抗弯和抗剪四种强度，而抗拉、抗压和抗剪强度又有__________和横纹之分。

3. 木材腐朽是由真菌或__________所致，引起木材变质腐朽的真菌有三种，即__________、变色菌和腐朽菌。

4. 改性木材是通过树脂的__________或__________处理的方法，提高木材的性能。

5. 根据木材的特点、生产方法及用途，木材分为__________、__________、人造板三类。

二、简答题

1. 简述防止木材腐朽的方式。
2. 简述胶合夹心板。
3. 简述木材的纤维饱和点。

参 考 文 献

[1] 张光碧 . 建筑材料 [M]. 北京：中国电力出版社 , 2023.

[2] 朱翠芳 , 张倩倩 , 韦朝运 . 建筑材料 [M]. 成都：西南交通大学出版社，2022.

[3] 赵亚丁 . 建筑材料 [M]. 哈尔滨：哈尔滨工业大学出版社 , 2022.

[4] 张伟 . 建筑材料 [M]. 北京：中国建筑工业出版社 , 2022.

[5] 程瑶 , 刘富勤 . 建筑材料 [M]. 武汉：武汉理工大学出版社 , 2022.

[6] 汪振双 , 张聪 . 建筑材料 [M]. 北京：中国建筑工业出版社 , 2022.

[7] 苏建斌 . 建筑材料 [M]. 北京：中国建筑工业出版社 , 2024.

[8] 陈玉萍 , 胡鹏 . 建筑材料与检测 [M]. 北京：北京大学出版社 , 2024.

[9] 钱晓倩 , 赖俊英 , 钱匡亮 . 土木工程材料 [M]. 杭州：浙江大学出版社，2024.

[10] 陈正 . 土木工程材料 [M]. 北京：机械工业出版社 , 2024.